高等职业教育教材

程控交换技术与应用

及德增 主 编

姚 槃 主 审

U0264708

中国铁道出版社有限公司

2020年·北京

内 容 简 介

本书系统介绍了数字程控交换技术的原理与应用，全书共 15 章，主要内容有程控交换的基本知识、数字交换网络、接口、信令系统、控制系统、呼叫处理的基本原理、程序的执行管理与实时操作系统、程控交换机的软件、数字程控交换系统、综合业务数字网、ADSL 宽带接入技术、计算机电话集成 CTI、通信网、程控交换机的管理与维护、程控交换系统功能模块的软、硬件实现方法。除了介绍了程控交换技术的基本原理，本书对组成交换系统的各种功能模块以及这些功能模块的软、硬件实现方法也做了较详尽的讲解，对主要模块给出了硬件电路与软件源代码，并做了较详细的介绍与注释，供读者学习借鉴。

本书可以作为高职院校通信专业的教材，也可作为从事程控交换技术工作的技术人员的参考书。

图书在版编目（CIP）数据

程控交换技术与应用/及德增主编 . —北京：中国铁道
出版社，2008.2（2020.8 重印）
高等职业教育教材
ISBN 978-7-113-08659-6

Ⅰ. 程… Ⅱ. 及… Ⅲ. 存储程序控制电话交换机—专业
学校—教材 Ⅳ. TN916.428

中国版本图书馆 CIP 数据核字（2008）第 018328 号

书　　名：**程控交换技术与应用**
作　　者：及德增

责任编辑：武亚雯　　　　电　话：（010）51873133　　　　电子邮箱：wyw716@163.com
封面设计：马　利
责任校对：孙　玫
责任印制：樊启鹏

出版发行：中国铁道出版社有限公司（北京市西城区右安门西街 8 号，100054）
印　　刷：北京建宏印刷有限公司
版　　次：2008 年 3 月第 1 版　　　2020 年 8 月第 3 次印刷
开　　本：787 mm×1 092 mm　1/16　印张：20　字数：498 千
书　　号：ISBN 978-7-113-08659-6
定　　价：35.00 元

前　言

　　数字交换设备是通信网的重要组成部分，由于交换系统具有强大的寻址能力、信息处理能力和出色的稳定性，以数字交换和数字传输为基础的数字电话网是向用户提供各种通信业务的基本技术手段。数字电话交换技术和计算机智能结合而迅速发展起来的计算机电话集成CTI，也被广泛用于固定电话网、移动通信网、邮政、银行、铁路交通运输等领域。因此掌握程控交换技术（原理、功能和功能的软、硬件实现方法），对于高等院校在校学生和从事通信工作的技术人员来说是十分必要的。

　　本书是在《程控交换技术（第二版）》（及德增主编）的基础上，根据技术发展与高职院校教材改革的需要而编写的，增加了应用技术，将书名改为《程控交换技术与应用》。

　　从事本书编写工作的是多年从事教学与技术开发的教师与技术人员，积累了丰富的教学和研发经验，掌握了大量的经实践验证的软、硬件资料。在此基础上，根据高职院校教学的特点，从事本书的编写工作，使本书具有下述特点：

　　1. 注重技术能力的培养。作为职业院校教材，尽可能从培养"技能"型人才出发，向"实用"方面倾斜，提高学生的学习兴趣、实践能力和启发他们的创新意识。

　　2. 本教材试图改变教学中只讲程控交换的功能与用法，培养管理与维护人才的模式。不仅讲功能，而且在讲到某些功能时，指出实现这些功能的方法，讲软、硬件如何分工，硬件要使用什么芯片，如何设计电路，软件如何编写程序，使用什么语言，采用何种软件方法，给出具体电路与程序源代码。

　　3. 注意新技术的应用与程控交换技术的应用。对已淘汰不用的旧技术（例如拨号脉冲的接收），则一带而过。对于新兴起的技术（例如 ADSL、ISDN 与 ATM），则用一定篇幅加以介绍。对于应用领域很广的 CTI 技术，则作了较详细的讲解，以启发学生的创新意识。

　　4. 本教材在保证程控本身知识体系的前提下，尽可能与学生在校期间所学的基础课（电子电路、C 语言、单片机、操作系统、数据库以及电路设计与制板）联系起来。告诉学生这些基础课中的知识在本课程中的应用，既介绍了这些基础知识的应用，又可以使学生温故知新，提高综合运用能力。

　　本书共分四部分，第一部分为前 9 章，介绍程控交换的原理、构成与实现。第二部分为第 10 章～12 章，讲解新技术的应用。第三部分为第 13 章和 14 章，介绍通信网与管理维护。第四部分为第 15 章，是提高部分，详细介绍程控交换主要模块的硬件设计与软件编写方法，此部分可供课程设计及毕业设计参考。

　　本书由天津铁道职业技术学院及德增主编并编写第 1 章（第 1～7 节）、第 2 章、第 5 章、第 8 章，天津众智通科技有限公司姚志强编写第 6 章、第 7 章、第 9 章（第 1 节）、第 12 章、第 15 章及书中的全部软件程序，天津铁道职业技术学院张剑编写第 9 章（第 2 节）、第 14 章，臧宝升编写第 4 章（第 4～5 节）、第 13 章，武汉铁路职业技术学院鄢江艳编写第

1 章（第 8 节）、第 10 章，西安铁路职业技术学院赵娟编写第 11 章，天津电子信息职业技术学院孙小红编写第 4 章（第 1～3 节），国航工程技术分公司及志伟编写第 3 章。感谢丁亮安、郭琪、袁青老师为本书初稿编写所做的工作。本书是在著名程控交换技术专家、铁道部电化局原教授级高级工程师姚槃先生的指导下完成的。感谢姚槃先生担任了本书的主审。

由于编者水平所限，书中难免存在错误与不足，敬请读者指正。

编著者
2007 年 11 月

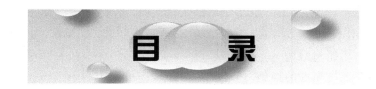

目　录

1

程控交换的基本知识

1.1 交换技术的发展

1.1.1 电话交换技术的发展回顾

1876 年，美国人贝尔发明了电话，从此开创了电话通信的历史。但是，如果不能实现任意电话用户之间的"按需"交换，电话机的使用价值就不会很大，因为不可能在众多的用户之间都建立直达的通信线路，所以研制相应的电话交换设备势在必行，也就是说，交换技术的发展就成了电话通信发展的关键。到目前为止，电话交换技术已有百余年的历史，回顾其发展过程，大体可分为人工、机电式和电子式交换三个阶段。

1. 人工交换

世界上第一部电话交换机于 1878 年在美国投入使用，与当时的电话机相适应，这部交换机是磁石式电话交换机，以后为了克服交换机容量限制及话务员操作和用户使用不便的问题，又采用了共电式电话交换机。磁石和共电式电话交换机都是靠话务员操作，用塞绳把主、被叫用户的电话线路接通来完成交换工作的，因此，它们被统称为人工交换机。人工交换机的优点是设备简单、安装方便、成本低；其缺点是接线速度慢、易出差错、占用人工多且劳动效率低。

2. 机电式交换

自动交换机是靠主叫用户发送号码控制自行选线接通被叫用户，1892 年在美国投入使用的史端乔交换机，它标志着电话交换技术开始走向自动化。后来德国西门子公司对史端乔交换机进行了改进，生产出西门子交换机，并在许多国家得到推广与应用。史端乔交换机和西门子交换机的选线设备都是采用步进制选择器，工作时靠用户拨号发送脉冲直接控制选择器进行选线，所以它们被称为步进制交换机，也称为直接控制式交换机。步进制交换机的优点是技术简单；其缺点是接续速度慢、杂音大、故障率高且路由选择不灵活，因而不能用于长途交换。

1926 年，瑞典研制成功并开通了纵横制交换机。"纵横"一词是来源于采用交叉的纵棒和横棒来选择接点，从而完成电话通路的接续。纵横制交换机有两个主要优点：一是接线器接点采用压接方式，而不是滑动接触，故接点磨耗小、接触可靠、杂音小、通话质量好、维护工作量小；二是采用公共控制方式，把控制部分和话路部分分开，控制工作由标志器和记发器完成，可灵活地进行路由选择，易于组网。其缺点是当其标志器发生故障时影响面较大，与后来出现的程控交换机相比速度慢且功能比较单一、不够灵活。

无论是步进制交换机，还是纵横制交换机，它们的主要部件都是采用具有机械动作性能的电磁器件构成的，故都属于机电式交换机。

3. 电子式交换

电子式交换机是随着半导体技术的发展而出现的，早期的电子交换机采用布线逻辑控制方式，即通过布线方法实现交换机的控制功能，其控制部分采用数字逻辑电路，话路部分仍采用机电式接续器件，所以也称为半电子交换机。由于半电子交换机体积较大，且未能克服布控交换方式的缺点，更改性能十分困难，故只是交换技术由机电式向电子式演变过程中的过渡性产物，因而并未得到广泛应用就被后来出现的存储程序控制（SPC）交换机（简称程控交换机）所代替。

4. 程控交换

1946 年，世界上第一台存储程序控制的电子计算机在美国诞生，对电话交换技术产生了深远的影响，这一新技术的问世，使得有可能在电话交换领域引入"存储程序控制"这一全新的概念。所谓存储程序控制就是把交换控制、维护管理等功能预先编成程序，存储在电子计算机的存储器中，当交换机工作时，时刻监视交换对象及维护管理设备的工作状态及要求，对每种状态变化和要求实时地做出响应，自动执行有关程序，以完成各种任务，实现预定的功能。

到目前为止，程控交换机技术在发展过程中大致已经历了四代。

第一代程控交换机主要产生在 20 世纪 60 年代，交换机的控制部分基本上是采用大型专用计算机进行集中控制，话路部分仍采用电磁器件构成交换网络，因此属于空分模拟交换方式。当时人们也曾试图用电子元件取代电磁器件，但多次努力终未获成功，原因是由于电子元件的落差系数（开路时与短路时电阻的比值称为落差系数，例如晶体管的截止可认为是开路，饱和可认为是短路）低而会导致严重的串话，所以，为了提高接续速度，只能采用动作速度较快的铁簧、笛簧等小型继电器组成交换网络，因此，交换网络与控制设备的工作速度很不协调，计算机的潜力未能得到正常发挥。在第一代程控交换机中，由美国贝尔公司研究成功并于 1965 年投入使用的 1ESS 是世界上第一台程控交换机，它的成功标志着电话交换技术的发展产生了一个飞跃，跨入了一个新的发展时期。

第二代程控交换机出现于 20 世纪 70 年代。由于 20 世纪 60 年代 PCM 技术成功地运用于传输系统，对提高传输质量和线路利用率都带来了明显的好处，一些国家开始了数字交换设备的研制工作，1970 年，由法国研制的世界上第一台程控数字交换机投入运营，开创了将数字技术应用于交换的先例。第二代程控交换机一般由用户级和选组级组成，分别由用户处理机和中央处理机控制，由于当时集成电路技术与价格的限制，用户级仍采用了模拟交换方式，即用户先经空分接线器集中后用群路编译码方式进行模/数转换，再经 PCM 链路连至选组级交换网络，选组级采用时分数字交换网络，故这种交换机也被称为混合型交换机。由于选组级采用了数字交换网络，故可方便地与 PCM 中继线配合，作为长途交换机使用更能体现其优越性。

第三代程控交换机产生于 20 世纪 80 年代初，由于微电子与计算机技术的进步，大规模集成电路和微型计算机价格大幅度下降，使得在程控数字交换机之中引入了分散控制方式。这种交换机的用户级和选组级都采用了数字交换网络和模块化结构，每个模块都设有独立的微机进行控制，甚至在用户电路板和中继电路板上也采用了称为板上控制器的单片微机。由于采用模块化结构和分散控制，使得交换机便于安装、便于更改性能或增加新业务，出现故障时影响面小。第三代程控交换机可进行话音和数据的电路交换，且可直接与 PCM 传输设备配合组建数字通信网。

第四代程控交换机产生于 20 世纪 80 年代末，在一部程控数字交换机上既可进行电路交换，又可实现分组数据交换；能为用户提供 2B＋D 的基本数字接口，实现在一对用户线上同时进行话音和数据的传输；可组成宽带综合业务数字网，开放宽带非话业务，如传输活动图像和可视电话等；具有 ITU-T 建议的 X.25 分组交换接口，可与公用数据网相连。第四代程控交换机仍处在不断完善阶段。

1.1.2　程控交换机的发展趋势

自第一部程控交换机问世之后，程控交换技术已取得了很大的发展。目前，程控交换正在由固定交换向固定/移动交换相结合、由窄带交换向宽带交换、由电交换向光交换方向发展。

1. 移动与固定交换相结合

程控交换机发展初期，是以固定交换为主，但近年来，移动交换技术也有了长足的发展。移动交换机是移动通信系统的核心，也是未来实现个人通信的关键。与固定交换机相比，移动交换机具有以下一些特点：

（1）由于用户的移动性而导致呼叫建立过程特别复杂，交换机需要进行更多的处理来实现接续，以保证通信质量。因而同等容量的情况下，要求有更强的呼叫处理能力。

（2）具有多个数据库，如本地位置寄存器（HLR）、来访者位置寄存器（VLR）、设备识别寄存器（EIR）等，以满足存放多种信息的需要，为确保接续的实时性，要求数据库访问速度快。

（3）电话号码与交换机设备硬件接口间无一一对应关系，因此呼叫控制、接续控制和移动控制与具体业务无关，具有很高的灵活性。

（4）交换平台与接入无关，可支持任何类型的接入，为不同接入点之间的呼叫提供接续。

（5）编号计划与网络无关。

2. 宽带交换

目前电信网的发展方向是综合业务数字网（ISDN），其发展的第一阶段是窄带综合业务数字网（N-ISDN），第二阶段是宽带综合业务数字网（B-ISDN）。近年来生产的程控交换机基本都能满足建立 N-ISDN 的要求。除交换机之外，实现 N-ISDN 的要求还有建立 No.7 信号网、同步网和电信管理网（TMN）。B-ISDN 将是今后研究发展的重点，而其关键技术就是宽带交换机，ATM 交换机正是为解决宽带交换问题而研制的，目前看来，ATM 是实现 B-ISDN 最好的交换方式。

3. 采用新技术与开办增值业务

采用功能更强的处理芯片和集成电路，提高电路设计及软件设计水平，降低成本，增强系统功能，提高系统可靠性。在现有交换机基础上，选加 No.7 信号网和数据库，为用户提供多种智能业务，如 800 号、900 号、信用卡、电子信箱、可视图文等，实现智能网。

4. 光交换

光交换（photonic switching）技术是一种光纤通信技术，它是在光域直接将输入光信号交换到不同的输出端。与电子数字程控交换相比，光交换无须在光纤传输线路和交换机之间设置光端机进行光/电（O/E）和电/光（E/O）交换，而且在交换过程中，还能充分发挥光信号的高速、宽带和无电磁感应的优点。光纤传输技术与光交换技术融合在一起，可以起到相得益彰的作用，从而使光交换技术成为通信网交换技术的一个发展方向。

光交换技术可以分成光路光交换技术和分组光交换技术。光路光交换可利用 OADM、OXC 等设备来实现，而分组光交换对光部件的性能要求更高，由于目前光逻辑器件的功能还较简单，不能完成控制部分复杂的逻辑处理功能，因此国际上现有的分组光交换单元还要由电信号来控制，即所谓的电控光交换。随着光器件技术的发展，光交换技术的最终发展趋势将是光控光交换。

为了改变通信技术落后的状况，我国自 20 世纪 80 年代开始引进安装了大量程控数字交换设备，以提高通信服务水平，满足经济发展和人民生活的需要，改善投资与生产环境。在购置国外成套程控交换设备的同时，我国还积极引进程控交换机的制造技术，引进了 S1240、EWSD、NEAX-61 等十余种程控数字交换机生产线，已具备了较强的生产与研发能力。

为了发展自己的民族工业，在引进与学习国外先进技术的同时，我国也积极投入力量自行开发与研制程控交换机，除了种类繁多的小容量程控交换机之外，C&C08、ZXJ-10 等多种大容量程控数字交换机设备性能达到了国际上同类产品的先进水平，并已走出国门，大量应用于海外多个国家的通信网。

我国自行研制的交换机有一个突出的优点，就是具有良好的人机界面，维护人员可通过汉化终端与交换机进行对话，通过选择用汉字显示的菜单项即可对交换机进行维护管理。

1.2　程控交换机的分类

近年来，除了电话业务的增长之外，计算机通信、电报通信、图文通信等非话音业务也在迅速增长，并且在通信业务总量中所占的比重不断增加。因而适合于非话音业务交换需要的程控交换机也就应运而生了。由于业务性质的不同，对交换机的要求也就存在着差异。

1. 按交换方式分类

程控交换机按照交换方式可分为电路交换、报文交换、分组交换三种形式。

（1）电路交换

电路交换是传统的交换方式，已有 100 多年的历史，过去电报与电话业务一直使用这种方式。电路交换的特点是主叫与被叫通信期间自始至终要占用一条物理通道，即交换机将主、被叫用户之间的线路接通后，则连接这一对用户的有关交换设备和信道都专为这一对用户服务，且一直到双方通信结束为止。这种交换方式的优点是实时性好、传输时延小，可实现双向传输；缺点是通信量不均匀、高峰时建立通路比较困难、呼损率高，低谷时甚至通信期间设备的利用率也很低。由于电话通信要求实时性高，且需要采用交互式工作，故电路交换方式最适合电话交换，当然，也可进行数据交换。

（2）报文交换

报文交换是伴随着数据通信业务的发展而产生的一种新的交换方式。其特点是交换机设有缓冲存储器，可把来自输入线路（连接用户或网中其他交换机的线路）的报文信息暂存于存储器中，必要时还可对信息进行一定的处理，等待输出线路空闲时，再将报文发送出去。这种方式的优点是可均匀信息流量，调剂线路忙闲，提高线路与设备的利用率，对用户来讲一般也不存在呼损问题；缺点是要求存储器容量较大，在忙时，报文传送过程中常常要排队等候，故而实时性较差，不能用于会话和实时性要求高的场合，公用电报网常采用此种交换方式。

报文由标题（报头）、正文、报尾三部分组成，标题包括收、发地址和其他辅助信息，正文是信息内容，报尾用来表示一个报文的结束。报文交换也称为信息交换。

（3）分组交换

分组交换与报文交换相类似，但交换时不是将一个完整的报文一次传送完毕，而是先将一个报文分成若干个报文组（可称包）作为存储转发的单位，每个报文组中要加上编号、地址和校验码等。报文组在各节点（交换机）传送比较灵活，各报文组可选不同路径，只要到达同一目的地，再按原来的分组编号重新装配在一起即可得到原报文信息，分组交换方式具有较强的检错和纠错功能，故可靠性高；报文组存储转发时间短，所以实时性较好，也可用于某些会话型场合。此外，分组交换对各节点的存储器容量要求较低。当然，在进行分组时由于每组都要加上地址和其他控制信息，故增加了信码的冗余量，在进行报文的分解与装配时，也增加了处理时间与系统的复杂性。由于分组交换的优点，使其在数据交换与处理系统中，特别是在组建计算机通信网时得到了广泛应用。分组交换也称为包交换。

在分组交换的基础上，又出现了帧中继，帧中继是一种快速分组交换技术，它适用在多点间传送与交换大量数据。

帧中继采用统计时分多路复用（STDM）技术，并定义通过网络的虚电路（VC）即永久虚电路（PVC）和交换虚电路（SVC），其传输带宽只在有实际数据需要传输时才进行分配，即在以分组为单位的基础上进行分配。当某个连接所要求的带宽暂时超出允许带宽范围时，交换机就将到来的数据暂存于缓存器等待以后发送。与分组交换的区别是帧中继将网络协议的纠错和控制从网络移至终端系统，网络的主要功能在于确定路由和发送分组。由于简化了控制部分，故帧中继的数据传输速度较分组交换更快。

2. 按交换速率分类

按交换速率来分，可有同步交换与异步交换两种。在这里我们仅介绍同步时分交换和异步时分交换的概念。

（1）同步时分交换

目前使用较多的电路交换方式，是按一定周期分配的时隙内依次插入固定数目的比特信息，以实现信息的多路交换（通信），且以帧信号为基准，识别呼叫信号。因帧周期必须一定，故只能以某个速率的整数倍进行通信，而不能根据信息的需要任意设定速率。例如，64 kbit/s 的电路每 125 μs 分配 1 个字节的时隙，384 kbit/s 的电路每 125μs 分配 6 个字节的时隙等。按固定速率对信息进行交换则称为同步交换。

（2）异步时分交换

不同业务对通信速率的要求差异很大，例如电视信息要求速率为 34 Mbit/s 或 140 Mbit/s，数据通信要求速率为 300 bit/s 至 100 Mbit/s 或更高，话音信息要求速率为 64 kbit/s，用户电报要求速率为 50 bit/s 至 300 bit/s 等。使用固定速率交换的同步时分交换方式显然不能满足多种业务对不同速率的要求，因而出现了异步时分交换。

异步时分交换把信息分为若干个信元，以信元为单位对信息进行交换。每个信元长 53 个字节，其中前 5 个称为信头，用以表示这个信元的收、发地点及类型等。后 48 个字节是有效信息。可见信元的标记与分组交换的分组标记方法是一样的。异步时分交换可看作是电路交换和分组交换的结合，它既可满足信息交换的实时性要求，又可满足不同业务信息动态使用信道的需要，即根据信息的速率高低决定信元的传送频度。异步时分交换可满足宽带综合业务数字网（B-ISDN）的需要。

3. 程控交换机的分类

对应于不同的交换方式与交换速率，程控交换机也是多种多样的，其中采用电路交换方式的程控交换机应用最为广泛，且以交换电话业务为主，这种交换机均为同步时分交换机。目前，如不加特别说明，一般人们所说的程控交换机指的就是这一种，本书后面讨论的内容也仅限于此种交换机。

程控交换机可按交换网络的接续方式、控制方式和使用范围分类。

（1）按交换网络的接续方式划分

交换网络的接续方式可分为空分与时分两种，空分是指通过交换网络的每个连接通路各自具有不同的空间位置，时分是指通过交换网络的每个连接通路具有不同的时间位置，即采用时分复用方式。空分交换网络可由金属接点或电子接点组成，它一般用于模拟信号交换。

目前所用的空分程控交换机基本上都是采用电子接点（集成电路）构成交换网络，因只能交换模拟信号，故也称模拟程控交换机。现在使用的时分程控交换机基本上都采用数字交换网络，故称数字程控交换机或程控数字交换机。

（2）按控制方式划分

程控交换机的控制系统由处理机组成，按处理机配备方式的不同，可分为集中控制和分散控制两类。

1）集中控制

如果交换机的全部控制工作均由一台处理机（中央处理机）来承担，则称这种控制方式为集中控制，早期的程控交换机多采用这种控制方式。

2）分散控制

分散控制又可分为分级控制和全分散控制两种。

①分级控制

为了减轻中央处理机的负担，在程控交换机中配备若干个区域处理机（通常是微处理机）来完成监视用户线、中继线状态及接收拨号脉冲等比较简单而频繁的工作，而中央处理机仅负责智能化程度较高的控制工作，从而使程控交换机在处理机配备上构成两级或两级以上的结构，此即称为分级控制方式。

②全分散控制

全分散控制方式的特点是在程控交换机中取消了中央处理机，在终端设备的接口部分配置微处理机来完成信号控制（如用户摘、挂机和拨号脉冲识别等）及网络控制（通路选择与接续）功能，设立专用微处理机来完成呼叫控制功能。

（3）按应用范围划分

1）公（局）用交换机

公用交换机包括：市话（地区）交换机、长途交换机、汇接交换机、长/市合一（复合）交换机等类型。公用交换机的特点是组网能力强，具有多种外部接口，可采用多种信号方式，一般容量较大。

2）用户（专用）交换机

用户交换机包括：专网、医院、旅馆、办公室自动化、银行等类型交换机。其特点是专用性较强，用户服务功能较强，容量一般较小，除作机关、厂矿、学校、医院等单位内部通信之外，还能与公用通信网相连，一般组网能力较差。

1.3 程控交换机的优越性

程控交换机的优越性可从四个方面来进行说明。

1. 服务方面的优越性

（1）接续速度快

程控数字交换机的交换网络由大规模集成电路组成，可以与控制设备很好地配合，故接续速度快，这一优点在长途呼叫时非常重要，可以大大节省用户拨号后的等待时间。

（2）接通率高

程控数字交换机的交换网络可以做成无阻塞或阻塞率极小的交换网络，具有容量大、链路多、组群方式灵活的特点，可以适应话务的较大波动，因而呼叫接通率高。

（3）通话质量高

数字交换和数字传输的结合，免除了交换与传输设备之间的信号交换，有助于降低串杂音、减少失真等，提高了通话质量。

（4）易于加密

程控数字交换机交换的是二进制的数字信号，而数字信号易于加密，因而程控交换机便于提供保密措施。

（5）业务范围宽

程控数字交换机除可提供话音业务外，还可提供数据、传真等非话音业务。

（6）提供多种新的用户服务功能

由于采用了存储程序控制，程控数字交换机可提供缩位拨号、热线、自动叫醒等多种新的用户服务功能，各种功能将在下节予以介绍。

2. 维护管理方面的优越性

（1）智能化控制

程控数字交换机的维护管理系统的智能化程度很高，能够对交换设备的运行状态进行监测、记录、统计，并能对故障进行分析、诊断、告警以及进行设备的切换或自动恢复。当话务出现波动时，能够自动进行话务控制和路由调整，以充分发挥交换设备的作用，提高服务水平与设备使用效率。

（2）便于集中维护管理

由于程控数字交换机采用了大规模集成电路，具有很高的可靠性，故维护工作量很小。可设立维护管理中心，来集中监测各交换机运行状况，处理故障，进行网络调整和话务管理等工作，因而可节省大量人力，减少维护人员。

（3）便于统计和记录业务数据

程控数字交换机能够很方便地对话务量进行统计和记录，对设备运行中的各种故障能够自动进行记录，可根据需要输出话务量与故障统计结果。

（4）便于处理日常业务

对电话的拆、装、移等日常电话业务，以及更改服务功能和更改用户等级、号码、类别等工作，只需更改软件中的有关数据即可，故非常方便。另外，程控数字交换机具有多种计费功能可供选择。

3. 网络组织方面的优越性

(1) 适配能力强

程控数字交换机一般有多种接口形式，既可与数字交换机相接，又可与模拟交换机相接，能和各种制式的交换机配合，故适配能力很强。

(2) 宜于采用公共信道信号

公共信道信号方式对于增加信号种类，提高信号处理速度，开放新的业务及提高网络可靠性和加强网络管理有着明显的优点。故在组建通信网时，公共信道信号是优先考虑选用的信号方式。程控数字交换机由于具有高速工作的处理机，故最宜于采用公共信道信号方式。

(3) 便于组建综合业务数字网

数字交换和数字传输的紧密结合，组成了综合数字网，随着数字网的不断扩大，网络智能化程度的提高及各种新业务的广泛应用，为综合数字网过渡到综合业务数字网提供了便利。

4. 安装建设方面的优越性

(1) 容量范围宽

程控数字交换机由于采用模块化结构，故具有易于扩展的特点。一般程控数字交换机的容量范围很宽，可在数百线至数万线或数十万线范围内供选择。

(2) 体积小、重量轻

程控数字交换机采用了大规模集成电路而体积很小、重量轻，故大大节省了机房占用面积，降低了机房对基建的要求。

(3) 组建方便

由于采用模块化结构，所以程控数字交换机安装极为方便，通常设备在出厂前进行过预装配和运行测试，故在现场的安装非常简便。

1.4 程控交换机的服务功能

程控交换机具有多项新的服务功能，本节仅对其部分主要功能进行介绍。

1. 系统功能

(1) 服务等级限制

可设立若干个服务等级，规定每个等级的使用权限（呼叫范围）。对于每一个用户可根据其重要程度或申请状况纳入相应的等级。

(2) 灵活编号

程控交换机的编号方案非常灵活，可采用等位或不等位编号，改变号码非常方便。

(3) 截接服务

如果交换系统在接线过程中遇到空号、久叫不应或系统阻塞等原因而不能接通被叫时，则由交换系统截住这些呼叫，并以适当方式向主叫用户指示未能接通被叫用户的原因，以避免无意义的重复呼叫，提高接通率。

(4) 自动路由选择

如果交换系统到目的地的路由有多条的话，可自动选择最佳路由，选择原则是先选直达路由，再选迂回路由。

(5) 话务量自动控制

可根据局内呼叫、出局呼叫、入局呼叫的次数及话务量施行控制。当话务量过高时，可自动限制一部分服务等级较低的用户的呼叫。

（6）自动故障处理

可自动检测硬件和软件故障，进行故障的定位与诊断、隔离故障设备，进行主备用设备的切换和部分软件故障的恢复处理。

2. 用户功能

除了自动电话呼叫（本地、长途）功能之外，程控数字交换机还提供大量新的用户服务功能。

（1）寻线组

事先将某些用户编成一组，并规定好寻线的方式和次序。此后，当组内一个用户忙或缺席时，若有电话呼叫此用户，则系统会将呼叫自动转移到组内的另一用户。寻线组有线性（固定）寻线和循环（轮流）寻线两种方式。线性寻线组每次都是从规定的第一个号码开始寻线，循环寻线组每次寻线的第一个号码按一定顺序轮换。寻线组方式也称号码连选。

（2）呼叫代答

把某些用户（如一个办公室或一个部门的用户）编成一个代接组，给定一个代码，则该组内任一分机响铃时，组内其他用户可拨此代码代接电话，而实现呼叫代答功能。

（3）接入到录音通知

当用户需要经常查询某种信息时，可采用录音通知予以答复。例如报时、天气预报、交换局改号、拨入空号等经常采用录音通知形式。

（4）缩位拨号

电话号码有时位数较多，特别是当拨叫长途电话时，号码位数有时长达十多位，既费时，又容易出错。利用缩位拨号功能，主叫用户在呼叫经常联系的用户时，可以使用 $1\sim2$ 位缩位代码代替原来的多位电话号码进行拨叫，交换机收到缩位代码后，根据缩位号码对照表把缩位代码译成完整的被叫用户号码，并完成接续。缩位拨号在拨叫本地、长途电话呼叫中均可使用。

（5）热线服务

热线服务也叫免拨号接通，用户摘机后无需拨号即可接通预先指定的被叫用户（热线目标）。

热线可分为两种，一种是立即热线，另一种是延时热线。立即热线是主叫用户摘机后立即接通预先指定的被叫，但该用户不能呼叫热线目标之外的其他用户，一般多用于企事业单位的生产调度或报警。延时热线是当主叫用户摘机后在规定时间内（几秒）不拨号，即可接通预先指定的被叫，只要用户在指定时间内拨出第一位号码，然后再续拨其余号码，仍可呼叫其他用户。

（6）叫醒服务

叫醒服务又称闹钟服务。这项服务是在指定的时间由交换系统向用户振铃，以提醒用户按时办理事先计划好的工作。

用户需要叫醒服务时，要先向交换系统进行登记，预定响铃时间，预定时间一到，交换系统向用户振铃，用户摘机应答后，此次服务就自动取消。

（7）呼叫转移

呼叫转移可分为三种服务。

1）跟随转移

当用户有事外出，为了避免耽误接听电话，可以事先向交换机登记临时去处的电话号码，当有人打来电话时，交换机自动把呼叫转接到临时去处的电话机上，这一性能为用户作为被叫提供了很大方便。

2）遇忙转移

当被叫用户忙时，交换机可自动改呼另一个或多个事先指定的电话中的一个，对主叫来讲，相当于具有分机连选功能。

3）无应答转移

当经过一段时间响铃之后，若被叫无人应答，则交换机将来电自动转到下一个指定的分机，或多个指定分机中的一个。这也相当于主叫具有分机连选功能。第2、3项大大方便了主叫用户，提高了系统的接通率，这对于以呼叫某一单位联系工作为目的，而非呼叫具体人的情况十分方便。

（8）呼叫等待

当用户 A 和用户 B 正在通话时，若又有用户 C 呼叫 A，则 A 可听到呼叫等待音，C 可听到回铃音，此时用户 A 可有三种选择：①结束原通话，接受新呼叫；②保留原通话，接受新呼叫；③拒绝新呼叫。用户通过拍叉簧或按特殊键即可完成上述各种选择。

（9）自动回叫

自动回叫是当主叫用户呼叫被叫用户而未能实现通话目的后的一项补救措施，它免除了主叫用户再次重复拨号的麻烦。自动回叫分两种。

1）遇忙回叫

遇忙回叫是当主叫用户呼叫被叫用户遇忙时，则主叫用户可按下自动回叫特殊号码，然后挂机等待回叫。被叫用户进行了一次通话并挂机后，交换系统自动向主叫用户振铃，主叫用户摘机后，被叫用户铃响，被叫用户摘机即可实现双方通话。

2）无应答回叫

在一次呼叫过程中被叫长时间响铃而无人应答时，若主叫使用了自动回叫功能，即可挂机等待回叫，当被叫返回原处，且进行了一次通话并挂机之后，交换系统向主叫振铃，主叫摘机后，交换机自动呼出被叫，即可实现通话目的。

（10）免打扰

如果用户由于会议、学习或休息等某种原因而不希望有来话呼叫打扰时，可使用免打扰功能。用户可由拨特殊代码的方式向交换机登记免打扰功能，此后用户不会受铃声干扰。如有电话呼入，可由交换机提供录音留言或由话务员代答。具有免打扰功能的分机，仍可随时向外呼叫，且可随时取消免打扰服务而转入正常状态，以便能直接受理来话。

（11）交替通话

两个用户在通话时，如其中一方需要向第三方询问或商讨某些问题时，可拍叉簧并拨出第三方用户，进行商谈，而原来的通话方听音乐保留，与第三方商谈完毕后，通过拍叉簧仍可回到原来的通话中。通过拍叉簧可多次实现通话对象的转换，交替通话也称轮询或电话咨询。

（12）插入

服务等级高的用户可强行插入两个服务等级较低的用户的通话，插入时三方均可听到通知音。

（13）会议电话

当需要三方以上的人商讨问题或参加会议时，可采用会议电话功能来实现。会议电话按照接入方式可分为两种。

1）主动式

参加会议的各方在预定的时间同时拨某一指定号码，由交换机自动汇接加入会议。

2）渐进式

由主持会议的一方将其他与会者逐一拨号叫出，或由话务员代为组织汇接加入会议。一部交换机可同时召开会议的组数和每组可同时参加会议的分机数量随交换机而不同。

（14）缺席用户服务

根据用户要求，若用户不在时有电话呼入，则由交换机的自动录音设备或话务员代为记录，以获得必要的留言，用户事后可向交换机或话务员查询。

（15）电话跟踪

电话跟踪功能可分为追查恶意呼叫和自动跟踪两种。当申请了追查恶意呼叫功能的被叫用户遇到恶意电话捣乱时，可拨预定的特殊代码，则此次通话的主、被叫号码及通话时间在话局的维护管理终端及相关设备上显示并记录下来。自动跟踪功能是指被叫用户不必拨特殊代码，而每次呼叫该用户的主叫号码及时间等信息均在话局有关设备上自动记录下来，也可在被叫用户话机上显示出来，以便于检查。火警和公安报警电话通常就采用自动跟踪功能。

（16）话音邮政

话音邮政是一种新型的话音通信服务业务，它是在系统中设置一个大容量的数字化话音存储器，就像邮局处理信件那样，可对主叫用户的话音信息进行存储、编辑、转发与存档，完成话音信号的非实时性传递。话音邮政功能是给每个有权用户分配一个小的"信箱"，每个信箱都有其专用的号码。由于受存储器容量的限制，每个信箱规定了一定的时间（即存储容量），采用记新抹旧的方式。话音邮政功能是在呼叫遇被叫忙或久叫不应时使用，此时可由交换系统对主叫用户进行语音辅导，以指导主叫用户正确使用话音邮政功能，并将主叫用户的话音信息存储到被叫用户的"信箱"，被叫用户可随时拨特定密码开启自己的"信箱"。话音邮政功能与一般录音电话等留言系统的功能相比，具有保密性强的优点。

1.5　电话交换的基本概念

1.5.1　人工交换—共电交换机

在人工交换机中，每个用户的电话机都通过一对用户线连到交换机面板上的一个塞孔，与该用户线对应，塞孔旁还有一个表示用户占用情况的信号灯（或其他表示装置）。话务员利用塞绳电路（绳路）可将两个用户的塞孔连接起来，从而实现两个用户的通话。下面以共电交换机（如图 1.1）为例介绍完成一次呼叫接续的简单过程。

1）用户呼出

主叫用户摘机后，用户回路接通，使交换机上的用户信号灯亮。话务员发现灯亮后，寻找一条空闲的塞

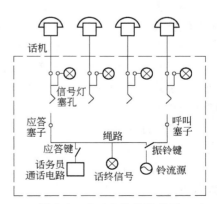

图 1.1　人工交换机示意图

绳，把应答塞子插入主叫用户塞孔，并扳动应答键接入话务员通话电路，即可与主叫用户通话，询问主叫用户的请求。此时信号灯灭。

2）主叫用户报出被叫用户号码

话务员应答后，主叫用户报出被叫用户号码，并由话务员的大脑记忆下来。

3）检查被叫用户忙闲和向被叫用户振铃

话务员应检查（观察）被叫用户是否空闲，即其塞孔中是否已有塞子或信号灯亮。若空闲，则将塞绳的另一端即呼叫塞子插入被叫用户的塞孔，扳动振铃键，将铃流接通到被叫用户回路，向被叫用户振铃，振铃时被叫用户信号灯亮，并将主叫用户侧电路与振铃电路隔离。

4）被叫用户应答通话

被叫用户摘机应答后，被叫信号灯灭，话务员发现后不再振铃。所有键复位，主叫与被叫用户由绳路供电并连接通话，通话期间不需话务员介入，只需监视用户何时挂机即可。

5）话终拆线

任何一方挂机，相应的信号灯亮，话务员将塞绳从塞孔中抽出，就完成了拆线。

由上述内容可知，绳路的作用是连接两个用户的通话电路，话务员的大脑具有分析判断及记忆功能，眼睛具有监视功能，手具有执行功能，即接续工作是在大脑控制下，通过眼睛的监视作用及手的操作，用绳路完成的。

1.5.2 自动交换—数字程控交换机

自动交换是由自动接续设备取代话务员而完成呼叫连接工作。下面以程控交换机（图1.2）为例，介绍数字程控交换机的基本结构和呼叫接续过程。

1. 基本结构

数字程控交换机的基本结构如图1.2所示，它是由用户接口、中继接口、数字交换网络、信令设备和控制系统组成。其中控制系统包括硬件和软件两部分。各部分功能如下：

（1）用户接口：用户接口是交换机与用户话机的接口。

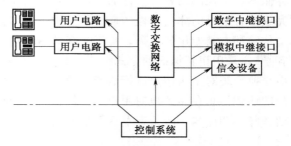

图 1.2 程控交换机的基本结构

（2）中继接口：中继接口是交换机与交换机的接口。

（3）数字交换网络：数字交换网络用来完成任意两个用户之间，任意一个用户与任意一个中继接口电路之间，任意两个中继接口电路之间的连接。

（4）信令设备：用来接受与发送信令信息。

（5）控制系统：控制系统是程控交换机的控制中心，周期检测各个话路设备的状态信息，来确定各个设备应执行的动作，向各个设备发出驱动命令，协调各设备共同完成呼叫处理和维护管理任务。

2. 呼叫接续过程

（1）主叫用户呼出

主叫用户摘机后，其用户回路由断开变为闭合，处理机发现这一变化后，通过对该用户数据的分析，作好收号准备，并把信令电路中的拨号音通过交换网络发给主叫用户。

（2）收号

主叫用户听到拨号音后，即可开始拨号，拨号号码由收号器接收并转发给处理机。

（3）检测被叫用户忙闲和向被叫用户振铃

在收齐被叫号码后，处理机检测被叫用户忙闲，若空闲则在交换网络中选择并预占一条可连通主、被叫用户的电路，然后发出振铃命令，向被叫用户送去铃流，向主叫用户送去回铃音。

（4）被叫用户应答通话

被叫用户应答时，其用户回路由断开变为闭合，处理机发现后，发出命令，切断铃流和回铃音，接通预占的网络通路，双方即可通话。

（5）话终拆线

话终用户挂机时，用户回路由闭合变为断开，处理机发现后，发出命令，拆除交换网络中的连接通路。

1.5.3　对交换机的一般要求

无论是人工交换还是自动交换，对电话交换系统的一般要求可概括为如下几点：

（1）能随时发现用户的呼叫。

（2）能接收并保存主叫用户发送的被叫用户号码。

（3）能检测被叫用户忙闲并寻找相应的空闲通路。

（4）能向被叫用户振铃，发现被叫用户应答时立即接通主、被叫用户间的通话电路。

（5）能随时发现用户挂机并拆除连接通路。

1.5.4　存储程序控制原理

存储程序控制的交换系统是用数字计算机作为控制设备的交换系统。所谓存储程序控制，就是把各种控制功能、步骤和方法编成程序，存放在计算机的内存储器中，由计算机的中央处理器（CPU）执行程序来进行控制。CPU 可以做逻辑运算和算术运算、进行判断、对存储器存取、从接口输入和向接口输出数据等操作，工作速度极快。

电子计算机是由中央处理器（CPU）、存储器和接口三大部分构成的，它们之间通过总线相连，以传递信息和数据。指令是使计算机做某种操作的命令。一个计算机有若干条不同的指令，分别使计算机执行不同的操作。人们为了解决某个问题而编写的一连串指令，称为这个问题的程序，将这个程序中的各条指令依照顺序放在内存储器中，计算机就可以按顺序执行不同的指令，解决这个问题。例如用户摘机呼出识别，在程控交换机中是执行"用户摘机检测程序"实现的，这个程序，储存在计算机的存储器中，如图 1.3 所示。

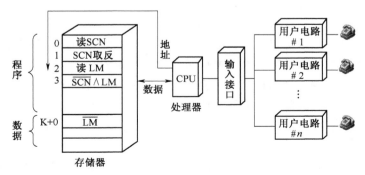

图 1.3　用户摘机检测示意图

　　计算机的 CPU 定时扫描（观察）用户的状态，即通过输入接口从用户电路读取用户的状态，如发现有用户摘机呼出，则进行相应处理。

　　对用户摘机识别，不仅要看它目前的状态（即扫描结果），而且要看它原来的状态，只有原来是挂机状态，而目前是摘机状态，即上一次扫描时为挂机，这一次扫描时为摘机，用户由挂机变为摘机时，才认为是摘机。

　　如扫描结果用 SCN 表示，原来状态用 LM 表示，用户摘机用"0"表示，挂机时用"1"表示，则通过逻辑运算 $\overline{SCN} \wedge LM$，识别用户是否摘机。运算结果是"1"时，为摘机呼出。

　　在计算机的存储器中，除了存有程序本身之外，为了存储用户原来的状态，还要设一个数据存储区，用以存储用户状态。每个用户在存储区占用一位，摘机状态时这一位置"0"，挂机状态时这一位置是"1"。

　　开始执行"用户摘机检测程序"时，CPU 从这个程序的起始地址（0 ♯ 地址）取指令"读 SCN"并执行指令，通过接口从用户电路读取用户线状态 SCN 送到 CPU。这条指令执行完，地址就自动加 1，执行 1 ♯ 地址的指令"SCN 取反"，将读进的用户线状态取反。依次执行第 3 条指令"读 LM"，从地址为 K+0 的存储单元中，取用户的原状态 LM（即上次扫描时读取的用户线状态）。然后执行第 4 条指令，进行逻辑运算 $\overline{SCN} \wedge LM$。如果运算结果为"1"，说明用户摘机。

　　从上述过程可以看出，控制是通过执行程序来实现的，而存放程序的存储器中的内容可以很方便地修改或重写，因此要改变控制方法或增加新的性能，并不需要修改布线或增添新的部件，只要改变程序内容或增加新的程序就可以实现。显而易见，由于采用了存储程序控制，使程控交换机的灵活性和服务能力大大提高，为不断增添的交换业务创造了条件。一些电话交换机的新业务，例如缩位拨号、遇忙等待回叫、转接呼叫、自动叫醒和热线等，在程控交换机中是很容易实现的。

　　综上所述，程控交换机除了具体的设备（交换网络、用户接口、数字计算机等）之外，还必须要有程序，前者称作硬件，后者则称作软件，也就是说一个完整的程控交换机系统是由硬件和软件两部分组成的。这种交换机在安装完毕之后，接上电源并不能立即工作，而必须把程序输入到交换系统的内存储器中，然后才能开始工作。另外为了便于维护，程控交换机还包括一些外围设备，例如磁带机、键盘和显示设备等，用以存储程序、输入程序和进行人机对话。

1.6　数字程控交换最小系统

　　为了便于说明数字程控交换系统的组成原理，并为今后学习数字程控交换系统的软、硬件设计与编程打下基础，这里以一个数字程控交换最小系统为例，说明数字程控交换系统的组成，这个最小系统包括了数字程控交换机必备的基本功能。

　　我们首先从全局着眼，介绍这个数字程控交换最小系统的组成，使读者建立一个完整的概念。然后在后续章节再从整体到局部，逐步深入。

1.6.1　系统组成

　　因为程控交换机是采用存储程序控制的，所以和布线逻辑控制交换机不同，程控交换系统除了具体设备（硬件）之外，还必须要有程序（软件）才能工作，因此整个系统是由硬件分系统与软件分系统两部分组成的。如图 1.4 所示，为了把软件与硬件明显区分开来，这里用方框来表示硬件，而用云形图来表示软件，并把软件画于其储存的硬件方框内。

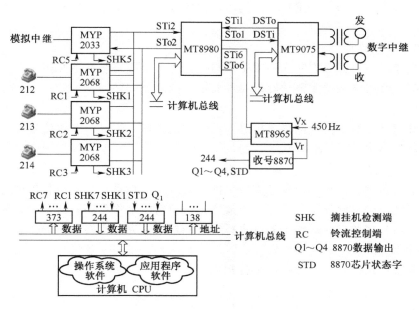

图 1.4　数字程控交换最小系统

1. 硬件分系统

硬件分系统由数字交换网络、模拟用户线终端、数字中继线终端、模拟中继线终端、信令设备与控制系统等组成，见图 1.4 的硬件部分。

（1）数字交换网络

所有的交换任务均由数字交换网络完成，而各种终端设备则负责把外部线路或设备与数字交换网连接起来。在一个通信网中，存在着各种各样的线路或设备，这些线路或设备传送的信号有些是数字的，有些是模拟的。而数字交换网络所能交换的信号是数字信号，这就需要设置不同的终端作为外部线路（或设备）与数字交换网络之间的桥梁。其主要作用是把外部线路（或设备）发出的信号变为数字交换网络能够交换的信号，进入交换网；并把数字交换网输出的数字信号变为外部线路（或设备）能够传送（或接收）的信号。

（2）终端设备

1）模拟用户线终端

目前绝大多数的用户是二进制的模拟信号线，模拟用户线终端用以把这些模拟用户线与数字交换网络连接起来。

数字交换网络只能传送低电平（TTL 电平）的数字信号，而不能通过它向用户馈电、振铃、监视用户摘挂机和对用户线进行测试，因此必须为每个用户设置专用的电路，模拟用户线终端来解决上述问题。普通模拟用户线是二线线路，传输的是模拟信号，为此用户终端还要承担二/四线转换和模/数转换任务，才能把二线用户与数字交换网络连接起来。用户线路连接千家万户，线路条件比较复杂，雷电、电气化铁道的高压干扰和电力线侵入等都在所难免，而数字程控交换系统使用的集成电路芯片，都是低压器电件，为此在与用户线路连接的用户线终端中提供过压保护功能。

2）模拟中继线终端

这里的模拟中继线终端用于连接上级局的模拟用户线终端，本机作为用户交换机，上级局把用户交换机视为它的一个用户，使用用户线信号与用户交换机传送建立接续的各种控制信号。

3）数字中继线终端

当数字交换局与对方局之间采用数字线路时，在数字线路与数字交换网之间要接入数字线路终端。数字线路终端的主要功能是码型变换、帧定位和帧同步。

（3）信令设备

除上述终端外，数字交换网络还接有：①信号发生器；②双音多频信号 DTMF 接收器；③公共信道信号 No.7 信令设备等。

（4）控制子系统

控制子系统是"存储程序控制"交换机的核心，由处理机、存储器和各种处理机接口构成。在这个子系统的存储器中，存有为交换和维护所需的全部程序和数据。处理机读出这些程序和数据，按程序要求对话路子系统进行监视和控制，完成交换和维护任务。

2．软件分系统

软件分系统由运行软件与数据两部分构成。

（1）运行软件

运行软件储存在计算机的存储器内，按其功能与操作特点可分为操作系统与应用程序两大类，而操作系统与应用程序又包括若干个软件子系统，如图 1.5 所示。

操作系统统一管理整个系统中的所有软、硬件资源。

应用程序是用于呼叫处理和维护管理的，这里只介绍呼叫处理。呼叫处理包括下列几部分：

1）系统初始化模块

系统在启动运行时，需要进行初始化。对硬件来说，需要复位，以便系统中的部件都处于某一确定的初始状态，并从这个状态开始工作。对于软件来说，对使用的变量、数组、指针和结构都要赋初值，以便使这些数据都具有确定的初始值，并在这个初始值的基础上开始工作。

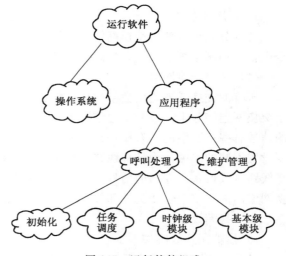

图 1.5　运行软件组成

2）任务调度模块

任务调度模块的功能是调动和启动运行软件中的各项任务。

3）时钟级任务模块

时钟级任务模块的主要任务是执行时钟级任务，主要包括：

①DTMF 信号接收任务。

②用户摘、挂机检测任务。

时钟级任务属于要实时处理的工作，例如对于上述 DTMF 信号的接收，必须要在下一位号码到来之前把前一位号码识别出并记录下来，否则就要错号。

对于用户摘、挂机等随机出现的动作，也要及时响应，不能延缓太长时间而使用户有等待的感觉。而用户拨号和摘、挂机，在交换机中都是随机发生的，但若对 DTMF 收号器和每个用户都进行连续不断的监视，处理机根本做不到，也没有必要。理想的办法是采用采样的方法，在保证信息不丢，用户无等待感觉的前提下，采用不同的监视周期，每隔一定时间对 DTMF 收号器和每个用户进行周期的监视，发现状态有变化时，及时受理，把收到的数据记录下来，写入有关队列，交基本级模块处理。

4）基本级模块

基本级模块的主要任务是执行基本级任务，主要包括：

·摘机处理；

·挂机处理程序；

·DTMF 收号处理程序。

基本级任务大多数对时间限制不十分严格，而且只在需要时才启动。

5）公共信道信令模块（图 1.5 中未列出）

公共信道信令模块的主要功能是收、发 No.7 信令。

（2）数据

由运行软件处理的数据有两种：一种是描述交换机硬件结构及其运行条件的半永久性数据；另一种是说明用户呼叫和通话过程中使用的资源的状态及资源之间连接关系的暂时性数据。

1.7 大型数字程控交换系统的组成

由前一节内容可知，程控交换系统除了具体设备（硬件）之外，还必须要有程序（软件）才能工作，因此整个系统是由硬件分系统与软件分系统两部分组成的。采用不同设计思想的数字程控交换系统，其软硬件结构也有所不同，大体上可分为两种，即分级分散控制与全分散控制两种结构。

1.7.1 分级分散控制交换系统

分级分散控制是指把控制功能分为两层：中央处理机与局部处理机，典型的机型是 FE-TEX-150，其硬件结构如图 1.6 所示。

所有的交换任务均由数字交换网络完成，而各种终端设备则负责把外部线路或设备与数字交换网连接起来。主要的终端设备有：

（1）模拟用户线终端

目前绝大多数的用户是二进制的模拟用户线，模拟用户线终端用以把这些模拟用户线与数字交换网络连接起来，其主要功能是模数变换与话务集中。

（2）数字用户线终端

又称 ISDN 终端或综合业务用户线单元，用于把数字用户线与数字交换网络连接起来，主要功能是码型变换同步和话务集中。分为基本速率接入（2B＋D）与一次群接入（30B＋D）两种。

（3）远端用户模块

远端用户模块设在远离母局的用户密集地区，离母局距离一般不超过 100 km，其功能与局内用户级相似，不过由于远离母局，一般要经过数字中继电路才能接入母局的交换网络。此外，当需要时，远端用户级也可具有内部交换功能。

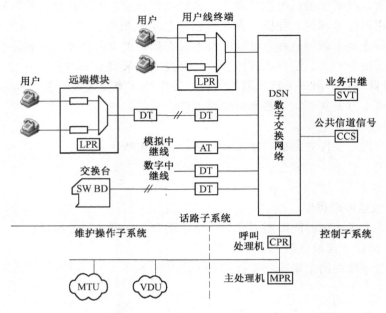

图 1.6   分级分散控制交换系统硬件部分方框图

（4）模拟中继线终端

模拟中继线用于数字局与模拟局之间，一般话务量比较集中，每线约 0.7 Erl，因而不需要话务集中。这个终端的主要任务是进行二/四线变换和话音信号的模/数转换，并负责线路信号（为建立接续的控制信号）变换、插入和提取，目前已很少使用。

（5）数字线路终端

当数字交换局与对方局之间采用数字线路时，在数字线路与数字交换网之间要接入数字线路终端。数字线路终端的主要功能是同步、码型变换和信令发送与提取。

程控数字交换机母局与远端模块之间，母局与长途台之间也是通过数字终端连接的。

除上述终端外，数字交换网络还接有数字信号发生器、多频信号接收器及公共信道信号设备等。

控制子系统是"存储程序控制"交换机的核心，由处理机、存储器和各种接口构成。在这个子系统的存储器中，存有为交换和维护所需的全部程序和数据。处理机读出这些程序和数据，按程序要求对话路子系统进行监视和控制，完成交换和维护任务。

对于存储程序控制的交换系统来说，其故障可能出在硬件上，也可能由软件造成，情况比较复杂。必须具备强有力的维护能力，配备维护操作子系统，可以提供人机对话、系统监测和故障诊断功能。这个子系统包括系统监测台、测试台、电传打字机和磁带单元等。

FETEX-150 的软件采用分层模块化结构，分为中央处理机软件与局部处理机软件两种，每种软件均由运行软件与数据两部分构成。其中运行软件按其功能与操作特点可分为操作系统子系统与应用程序子系统两大类。子系统由功能相对独立的功能模块组成。

操作系统子系统执行任务调度、资源管理、通信管理和人机通信等功能。应用程序子系统是直接和交换处理及维护操作有关的程序。

数据部分分为局数据与用户数据两类。前者用来说明硬件构成，后者用来说明用户类别、话机类型、电话号码和设备号码等。

1.7.2 全分散控制交换系统

全分散控制方式的交换系统的组成如图 1.7 所示，典型的机型为 S1240。从提高可靠性出发，这种交换系统去掉了功能集中的中央处理机，只保留了功能相对弱化的辅助控制单元（ACE），而把它所承担的大部分控制功能分散到各个模块（终端）的控制单元（TCE）之中，这样处理机的故障将只影响它所管的那一部分设备的运行，而不会影响全局。国内不少机型也采用这种设计思想，但做了较大改进。

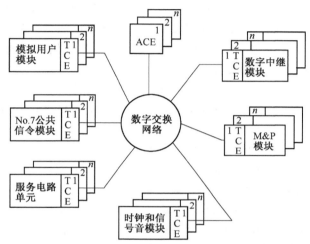

2 个 PCM 通道　　　ACE 系统辅助控制单元　　　TCE 终端控制单元

图 1.7　S1240 的硬件结构

图中的服务电路模块，实际上是多频信号发码器，与上述分级控制的业务中继功能一样。维护与外围设备模块相当于分级控制的维护操作子系统。而其余各模块的功能与上述同名各终端相同，不再重述。

S1240 采用分布控制，其软件也自然分布到各个终端控制单元与辅助控制单元之中。

1.8　程控交换机的终端设备

1.8.1　电话机

通信就是信息的传递。最简单的通信就是人与人的对话，声音通过空气传递给对方。当收发两方距离较远时，声音在传播时的衰减就会影响到通信的质量。这个时候，长距离的通信就必须借助设备来完成，电的出现，为此奠定了基础。通信的种类繁多，可将其分为电通信和非电通信两大类。古代的飞鸽传书、烽火传信这些就属于非电通信。电通信就是用电的方式来进行通信，有电报、电话、数据、图像等多种通信业务。一直以来，电话通信都是应用最广泛和最重要的通信方式。

电话机则是电话通信网的终端设备，故也称电话（用户）终端，用以完成话音与电信号之间的转换。

1. 电话机的发展

电话出现以前，电报技术已经实用。但是电报属于文本发送形式，需要把信息转换为电码，再依次传递。从发电到回电往往需要很久，一种即时通信就应运而生。电话机就是将人们要说的话直接通过导线传送到对方，使收发双方进行即时的交流。

1854年，法国的查尔斯·布素尔提出用活动磁盘的通话原理，并进行了相关的实验。

1857年，意大利的梅乌齐·穆西也发明了简易的电话装置。

1860年，德国的菲利普·耐斯利用他发明的电话装置第一次将一曲旋律用电发送了一段距离。

1875年6月，贝尔与他的助手研制出了电话机。1876年3月10日，贝尔用他发明的装置，第一次发送了一句完整的话。

最早的电话机，里面装有一部手摇曲柄发电机，也称磁石式发电机。由手摇发电机向对方发送振铃信号，由本机的干电池组给送话器供电。这种电话机称为磁石式电话机。

1886年左右，发明了共电式电话机，这种电话机不再使用手摇发电机和干电池，直接由电话局供电。结构简单，使用更方便。

仅有电话机只能使两个用户相互间进行电话通信。要使更多的用户都能进行相互间的通信，就必须要有一个交换设备。交换机就是实现任意两个用户之间电话通信的设备。

2. 电话传输频带

经研究，人类话音频率范围约为80～8 000 Hz，其中的低频部分包含能量较多，而话音频谱的高频部分对清晰度比较重要。特别是1 000～3 000 Hz是保证清晰度必须传输的部分。压缩后的电话传输频带，既要保证一定的能量，又要兼顾清晰度，故最初电话传输频带确定为300～2 700 Hz。随着通信技术的不断发展和社会生活的实际需要，电话用户对电话通信中的"逼真度"的要求越来越高，希望其具有足够的音色。实验证明，电话频谱中2 500 Hz以上频率虽然对清晰度作用不大，但对音色的表现十分重要，故现代通信电话传输频带扩展为300～3 400 Hz。

3. 电话机的部件

从早期的手摇电话机、拨号盘式电话机到如今的数字电话机、可视电话机，电话机种类繁多。目前，应用较为普遍是按键式电话机。按键电话机又可分为直流脉冲式按键电话机、双音频按键电话机和脉冲双音频兼容式电话机。下面重点介绍双音频按键式电话机的结构特点及工作原理。

按键电话机的电路如图1.8所示。

(1) 叉簧开关H

叉簧开关H的主要作用，是转换振铃电路和通话电路。挂机时将电话机的振铃电路和外线连接，摘机时断开振铃电路，将通话电路接在外线上。

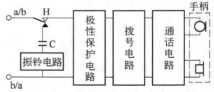

图1.8 按键电话机的电路

(2) 振铃电路

按键式电话机的振铃电路，多数采用音频振铃器或称之为电子铃的电路。它把来自交换机的交流铃流滤波转换变为28 V左右直流电压后，使由振铃集成电路及外围电子器件组成的音频振荡器振荡，经电/声转换器，在扬声器内发出悦耳动听的铃声。

(3) 极性保护电路

极性保护电路的主要作用，是把电话a/b、b/a线上不确定的电压变成极性固定的电压，以确保发号电路和通话电路所要求的电源极性。

（4）拨号电路

拨号电路又称发号电路，它是由发号专用集成电路、键盘和外围电路组成。它可以把键盘输入的号码转换成相应的直流脉冲（P）或双音频信号（T）送到线路上，由于音频拨号速度快，所以电话机一般多采用双音频拨号方式。按键键盘一般由 12 个按键和开关接点组成，其中 10 个为数字键，2 个为特殊功能键（分别为 ＊ 、♯）。

	1 209 Hz	1 336 Hz	1 477 Hz	1 633 Hz
697 Hz	1	2	3	A
770 Hz	4	5	6	B
852 Hz	7	8	9	C
941 Hz	*	0	♯	D

（5）通话电路

随着电子技术的发展，特别是大规模集成电路的发展，促使电话机的通话电路向集成化发展。现在通话集成电路已在通话电路中得到广泛的应用。在通话电路中使用的集成电路分为两类，一类是通用放大器集成电路；另一类是专用通话集成电路，包括发送放大电路、消侧音电路、接收放大电路、自动音量控制电路以及静噪开关等。

侧音是指本方发出的声音通过送话器转换成电信号后，不仅可以通过二线线路送往对方，而且还会送到本方受话器中，产生很大的声音——侧音。这种侧音会使人耳产生疲劳现象。所以现代电话机均设有较好的消侧音电路。

（6）送话器和受话器

送话器的作用是完成声/电转换，把话音信号转换成能在电话线上传送的电信号；受话器的作用是完成电/声转换，把话音电信号转换成声音。

4．电话机的组成

不管是何种电话机，作为通信的终端设备都应该由三个基本部分组成：

（1）转换设备：也就是叉簧。

（2）信号设备：包括发信设备和收信设备。发信设备即用户通过号盘或键盘拨打出被叫用户的号码或其他信息。收信设备的任务就是接收交换机送来的铃流电流，通过话机中的电铃或扬声器发出振铃声。

（3）通话设备：由送话器、受话器及相关电路组成。

5．电话机的命名

国产电话机的型号有两种命名方法。

（1）原机械电子工业部命名方法

电话机型号由主称、分类、用途和序号四个部分组成。前三项均用简化名称汉语拼音的第一个字母表示，当相互间有重复时，则用汉语拼音的第二个字母，序号用阿拉伯数字表示，如图 1.9 所示。

| 主称（电话机用 H） | 分类（字母表示） | 用途（字母表示） | 序号（登记序号） |

图 1.9 电话机型号命名组成

1）分类代号如下表

名称	磁石	共电	自动	声力	扬声	调度
代号	C	G	Z	L	A	I

2）用途代号表

名称	代号	名称	代号	名称	代号
墙挂用	G	潜水用	S	农村用	N
携带用	X	矿用	K	专用	Z
防爆用	B	铁路用	L	无人管理	W
船舶用	C	企业用	Q		

3）命名举例

如 HCX-3 型磁石电话机

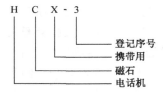

```
H  C  X - 3
            └── 登记序号
         └───── 携带用
      └──────── 磁石
   └─────────── 电话机
```

（2）原邮电部进网命名方法

1）电话机编号由四部分组成（型号）

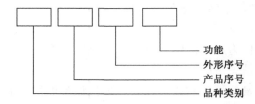

```
┌──┬──┬──┬──┐
│  │  │  │  │
└──┴──┴──┴──┘
          └── 功能
       └───── 外形序号
    └──────── 产品序号
 └─────────── 品种类别
```

2）编号中各符号及其含义

· 品种类别：由两个汉语拼音字母组成，具体规定如下：

"HC"表示磁石电话机；

"HB"表示拨号盘式自动电话机；

"HG"表示共电式电话机；

"HA"表示按键式自动电话机；

"HL"表示自动录音电话机；

"HW"表示无绳电话机；

"HT"表示投币电话机；

"HK"表示磁卡电话机；

"HE"表示光卡电话机。

· 产品序号：原则按厂家进网登记的顺序排列，有 2～3 位阿拉伯数字组成。

· 外形序号：用加括号的罗马数字表示。

·功能：用英文字母表示，规则如下：

P——脉冲拨号；

T——双音频拨号；

D——免提；

S——号码存储记忆；

P/T——脉冲、音频拨号兼容；

L——锁号功能；

d——扬声器功能。

·举例：HA998（Ⅲ）P/TSD 多功能电话机

HA——按键式自动电话机；

998——产品进网登记序号；

（Ⅲ）——第三种外形，即三型机；

P/TSD——具有脉冲、音频兼容拨号、存储、免提功能。

1.8.2 传 真 机

随着多种业务的发展，只能传送语音信号的电话机显得十分单调，人们需要实现更多种类的通信就必须有新的设备。传真机就能实现文字、图表、图像的通信。传真是 facsimile（fax）的译名，本意是"按原稿进行摹写，复印"。传真是把记录在纸上的文字、图表、图像等通过扫描从发送端传输出去，再在接收端的记录纸上重现的通信手段。也就是说，传真通信实际是一种传送静止图像的"记录通信"，有人把它称为"远程复印"。

传真通信是使用传真机，借助公用通信网或其他通信线路传送图片、文字等信息，并在接收方获得发送原件系统的副本的一种通信方式。传真通信是现代图像通信的重要组成部分，它是目前采用公用电话网传送并记录图文真迹的唯一方法，这也是它获得广泛应用的一个重要原因。

传真通信的基本思想是英国人亚历山大·贝恩（Alexander Bain）于 1843 年提出的，但是直到 1925 年才由美国贝尔实验室利用电子管和光电管制造成世界上第一台传真机，使传真技术进入到实用阶段。不过当时由于传真机的造价昂贵，又没有统一的国际标准，而且传真通信还需要架设专门的通信线路，所以发展一直比较缓慢，应用也只限于新闻，气象等少数领域。

自 20 世纪 60 年代以来，随着经济的发展和科学的进步，许多国家的邮电通信部门相继允许公用通信网开放非话音业务，即允许在原本只进行语音通信的公用电话交换网上进行传真等非话音业务的通信，使传真通信的发展有了稳固的基础。特别是国际电报电话咨询委员会（CCITT）在 1986 年以后陆续制定和公布了用于传真机生产和开展传真通信的一系列建议，促进了传真机生产和传真通信的标准化，传真通信因此得到了飞速的发展，成为仅次于电话的通信手段。

传真机的工作原理很简单，先扫描即将需要发送的文件并转化为一系列黑白点信息，该信息再转化为声频信号并通过传统电话线进行传送。接收方的传真机收到信号后，会将相应的点信息打印出来，这样，接收方就会收到一份原发送文件的复印件。

目前，传真技术还在持续发展，出现了网络传真，网络传真的特点简单来说有以下特点：通过互联网，将传真发往世界各国，费用大大节省；普通传真机就能接收，对方不需要上网；对方能马上收到您的传真；安全保密，提供回执，有遇忙自动重发功能。

随着科技的发展，电话机和传真机技术都有了新的突破，如数字电话机的功能更加完备，数字传真机的工作速度和质量都大幅提高。

复习思考题

1.1　电话交换技术的发展经历了哪些阶段？

1.2　程控交换机在发展过程中可分为哪几代，每一代的特点是什么？

1.3　对电话交换系统的一般要求是什么？

1.4　异步时分交换的优点是什么？

1.5　程控交换机在哪些方面具有优越性？

1.6　程控交换机按控制方式可分为哪几类，每一类的优缺点是什么？

1.7　分级控制程控交换机各功能单元的作用是什么？

2

数字交换网络

2.1 时隙交换的基本概念

数字交换系统是在数字通信基础上发展起来的，在数字交换系统内，交换网络交换的信号是数字信号或数字化了的话音信号，这是数字程控交换系统主要特点。

数字通信基本原理已在数字通信课程中详细讲过，这里不再重述，程控数字交换机是以PCM 技术为基础研制成功的，故本节先简要介绍 PCM30/32 系统的帧结构，以便讨论时隙交换的基本概念。

2.1.1 PCM30/32 系统的帧结构

在 PCM 30 路/32 时隙系统中，125 μs 划分为 32 时隙，每个时隙 3.9 μs。其中有 2 个时隙用于传送控制信息，可用来传送话音信号的话路数为 30 个。故常以 PCM 30CH/32TS 表示。其中 CH 表示话路，TS 表示时隙。

在 PCM 系统中，将各路信息依次传送一次，所占用的时间（125 μs）称为 1 帧，在一帧内各路信息的安排如图 2.1 所示，这种安排称为帧结构图。

每帧（又称子帧，以 F 表示）分为 32 个时隙，其中 TS1～TS15 和 TS17～TS31 用来传送话路信息，TS0 和 TS16 用于传送帧同步信号和标志信号。每个时隙再细分为 8 个小时隙，用以传送 8 位码，每位码宽 0.488 μs，这样在 1 帧内要传送 256（32×8）位码，分属于 32 个时隙，总码率（即每秒传送的码数）为 8 000×256＝2 048 kbit/s 也就是说，每秒传2 048 000 个比特。

TS0 称为同步时隙，传送有关同步的信息，帧同步码用来指示一帧的开始，在偶数帧传送。偶数帧和奇数帧以第 2 位码来区分，第 2 码为 0 表示是偶数帧，为 1 表示奇数帧。

TS16 为信令传送信道，可采用随路信号（CAS）方式或公共信道信号（CCS）方式，在采用随路信号（CAS）方式时，由于 1 帧中 1 个时隙传输的信息有限，而电话通信中标志（信令）信号变化又非常缓慢，没有必要每秒传送 8 000 次，只要 500 次，即 2 ms 传送一次就够了。因此每隔 16 帧传送一次即可满足要求，为此在帧结构中引入“复帧”的概念。一个帧包括 16 个子帧（F0～F15），复帧时长为 2 ms。复帧中第 0 帧 F0 的 TS 16 用来传送复帧同步信号，其前 4 位固定为 0000 做为复帧同步码，用以指示复帧的开始，第六位是复帧失步告警，用以说明复帧是否失步。

在采用随路信令方式传送标志信号时，每路只需 4 位，将 F1～F15 各子帧的 8 位码一分为二，分别传送两个话路的标志信号，前 4 位码依次传送第 1 路至 15 路的标志信号码，后 4 位码依次传送第 16 路至 30 路的标志信号码。

在采用公共信道信令方式时，将一个复帧内用于传送标志信号的 128 个比特（16×8）集中起来，供若干通路共同使用，使用带有标号的消息传送信令信息，标号说明信号属于那一路，当然复帧结构也就不与图 2.1 相同了。

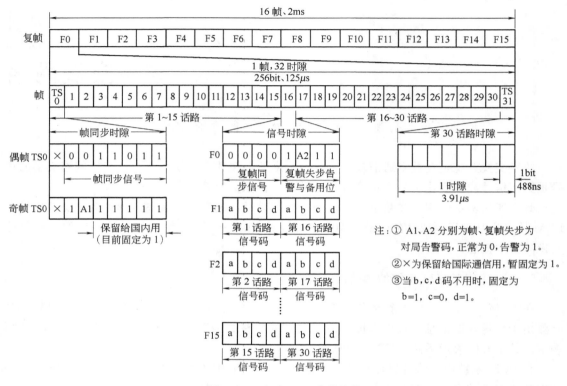

图 2.1　PCM 30/32 的帧结构

　　为了有效防止假同步，并且增强对误码的监测能力，CCITT 在 1987 年建议采用含有 CRC-4 的新帧结构把在 TS0 中留给国际通信用的比特都使用起来，用图 2.1 偶数帧中留作国际用的第一比特传送 CRC 信号，奇数帧中第一比特传送 CRC 复帧同步码。CRC 为循环冗余检验码的缩写，后缀 4 表示校验码为 4 位，因只用偶数帧的第一位传送 CRC，故也采用复帧传送。

　　PCM 技术发展很快，传输容量由 32TS/30CH 的一次群，发展到由 4 个 PCM 32TS/30CH 组成的码率为 8.448 Mbit/s，容量为 120 路的二次群，以 4 个二次群组成的码率为 34.368 Mbit/s，容量为 480 路的三次群，以及以 4 个三次群组成的码率为 139.264 Mbit/s 容量为 1920 路的四次群等。

　　随着高次群的出现，程控交换机也必然要相应跟上，提供对应的接口，目前大容量数字程控交换机已逐渐配上对二次群的接口，把二次群与交换机直接连接起来。

2.1.2　数字交换原理

　　在数字通信基础上发展起来的数字程控交换系统，其交换网络交换的信号是"离散"的数字信号，连接的线路是时分复用 PCM 线路。这些特点决定了它的交换原理与模拟空分交换有本质的差别。

在模拟空分交换机中，进行交换的每个话路（用户）都占有一条专用的导线，空分交换网络是交叉接点（金属接点或电子接点）组成的，通过接点闭合把一个用户与另一个用户接通来完成交换任务，交换通路的传输大多是双向的，在通路上传输的信号一般是模拟信号。如图 2.2 所示。当 1 号线用户欲与 2 号线用户通话时，只需将交叉接点 y 和 z 闭合，即可使二者通过线路接通。

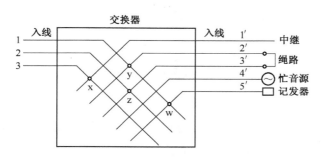

图 2.2　空分接线器示意图

而数字交换则是另外一种新的交换方式，进行交换的每个话路（用户）在一条公共的导线上占有一个指定的时隙，其信息（二进制编码的数字信号）在这个时隙内传送，多个话路的时隙按一定次序排列，沿这条公共导线传送，如图 2.3 所示。

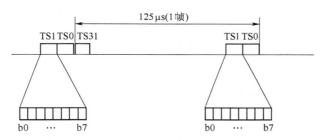

图 2.3　时分多路复用线路时隙排列图

上述公用导线，实质上是一条时分多路复用电路，因此在数字程控交换机中，和数字交换网络连接的线路并不是像空分交换机中那样单独分开的用户线或中继线，而是含有多个话路的标准时分多路复用线，如图 2.1 所示。在数字程控交换机中，上述时分多路复用线常称作数字链路（digital link），有时也叫做母线（highway），用"HW"表示。在这个母线上，每个话路传送的信息，只是在每一帧出现一次的 8 位码，这些 8 位码在时间上是"离散"的，它们之间相隔一定的时长即 1 帧（125 μs），如图 2.1 所示。这是数字通信的一个特点，因此在数字交换的情况下，交换网络就没有必要给每个用户提供一条实线通路，只需每隔一帧把要交换的 8 位码传送给接收端某一指定时隙就可以达到交换的目的了。

1. 一条母线上的时隙交换

如果要数字链路上的第 1 路和第 5 路进行交换，即把第 1 路传送的信息 a 交换到第 5 路去，就必须把时隙 TS1 的内容 a 通过数字交换网送到时隙 TS5 中去，如图 2.4 所示。

所以说，数字交换的实质是时隙内容的交换。也可以说，数字交换是通过改变信息排队的顺序来实现的。如原来第 1 路的信息 a 排行第 1，通过数字交换网变为排行第 5，占用第 5

个时隙，从而实现了从第 1 路到第 5 路的交换。

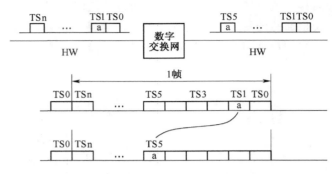

图 2.4　数字交换示意图

这里需要注意的是，当 TS1 到来时，出端 TS5 的时隙尚未来到，要把 TS1 的内容送到
TS5，当 TS1 到达后，需要等待一段时间（这里是 $4 \times 3.9 = 15.6\ \mu s$），等到 TS5 到达时，
才能将信息 a 在 TS5 送出去。等待时间的长短，视交换时隙的时间位置而定，但最长不得
超过一帧的时间（125 μs）。否则，下一帧 TS1 的新内容又要到达输入端，而前一个信息尚
未送出，这样就会产生漏码。

当然，第 1 路与第 5 路的交换，不仅第 1 路发第 5 路能收到，第 5 路发第 1 路也应当能
收到，这样两路间才能通话。图 2.5 是实现双向数字交换的示意图，从图中可以看出两个时
隙的内容是如何进行交换的。

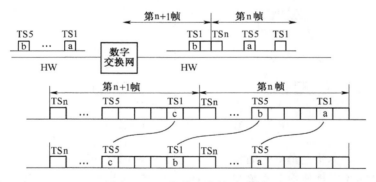

图 2.5　双向数字交换示意图

在图 2.5 中，TS5 所传送的信息 b 不可能在同一帧的时间内交换至 TS1 去，原因很明
显，因为 TS5 到来时，同一帧的 TS1 已经过去，所以 TS5（第 n 帧）中的信息，必须在下
一帧（第 n+1 帧）的 TS1 到来时，才能传送出去，这样就完成了从 TS1 到 TS5 和从 TS5
到 TS1 的信息交换。从数字交换网内部来看，建立了 TS1～TS5 和 TS5～TS1 两条通路，
也就是说，数字交换的特点是单向的，要完成双向通话，就必须建立两个通路（一来一去），
即四线交换。

怎样实现时隙内容的交换呢？这是初学者急于了解的问题，从时隙交换的概念可以看
出，当输入端某时隙 TSi 的信息要交换到输出端的某个时隙 TSj 时，TSi 时隙的内容需要在
一个地方暂存一下，等 TSj 时隙到来时，再把它取出来，就可以实现从 TSi 至 TSj 的交换
了。可以将信息暂存一下并可在适当时刻取出的理想器件是随机存储器，因此时分交换网是

用以随机存储器为主组成的电路实现的，这里以 32 路之间交换为例进行说明。

如图 2.6 所示，存储器一共有 32 个存储单元，每个单元存储 8 位码，用以存储 32 个时隙的内容。存储单元的地址，以时隙的序号编排，这样可使 TS0 的内容放在 0 号单元中，TS1 的内容放在 1 单元中……，32 个时隙的内容按照输入顺序依次写入各存储单元中暂存起来。如果要求将 TS1 的内容交换至 TS5，则在 TS5 从 1 号存储单元中取出信息，就达到了交换的目的。存储器的写入由与输入信息同步的地址信号发生器提供地址信号，当时隙 TS1 到来时，地址信号发生器就在这个时刻发出地址号码 1，打开 1 号存储单元，把 TS1 的内容写入到 1 号单元之中，在时隙 TS2 到来时，发出地址号码 2，打开 2 号存储单元，把 TS2 的内容写入到 2 号存储单元……，应当注意的是，各路信息存入哪一个存储单元是固定不变的，但每一个单元中的 8 位码的具体内容每 125 μs 要改变一次。

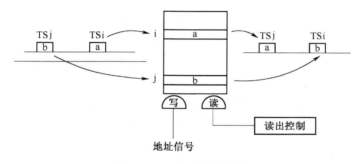

图 2.6　32 路时分交换网

存储器的读出，由读出控制电路提供读出地址，如果要求把时隙 TS1 的内容交换到 TS5，则在 TS5 时刻，读出控制电路发出读出地址号码 1，这样就在 TS5 时刻，打开存储单元 1，把存储单元 1 存储的信息（TS1 的内容）读出，即把 TS1 的内容交换到了 TS5。

2. 多条母线之间的时隙交换

上面只讲了一条数字链路的情况。实际上，一条链路可容纳的话路数是有限的，因此接到一个数字交换网的数字链路就不只一条，而是多条，如图 2.7 所示。这些链路上传送的都是标准的时分复用信息流，从数字交换网出来的也是同样标准的信息流。

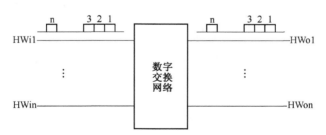

图 2.7　时分交换网

实际的数字链路，即数字母线 HW，采用 30 路/32 时隙 PCM 一次群（基群）标准。一帧 32 个时隙（TS0～TS31），其中 TS0 为同步时隙，TS16 为信号时隙，其余 30 个时隙为话路时隙，在一帧的 125μs 期间，每个时隙的时长为 125/32＝3.91 μs。每位码的传送时间为 3.91/8＝0.488 μs，一帧总共 32×8＝256 位码，由于每秒传送 8 000 帧，所以总码率为 256×8 000＝2 048 kbit/s。

　　这样就要求数字交换网络能将连接到入端的任何一个数字母线上任一时隙的内容交换到出端任一母线的任何一个时隙中去。由于交换应能在所有接入的数字链路的所有时隙间进行，即可能在同一条数字链路的不同时隙进行，也可能在不同数字链路的同一时隙或不同时隙进行，因此当接入数字交换网的数字链路不只一条时，交换就必须既包括空间位置的转换（从一条数字链路到另一条数字链路），有时把这种交换称为二维交换。

　　为了说明方便，在图2.7中把输入母线HWi集中画于左侧，输出母线HWo集中画于右侧。例如第1条输入母线的话路2要和第n条输出母线的话路5进行通话，则不仅要求从时隙2到时隙5之间的时隙交换，而且还要求从母线1到母线n之间的空间交换。由于交换是单向的，为了实现双向通话，要求HWi1的TS2中的信息传送到HWon的TS5中去，HWin的TS5中的信息传送到HWo1的TS2中去。具体实现方法将在后续章节中介绍。

2.2　数字交换网络

　　数字交换是数字通信技术、交换技术与计算机技术相结合的产物，它给出了与空分模拟交换系统完全不同的新概念。

　　随着微电子技术的发展，已经出现不少通用交换网络芯片、采用超大规模集成电路技术、体积小、功能强、使用非常方便，国内外数字程控交换机已大量采用。本章将介绍其功能，结构与使用方法。

2.2.1　数字交换网络的基本电路

1. 时分接线器（T型接线器）

　　时分接线器的功能是进行时隙交换，即将某一时隙的信息交换到另一时隙中去。在组成数字交换网时，时分接线器称作T型接线器，简写为TSW。

　　（1）时分接线器的结构和工作原理

　　从时分交换的基本概念可知，时隙交换的实质是时隙内容的交换。假如要把某一时隙的内容交换到另一时隙中去，只要在这个时隙到来时，把它的内容先存下来，等另一时隙到来时把它取走就可以了，通过一存一取，即可实现时隙内容的交换。时隙内容是数字化了的话音信号或数据，即二进制编码，而能对二进制信息进行存/取，最方便和最经济的器件是随机存储器RAM。因此可以想象，只要能在某一时隙到来时，把它的内容存放到RAM中，而另一时隙到来时，把它从RAM中取出，就可以实现两个不同时隙的信息交换了。

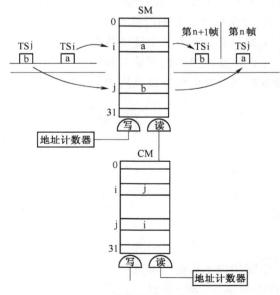

图2.8　时分接线器结构

　　实际的时分接线器由两个存储器组成，如图2.8所示，其中之一用来暂存话音信息，称为话音存储器 SM；另一个用于对话音存储器进行读（写）控制，称为接续控制存储器，缩写为 CM。

为了便于说明，假定交换是在 PCM 一次群的 32 个时隙之间进行的。

因为要交换的路数是 32，为了进行交换，每个时隙的内容都要有一个地方存放，所以话音存储器需要 32 个存储单元，每个单元可存放 8 位二进制码。话音存储器的地址，按时隙的序号排列，从 0 到 31。接续控制存储器的单元数与话音存储器一样，也是 32 个，地址也按时隙序号编排，但其所存储的内容是话音存储器的读出地址，因此其字长由话音存储器的单元数确定。在所举的这个例子中，话音存储器的单元数为 32，故接续控制存储器的字长为 $5(2^5 = 32)$。

这里，话音存储器的写入与控制存储器的读出，受同一地址计数器控制，地址计数器与输入的时隙同步。

根据前述原理，要进行交换，首先要把输入各时隙的内容（数字编码）依次存入话音存储器之中，由地址计数器的输出控制写入。因为地址计数器与输入的时隙同步，故当 TSi 时隙到来时，地址计数器在这个时刻输出一个以 TSi 序号为号码的写入地址 i，将时隙中的内容 TSi 的内容写入话音存储器的第 i 号存储单元中。各个时隙中的内容在存储器存储的时间为 125 μs（一帧的时间），即保留到下一帧这一时隙到来之前，因此在这 125 μs 之中，可根据需要在任一时隙读出，以达到时隙内容交换的目的。在本例中，为了在 TSj 时刻把 a 读出去，需要预先在接续控制存储器的第 j 号存储器单元（地址与时隙序号对应）内写入 TSi 的序号 i，如图 2.8 所示。因为接续控制存储器的读出也是由同一地址计数器控制顺序读出的，所以在 TSj 时刻，地址计数器对接续控制存储器输出读出地址 j，从 j 号存储单元中读出的内容为 i，它作为话音存储器的读出地址送往话音存储器，从 i 号单元中读出在 TSi 时刻写入的内容 a，这样就实现了从时隙 TSi 至时隙 TSj 内容的交换。

从上述说明可以看出，实现交换的关键是地址计数器要和输入时隙严格同步，即当 PCM 输入某个时隙到来时，一定要送出对应这个时隙的地址。

在图 2.8 中也画出了时隙 TSj 的内容 b 交换至 TSi 的过程，其中话音存储器的第 j 号单元在 TSj 时刻将信息 b 写入，而在下一帧的 TSi 时刻读出。

话音存储器每次只存储一帧的数字信息，每次正常通话约占用上百万帧。在此期间通路一经建立（即接续控制存储器的有关单元中写入相应的信息），发送时隙的内容将周期地一帧一帧写入到话音存储器中，并在 125 μs（一帧时间）之内读出，保留 125 μs 后被重新改写，这样多次重复循环，直到通话结束。

应当指出，因为对一个存储器的读和写不能同时进行，必须在时间上分开，为此读与写的地址必须在时间上错开，常用的办法是将一个时隙一分为二，由读写信号（R/W）控制

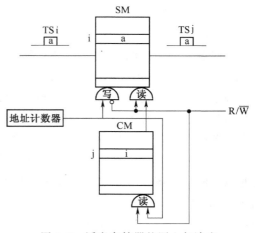

图 2.9 话音存储器的写入与读出

读/写门，使写入在时隙的前半部进行，读出在时隙的后半部进行，这样读和写就不会互相干扰了。如图 2.9 所示。

话音存储器和接续控制存储器的读写周期都是一个时隙的长度，即 $3.91\ \mu s$，读写信号 $R/\overline{W}$ 在时隙的前半部为低电平，后半部为高电平。当 PCM 的某一时隙例如 TSj 到来时，在其前半个周期，由于 $R/\overline{W}=0$，话音存储器 SM 写门开，读门关，接续控制存储器 CM 读门关，故话音存储器的写入地址由与输入时隙 TSj 同步的地址计数器提供，地址码为 j，输入时隙的 8 位码被写入对应的 j 号存储单元内（图中未画出）。在后半周期 $R/\overline{W}=1$，SM 写门关，读门开，CM 的读门开，地址计数器输出的地址码 j 被送到接续控制存储器，作为其读出地址，而从该存储器读出事先写入的数据 i，即作为 SM 的地址码，从 SM 的 i 号单元读出在 TSi 时隙写入的内容 a，从而实现从 TSi 至 TSj 的交换目的。

（2）话音存储器

话音存储器的组成如图 2.10（a）所示。本图以顺序写入、控制读出方式为例，即由定时脉冲信号 A0～A4 控制，按顺序将输入数据写入到各存储单元，而读出则受控制存储器的控制，即按照控制存储器输出的数据 B0～B4 为地址进行读出。由图中可见，话音存储器由随机存储器 RAM 和一些控制逻辑电路组成。

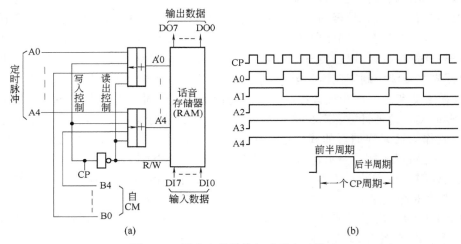

图 2.10　话音存储器的组成及定时脉冲
（a）话音存储器的组成；（b）定时脉冲的波形图

定时脉冲的波形图如图 2.10（b）所示，A0～A4 可有 $2^5=32$ 种组合，可代表 32 个地址（存储单元）号码，用来提供写入地址，RAM 的输入端为 DI0～DI7，输出端 DO0～DO7，它们都是 8 位数据线，用来传送并行码。当前半时隙，CP 为高电平，打开写入与门，并经反相器后输出低电平关闭读出与门且使片子读写控制端 R/W 为低电平，使 RAM 处于写入状态，此时根据定时脉冲 A0～A4 提供的地址，输入数据 DI0～DI7 写入到相应的存储单元。在后半时隙，CP 为低电平，关闭写入与门，使 RAM 工作于读出状态且打开读出与门，此时以控制存储器 CM 送来的数据为地址对 RAM 进行读出，把相应存储单元中的数据读出到输出端 DO0～DO7。由于 RAM 的写入地址是由定时脉冲 A0～A4 提供，且 A0～A4 提供的地址（单元号码）是顺序变化的，故输入数据的写入称为顺序写入，相邻时隙数据的写入单元号也是相邻的；RAM 的读出地址是在每时隙后半周期由控制存储器 CM 给出，且这个地址是根据交换需要而确定的，是一种随机数据而无一定规律，故对话音 RAM 的读出称为控制读出。

由上述可知,在一个时隙的前半部分（CP 的前半周期）对话音存储器进行写入,而在后半部分进行读出,因而写与读不会相互影响。

如要构成控制写入、顺序读出工作方式的话音存储器,只要在图 2.10(a) 的基础上稍加改动即可。如何改动,留给读者思考,以作练习。

（3）控制存储器

控制存储器的组成如图 2.11 所示,它包括随机存储器 RAM 和相应的控制逻辑电路。

当作为图 2.11(a) 所示话音存储器的控制单元时,其 RAM 也应有 32 个单元,需要 A0～A4 共 5 位定时信号。DB0～DB4 是数据输入线,用以从处理机接收数据,B0～B4 是数据输出线,其输出数据即为话音存储器的读出地址。AB0～AB4 是来自处理机的地址线,为 RAM 提供写入地址。

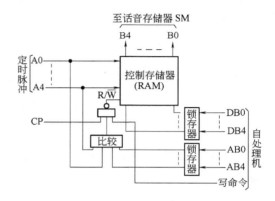

图 2.11 控制存储器的组成

写命令线也来自处理机,当处理机发出写命令时,该线为 "1",其他时刻均为 "0"。

控制存储器的写入内容（数据）是由链路（通路）选择结果确定的,当程序根据通话需要选定通话链路之后,便由处理机向控制存储器送来数据和相应的写入地址及写命令。地址信号 AB0～AB4 送入比较电路与定时信号进行比较,随着定时脉冲信号 A0～A4 的变化,当两组信号相符时,比较电路输出为 "1",且当写命令为 "1" 并 CP 为前半周期（高电平）时,使图中的 "与非" 门输出为 "0",即 R/W̄ 端为低电平,RAM 处于写入工作状态,将 DB0～DB4 上的数据写入相应的单元。在 CP 的后半周期,"与非" 门输出为 "1",即 R/W̄ 为高电平,RAM 处于读出状态。这时,按照 A0～A4 提供的地址,逐个地顺序读出 RAM 各存储器单元的内容。输出数据 B0～B4 送往话音存储器作为读出地址。

控制存储器的写入是随机的,只是在链路的建立或释放时才需要进行写入,一次写入之后,只要接续状态不变,则相应存储单元的内容不再改变,而只是按照时钟变化进行定时读出就可以了,因此,当写入命令为 "0" 时,控制存储器经常处于读出工作状态。

当话音存储器采用控制写入,顺序读出工作方式时,控制存储器的工作状态基本相同,只是其写入和读出时的数据是话音存储器的写入地址,并且是在 CP 的前半周期对话音存储器施行控制。

（4）复用器（MPX）

前面在讨论时分接线器时,为了说明方便,假定输入是一个一次群的 PCM 系统,仅 32 个时隙,其实用价值不大,同时也没有说明输入话音存储器的信息是串行码还是并行码。实际上对数据存储器的存取都是以并行码的形式进行的,而 PCM 传输的信号是串行码。

为了增加进入时分接线器的 PCM 的端数,扩大时分接线器的交换路数,并把输入的串行码变为并行码,就需要把若干条数字线（一般是 PCM 一次群）上的信息,先分别进行串并变换,再集中并重新组合,由一组（8 条）公共母线传送,再接到话音存储器,在话音存储器内进行交换。很显然,集中的路数越多,交换网络的效率越显著。如时分接线器的交换容量为 1 024，当数字母线上传输的信息为 PCM 一次群（32 个时隙）时，则集中的数字母线条数（即 PCM 端数）为 32。

复用器 MPX 由串并变换与数字复用电路两部分组成，在数字程控系统中，常用图 2.12 所示的符号表示。

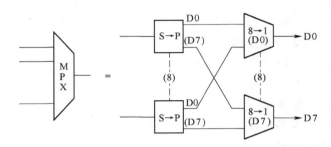

图 2.12　复用器

串并变换（S-P）是把在一条线上串行传输的数据编码，转换为在 8 条线上并行传输的数据编码。

而复用器是指把几条（组）数字母线上的数据编码，再集中一次，并重新组合，合并为一定码率的单一数字信号，沿一条（组）数字母线传输。

（5）分路器（DMPX）

数据在时分接线器的话音存储器内进行交换之后，是以并行码的形式输出的，为使它传送到指定的话路，并恢复为串行码，还要进行分路与并串变换。

分路，确切地说应该叫分端（组），其功能是把母线上的时分复用的信息按 PCM 端进行分离，分别送到各自的 PCM 线上去。并串变换的任务是将并行码变为串行码。

在数字交换机中，常把分路电路与并串变换电路结合在一起称为分路器（DMPX），并用图 2.13 所示的符号表示。

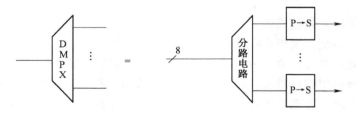

图 2.13　分路器框图

2.2.2　T 型数字交换网络

T 型数字交换网络由时分接线器，复用器和分路器三大部分组成，是一种最经济的交换网络，广泛用于数字交换机中。

这里以 256×256 的单 T 交换网络为例说明其组成与交换原理，图 2.14 给出可连接 8 端 PCM 一次群的 T 型数字交换网络框图，由于只用了一级接线器，故称为单 T 级。这种交换网络可交换的话路数为 $8 \times 32 = 256$（路）。又因为时分接线器是单向的，一对通话要占用 2

个时隙，故可接续的通话对数为 128 对。

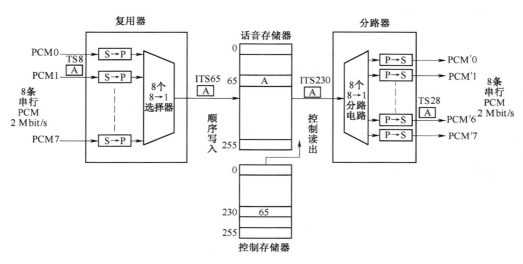

图 2.14　复用器分路器与时分接线器配合构成的单 T 交换网络

输入的 8 个 PCM 一次群，经复用器后，在 8 条线上并行传输，共有 256 个时隙。这 256 个时隙的排列是按时隙分组的，为了说明方便把复用器输出的时隙用 ITS 表示，并按先后顺序编号，从 0 到 255。ITSi 的编号 i 与输入（出）的 PCM 端号及时隙号码存在一定的关系，如图 2.15 所示。从图中可看出：

$$i = 端数 \times 时隙号码 + 端号$$

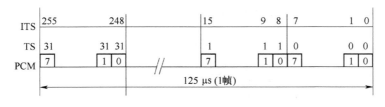

图 2.15　复用器入、出端时隙关系

式中"端数"为这个复用器入端所连接的 PCM 一次群的个数，在这里为 8。例如 PCM1 的 TS1 经复用器后，时隙的编号变为 65；PCM6 的 TS28 经复用器后的时隙编号为 230 等。

因为要进行交换的时隙数为 256，故话音存储器的容量应为 256 字，字长 8 位。为了控制话音存储器的读，接续控制存储器的容量也应为 256 字，字长应为 8 位（$256 = 2^8$）。

图 2.15 中，当需要 PCM1 的 TS8 中的信息交换到 PCM6 中的 TS28 时，只要由处理机向接续控制存储器地址为 230 的存储单元中写入数码 65 即可。65 是与 PCM1 TS8 对应的 ITS 的序号，230 是与 PCM6 TS28 对应的 ITS 的序号。

PCM1 TS8 的内容，在每一帧均按顺序写入与之对应的 65 号存储单元内。因为接续控制存储器也是按顺序读出的，在 ITS230 时刻从地址为 230 的存储单元中读出的内容为 65。它作为话音存储器的读出地址，从 65 号单元读出在 ITS65 时刻写入的内容，从而实现了把 PCM1 TS8 的内容交换到 PCM6 TS28 的目的。

这种 T 型数字交换网络，在 1 帧的时间内，写入时隙和读出时隙是相等的，故可以认为是无阻塞的，即每条入线（时隙）总可以找到一条空闲的出线（时隙），因此就可承担较大的话务量。

2.3　数字交换网络用芯片及其应用

随着微电子技术的发展，目前已有将串并变换、并串变换和时分接线器的单 T 交换网集成到一块芯片上的超大规模集成电路，并已推向市场，交换容量从 128×128（时隙）到 2 048×2 048（时隙），已成系列。

上述数字交换网络用芯片的出现，对程控交换机的发展起了很大的推动作用。这些芯片都具有体积小、耗电省、可靠性高等特点，有些还具有完善的处理机接口和多种工作模式，使用非常方便。

各公司生产的芯片，内部结构可能大同小异，但功能基本相同，这里选择具有代表性的芯片，介绍给读者。

2.3.1　单片 T 型交换网络芯片—MT8980D

MT8980D 是一个 40 端超大规模（VLSI）CMOS 集成电路，融数字交换、串并变换和数字复用、分路和并串变换，以及微处理机接口于一体。具有两种工作模式——交换模式和信息模式，前者用于 8 条 PCM 数字线路各时隙之间的交换，实现 256×256 时隙间的全利用度无阻塞交换，后者用作数据缓冲存储器，可做为微处理机与 PCM 总线之间的接口。

1. 功能描述与电路说明

MT8980D 的功能框图如图 2.16 所示。

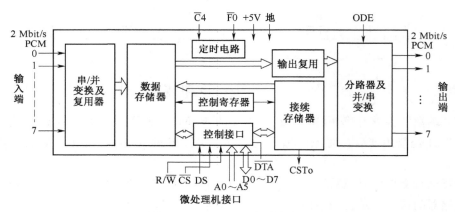

图 2.16　MT8980D 的功能框图

由图可以看出，从总体上看 MT8980D 具有三类端口。

· 输入端口——输入 PCM0～PCM7（STI0～STI7）；

· 输出端口——输出 PCM0～PCM7（STO0～STO7）；

· 处理机接口——A0～A5，D0～D7，$\overline{CS}$，R/$\overline{W}$ 等。

图中左侧 8 条输入 PCM 总线上的串行码流，以 2Mbit/s 速率，分别由 STI0～STI7 输入，经串并变换及复用电路，根据 PCM 号码和时隙号，依次写入数据存储器的对应存储单元中。

数据存储器是一个 256×8 位的存储器，256 个存储单元分别与 256 个输入时隙一一对应，它们之间存在固定的对应关系，以便把输入码流各时隙中的内容写入对应的存储单元内。数据存储器记存的内容既可由接续存储器控制读出，送到输出复用电路，再经分路器及并/串变换电路送出，以实现交换功能。也可以由处理机控制读出，经数据总线送到处理机的内存中去，以实现输入信息缓冲功能，把串行时分总线上的数据进行串并变换后，由存储器暂存，再送到处理机的内存中去。

接续存储器由处理机通过控制端口随机写入，而读出由内部计数器（图中未画出）控制顺序读出，内部计数器与输出串行码流同步。

在芯片工作于交换模式时，由接续控制存储器控制数据存储器的读出。接续控制存储器是一个 256×16 位的存储器，共 256 个单元与 8 条 PCM 输出母线上的 256 个输出时隙一一对应。16 位分为高 8 位与低 8 位，其中高 8 位的第 0 位只用于指定该信道是否可以输出。它可以使该信道处于高阻状态，从而使芯片有可能组成矩阵型式，以构成更大容量的交换网络。低 8 位在芯片工作于交换模式时，用来确定数据存储器的读出地址，低 8 位的前 3 位表示输入时隙的 PCM 母线号，后 5 位表示时隙号。这时，接续控制存储器实际上是一个控制读出的控制存储器。在芯片工作于消息模式时，接续控制存储器的低 8 位是由处理机写入的并要经过输出 PCM 总线送出的信息，这个信息将在与读出地址对应的 PCM 总线信道中传送出去。

图中右侧的分路器与并串变换电路，把输出复用电路输出的时分并行码流（话音代码或数据）分路到 8 组并行母线，并分别进行并串变换，把并行码变为串行码，沿指定的 PCM 总线和时隙传送。

控制端口是本芯片与处理机联系的接口电路，对外包括以下信号线，处理机通过这些信号线访问芯片内有关功能部件，以了解情况或发布命令。

D0～D7——8 位双向数据总线，处理机与芯片互通信息使用；

A0～A5——6 位地址总线，用于处理机对芯片内各部件寻址，传送寻址用的地址码；

R/$\overline{\text{W}}$——读/写控制信号线；

$\overline{\text{CS}}$——片选信号线，当处理机要对本芯片进行读、写操作时，令 CS＝0；

DS——数据选通信号线，由处理机发往本芯片的数据选通控制线；

$\overline{\text{DTA}}$——数据确认信号线，芯片发往处理机的证实信号，说明数据已被处理，此信号线需接上拉电阻（909 Ω，0.25 W）。

控制端口对内来说是秉承处理机的意旨对数据存储器、控制存储器和接续存储器等进行读写操作。

控制寄存器是一个 8 位的寄存器。其内容是由处理机写入，用以指定工作模式、操作对象和输入/输出的 PCM 总线号码。

定时电路受时钟信号 $\overline{\text{C4}}$ 与帧定信号 $\overline{\text{F0}}$ 控制，产生芯片各部分所需的各种定时信号。另外输出允许信号 ODE 用于控制芯片的输出端口 STO0～STO7 的输出，如 ODE＝0 则 STO0～STO7 处于高阻状态，如 ODE＝1 则 STO0～STO7 可由软件控制正常输出，也可由软件控制处于高阻状态。

2. 软件控制

综上所述，MT8980D 既可作交换部件，又可作数据缓冲存储器。靠软件设置确定使用两种工作模式的那一种。

在采用交换模式时，MT8980D 实际上已是一个完整的单级 T 接线器，它可将 8 条 PCM 母线上的总共 256 个时隙的内容经串并变换和复用后，按顺序写入 256×8 比特数据存储器的相应单元内。控制寄存器通过控制接口接收来自微处理器发出的信息，并将有关数据信息写入接续存储器。这样，数据存储器各单元中的数据将按照接续存储器内的交换数据，从被指定的单元中读出。再经输出复用和并串变换，在被指定的母线上的指定时隙中传送，从而达到交换的目的。

在采用消息模式时，接续存储器低 8 位的内容可作为数据直接输出到该存储单元对应的输出母线上的对应时隙中去。

微处理器可通过控制接口读取数据存储器、控制寄存器和接续存储器的内容，并可向控制寄存器和接续存储器写入数据。所有上述操作都是由微处理器发出的命令确定的。芯片工作于何种模式，也由微处理器发出的命令控制，命令传送使用的信号线以及有关命令的格式介绍如下：

地址线（A5～A0）用于确定操作对象。当 A5＝0 时，所有操作均针对控制寄存器；当 A5＝1 时，则由 A4～A0 确定时隙号，以便对各时隙进行控制，如表 2.1 所示。而时隙所在的母线号，时隙有关数据所在存储器，则由当时控制寄存器的内容确定。

表 2.1　寻　址　表

A5	A4	A3	A2	A1	A0	地址（16 进制）	寻址位置
0	×	×	×	×	×	00-1F	控制寄存器
1	0	0	0	0	0	20	信道 0
1	0	0	0	0	1	21	信道 1
1	1	1	1	1	1	3F	信道 31

控制寄存器的格式如图 2.17 所示。其中各位的用途分述如下：

b7 和 b6 为模式控制位，其中 b7 为分离方式选择位。当 b7＝1 时，不论 b4，b3 处于什么状态，对芯片的所有操作均从数据存储器读出；所有的写操作均写入接续存储器的低 8 位。当 b7＝0 时，由存储器选择位 b4，b3 指定对那一个存储器进行读写操作。b6 为输出方式选择位。

图 2.17　控制寄存器格式

当 b6＝1 时，ODE＝1，为消息模式，接续存储器各存储单元的低 8 位将按顺序输出至对应输出母线上的对应时隙。当 b6＝0 时，为交换模式，由接续存储器的内容控制数据存储器的读出。

　　　　b5——空闲未用。

　　b4，b3——存储器选择位，具体含义如下：

　　　　　　00——测试芯片时用，通常不能设成此状态；

　　　　　　01——选择数据存储器（只能从处理机端口读出）；

　　　　　　10——选择接续存储器低 8 位；

11——选择接续存储器高 8 位。

b2，b1，b0——输入、输出母线（码流）地址位。决定所选下一操作的输入母线或输出母线号码。

综上所述，访问 MT8980D 哪一个信道是由控制寄存器 CRb4～CRb0 和 A4～A0 确定的，如图 2.18 所示。

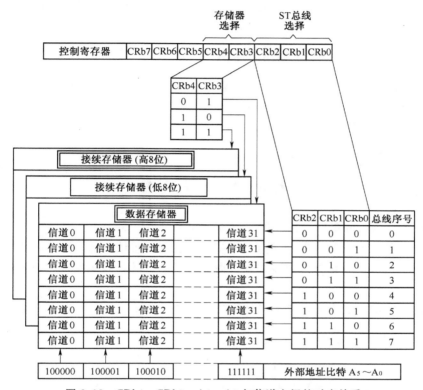

图 2.18　CRb4～CRb0、A4～A0 与信道之间的对应关系

而对某一信道做何种操作，则由接续存储器高 8 位确定，接续存储器高 8 位的格式如图 2.19 所示，其前 5 位不用，均置为 0。后 3 位为各信道控制位，其中 b2 为消息信道位，当 b2＝1 时，芯片工作于消息模式，接续存储器的低 8 位内容被作为数据送至输出码流中；若 b2＝0，则工作于交换模式，接续存储器低 8 位的内容作为数据存储器的地址，将输入信道数据读到交换所要求的输出母线的相应时隙中。b1 为外部控制位，其内容将在下一帧从 CSTo 端输出。b0 为输出允许位，当 ODE＝1，且控制寄存器 b6＝0 时，若此位为 1，则数据输出到相应码流和时隙中；若为 0，则输出时呈高阻。

在交换模式接续存储器的低 8 位分为两部分，如图 2.19 所示，其中 b7～b5 为母线（码

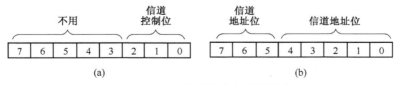

图 2.19　交换模式接续存储器格式

（a）交换模式接续存储器高 8 位；（b）交换模式接续存储器低 8 位

流）的地址位。这 3 位的二进制数确定输入母线号。b4～b0 为时隙地址位，此时整个 8 位 b7～b0 确定了从数据存储器的哪一存储单元读出。

如接续存储器高 8 位中 b2＝1，则转入消息模式，低 8 位 b7～b0 的内容会被直接送至对应输出码流中。

综上所述，微处理器通过控制接口向控制寄存器和接续存储器写入不同的内容，就可以改变芯片的工作模式和具体操作，因此熟知上述各信号线、接续存储器和控制寄存器中各位码的用途是编制程序所必须的。

2.3.2　单片 T 型大规模交换网络芯片 MT90820

MT90820 为大型数字交换网络芯片，在数字母线的码率为 8.192 Mbit/s 时，其交换能力为 2 048×2 048 信道。码率为 4.096 Mbit/s 时，为 1 024×1 024 信道，而在码率为 2.048 Mbit/s 时为 512×512 信道。和 MT8980 一样，也具有多种工作模式和完善的对微处理器的接口，使用非常方便。

2.4　S 型接线器

S 型接线器称为空间型时分接线器，简称空间接线器。S 型接线器与传统的空分接线器有很大区别，传统的空分接线器的接点一旦接通，在通路接续状态不改变的情况下总是要保持相对较长的一段时间，而 S 型接线器是以时分方式工作的，其接点在一帧内就要断开、闭合多次。

S 型接线器的功能是用来完成不同时分复用线之间的交换，而不改变时隙位置。

2.4.1　S 型接线器的组成

S 型接线器由交叉点矩阵和控制存储器组成，如图 2.20 所示。根据控制存储器的配置情况，S 型接线器可有按入线配置控制存储器和按出线配置控制存储器两种方式。

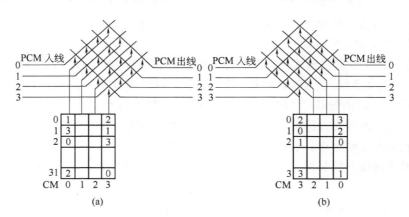

图 2.20　S 型接线器的组成

（a）按入线配置控存；（b）按出线配置控存

S 型接线器的交叉点矩阵由电子电路实现，用来完成通路的建立。各交叉点在哪些时隙闭合，那些时隙断开，完全取决于控制存储器，控制存储器采用由处理机控制写入、顺序读出的工作方式。

交叉点矩阵通常由 M 条入线和 N 条出线组成，每条入线和出线均采用时分复用方式，M 可等于 N，也可不等。在采用按入线配置控存时，控制存储器为 M 个，采用按出线配置控存时，控制存储器为 N 个，控制存储器的存储单元数与每条时分复用线上的时隙数相同，每个存储单元的比特数取决于需要控制的交叉点数量。图 2.20 采用 4×4 交叉点矩阵，所以，每个控制存储器控制的交叉接点有 4 个，故每个存储单元只要 2 bit 就够了。假设每条时分线上的时隙数是 32 个，下面来分析 S 型接线器的工作原理。

图 2.20(a) 是采用按入线配置控存的 S 型接线器，为每条入线配置一个控制存储器，控制存储器各存储单元的内容表示在相应时隙该条入线要接通的出线的号码。假设处理机根据链路选择结果在控制存储器各单元写入了如图所示的内容，当控制存储器受时钟控制而按顺序读出时，接续情况如下：

0 号控制存储器的 0 号单元内容为 1，1 号单元内容为 3，2 号单元内容为 0，31 号单元内容为 2，表示 0 号入线在 TS0、TS1、TS2、TS31 分别与 1 号、3 号、0 号、2 号出线接通。

3 号控制存储器的 0 号单元内容为 2，1 号单元内容为 1，2 号单元内容为 3，31 号单元内容为 0，表示 3 号入线在 TS0、TS1、TS2、TS31 分别与 2 号、1 号、3 号、0 号出线接通。

2.4.2 交叉点矩阵

交叉点矩阵一般采用数据选择器芯片组成。数据选择器也称多路选择器或多路开关，它是一个多端输入、单端输出的组合逻辑电路。数据选择器在地址码电位控制下，从几个数据输入端中选择一个，并将其连到一个公共输出端，即多条数据输入线以分时方式选择连通一条出线。

一个 4×4 的交叉点矩阵如图 2.21 所示，它由四片 4 选 1 数据选择器的四个输入端分别复连而成。图中采用按输出线配置控存为例，每一数据选择器芯片受一个控制存储器的控制。B0、B1 是数据选择线，代表被选中的交叉点号码（入线号码）。例如，某时隙 B0B1＝00，表示该数据选择器的出线在该时隙与 0 号入线接通；B0B1＝11 表示出线与 3 号入线接通。B0、B1 来自控制存储器的输出，选通信号也来自控制存储器，当选通信号为"0"时，芯片被开通，选通信号为"1"时，芯片锁闭。

2.4.3 控制存储器

S 型接线器的控制存储器如图 2.22 所示，由图可见，其组成情况与 T 型接线器的控制存储器基本相同，其工作原理也基本相同。当作为图 2.21 所示交叉点矩阵的控制部分时，由于只需控制 4 个交叉点的接续，故其输出数据线

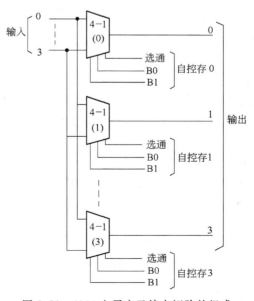

图 2.21 4×4 电子交叉接点矩阵的组成

只要 B0、B1 两位就够了。

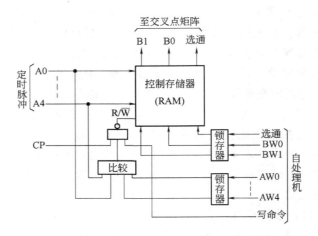

图 2.22　S 型接线器的控制存储器

2.5　空时结合的交换单元

T 型接线器可完成一条时分复用线上的时隙交换，而 S 型接线器能完成同一时隙复用线间的交换。因此，由 T 型和 S 型接线器进行组合可构成容量较大的数字交换网络。事实上，目前应用的大多数程控交换机的数字交换网络就是由 T 型和 S 型接线器组合而成的，这种例子将在后面予以讨论。此外，有些程控交换机（例如 S1240）的数字交换网络则是由若干个具有空时结合交换功能的数字交换单元而构成，即每一接线器单元兼具时间与空间交换功能，相当于 T 型与 S 型接线器的组合。

2.5.1　空时结合交换单元的组成

空时结合交换单元的组成如图 2.23 所示，它对外具有 16 个交换端口，可连接 16 条具有 32 个话路（时隙）的 PCM 链路。

每个端口都具有发送部分（T）和接收部分（R），配有相应的发送电路和接收电路。16 个交换端口之间通过并行时分复用（TDM）总线相连，并行时分复用总线包括数据总线、端口总线、话路（时隙）总线、控制总线等。各交换端口之间可进行时空交换，即任一端口接收部分 32 个话路中任一话路，可通过时分复用总线接通任一端口发送部分 32 个话路中任一话路，故此处的空时结合交换单元可完成 512 个输入话路和 512 个输出话路之间的交换，相当于一个 512×512 的全利用度接线器。除 16 个交换端口之外，空时交换单元还具有时钟选择电路，它可从两个 8 M 系统时钟信号 A 和 B 中选择一个，并向端口提供所需的

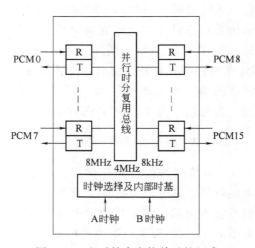

图 2.23　空时结合交换单元的组成

各种定时信号。

2.5.2 空时结合交换单元的工作原理

为了说明空时交换单元的工作原理，假设端口 3 的话路 12 要与端口 6 的话路 18 建立接续，即将由端口 3 话路 12 接收的信息在端口 6 的话路 18 发送出去（此处的话路即时隙）。

为了完成指定话路的接续，则应在端口 3 的接收部分（R3）的端口 RAM 和话路 RAM 中对应于话路 12 的存储单元中分别写入 6 和 18，如图 2.24 所示。当 TS12 到来时，从 R3 的端口 RAM 中取出 12 号存储单元的端口号码 6，置于端口总线 P，并从话路 RAM 中取出 12 号存储单元的话路号码 18，置于话路总线 C。各端口对端口总线上的端口号码进行识别，端口 6 发现是自身的号码，就将话路总线上的话路号码 18 接收下来。

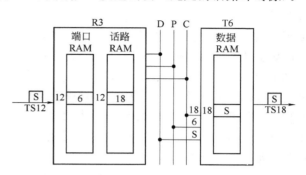

图 2.24 空时结合交换单元的接续

TS12 中的话音或数据信息 S 经 R3 置于数据总线 D，于是端口 6 就将 S 存入其数据 RAM 中（对应于话路 18）的 18 号存储单元中，当 TS18 到来时，从数据 RAM 中取出 S 并予以发送，从而完成了所需的接续任务。

2.6 数字交换网络的基本结构

2.6.1 交换网络的基本类型

交换网络一般具有三种基本类型，即集中（收敛）型、分配型、扩展（散）型。

1. 集中型

集中型网络的特点是入线数 M 大于出线数 N，M/N 称为集中系数，其基本功能是进行话务集中，即当入线数量较大，而每条入线上话务量又很小时，将话务量集中到少量的出线上。在数字交换网络中，这里所说的入线与出线数量是指链路（时隙）数量。由于出线少于入线数量，因此忙时可能产生呼损。集中型网络常被用于用户级交换。

2. 分配型

分配型网络的特点是入线与出线数量大致相等，其基本功能是进行交换，它一般位于集中级与扩展级之间，入线接至集中级出线，出线接至扩展级入线。中继线一般直接连到分配型网络。分配型网络一般用于选组级交换，它可以是有阻塞或无阻塞网络。

3. 扩展型

扩展型网络的特点是入线数小于出线数，其功能正好与集中型网络的功能相反，即将数量少但较繁忙的链路上的话务量分散到数量较多的输出链路上。扩展型网络用于对用户的呼入，它是集中型网络的反运用。三种基本形网络的连接运用关系一般如图 2.25 所示。

图 2.25 三种基本形网络的连接运用关系图

2.6.2　数字交换网络的基本结构

数字交换网络的组成形式有很多种，下面仅对常见的几种基本类型予以介绍。

1. 单级 T 型数字交换网络

单级 T 型数字交换网络由复用器（MPX）、T 型接线器和分路器（DMPX）组成，如图
2.26 所示。受目前器件工作速度的影响，单个
T 型接线器可完成的时隙交换数量是有限的，
在时隙数为 1 024 的情况下（相当于 32 条具有
32 个时隙的一次群 PCM 时分线）。复用器将
32 条输入 PCM 线的串行信息进行串/并变换与
复用后，输出为 1 024 时隙的并行码信息。T

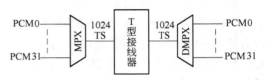

图 2.26　单级 T 型数字交换网络的组成

型接线器完成 1 024 个时隙任意两个时隙之间的交换。分路器完成分路与并串变换，将信息
的传送形式还原为串行码。

单级 T 型交换网络是最经济的数字交换网络，分配型的单级 T 型数字交换网络被广泛
应用于小容量的程控数字用户交换机，这种网络一般是无阻塞的。此外，集中与扩展型的单
级数字交换网络也广泛用于程控数字交换机的用户级。

由于前述的单级 T 型数字交换网络最多只能完成 1 024 个时隙的交换，故属于小容量的
数字交换网络。在有些交换机中，为了扩大交换
网络的容量，采用了扩充型的单级 T 型数字交换
网络，其组成形式如图 2.27 所示。

在图 2.27 中，有 n×n（n 列、n 行）个话音
存储器和 n 个控制存储器，每列的 n 个话音存储
器入端复接后连接一条入线，每行的 n 个话音存
储器出端复接后连接一条出线，各话音存储器采
用顺序写入、控制读出工作方式，每行话音存储
器受一个控制存储器控制。

每条入线上的信息在时钟信号控制下以顺序写
入方式写入对应列的各话音存储器中，又在 n 个控
制存储器的控制下可任意读出到任何一条出线，且

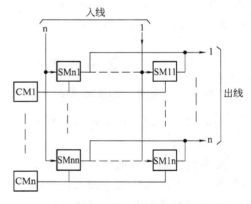

图 2.27　扩充的单级 T 型数字交换网络

可在任意时隙输出。假设每条入线与出线的复用度均为 1 024，则图 2.27 所示交换网络的输入
时隙数量为 n×1 024，输出时隙数量也为 n×1 024，即把交换网络的容量扩大了 n 倍。

显而易见的是，单级 T 型交换网络的扩容是以增加话音存储器的数量为代价的，当容
量扩大 n 倍时，需要 n^2 个话音存储器。当 n 增大时，存储器数量迅速增长，显然不太经济，
但随着微电子技术的进步，存储器芯片的价格大幅降低，这点不足之处变得越来越微不足
道，且单级 T 型交换网络具有控制简单、无内部阻塞、交换时延小等突出优点，故扩充的
单级 T 型数字交换网络近年来在交换机中得到了广泛应用。例如 C&C08、HJD-04 等交换
机就采用了这种结构形式的交换网络。

对于一些容量较小或话务量较小的交换机，当采用扩充的单级 T 型交换网络时，为减
少话音存储器数量也可以采用部分利用度交换网络。所谓部分利用度是指一部分入线（时
隙）在对出线选择时，只能到达部分出线，而全利用度是指入线对出线选择时能到达全部出

线，即利用度是指入线对出线的选择范围。图 2.28 示出了一个部分利用度交换网络。如图所示，Ⅰ组入线为全利用度入线，该组线上任何话路（时隙）上的信息可交换到任何 PCM 出线的任何话路。而Ⅱ组入线和Ⅲ组入线上任何话路的信息只能交换到Ⅰ组出线上的任何话路，故Ⅱ组入线及Ⅲ组入线为部分利用度入线。

从图 2.28 中可以看到，话音存储器数量减少了，但由于是部分利用度交换网络，使得交换范围受到限制，有时为了解决这个问题，可以从Ⅰ组出线中拿出一部分返回Ⅰ组入线，即以这些环接电路构成内部链路，即可解决这个问题，但这时通过内部链路完成的交换实际上经过了两级接线器。

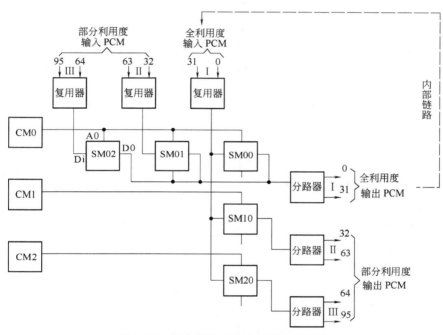

图 2.28 部分利用度单级 T 型交换网络

2. 单侧折叠式网络

单侧折叠式网络的特点是网络的全部入线与出线均位于同一侧，网络的任何一个端子具有唯一的地址，这样，在通路选择时可将出、入线端子的地址号码进行比较，以选择最短的接续路径（最少的网络级数）。接续通路的反射点可处于数字交换网络的任一级，即接续通路不一定非要经过交换网络的所有各级才能建立，图 2.29 是一个用空时结合交换单元组成的单侧折叠网络的示意图。网络可由多级构成。

在图 2.29 的数字交换网络中，当入线与出线属于同一个空时结合的数字交换单元时，接续通路的反射点在第 1 级，否则反射点在第 2 级，即接续通路的级数视出入线端子地址而定。采用单侧折叠网络的有 S1240 及 ZXJ-10 等交换机。

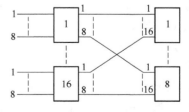

图 2.29 单侧折叠网络示意图

3. TS^{n}T 型交换网络

虽然 S 型接线器不能单独构成数字交换网络，但它与 T 型接线器结合而组成的数字交换网络应用却很广，这种网络通常有 TS^nT 和 S^nTS^n 两类。

TS^nT 型数字交换网络的示意图如图 2.30 所示，它由输入 T 型接线器 TI、输出 T 型接

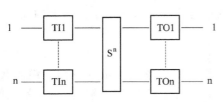

图 2.30　TS^nT 数字交换网络的示意图

线器 TO 和若干级 S 型接线器组成，根据网络容量的要求，S 级接线器通常可为 1～4 级，即 S^n 中的 n＝1～4。当交换网络的容量增大时，在每条时分线复用度一定的情况下，则要求 S 级的出入线数量也随之增大。随着 S 级出入线数量的增加，采用单级 S 型接线器将使交叉点矩阵的接点数急剧增加，因而不够经济，为此常采用多级 S 型接线器构成空间矩阵，所以除了 TST 之外，又出现了 TSST、TSSST、TSSSST 等多种形式的交换网络。

因 S 型接线器仅能完成输入与输出时分线之间的交换，而不能改变信息的时隙位置，所以由图 2.30 可知，指定入线上指定时隙的信息传送到指定出线指定时隙的通路数量取决于每条时分线的复用度（时隙数）。

假设信息要从 1 号入线 M 时隙交换（传送）到 n 号出线的 L 时隙，则 S 级必须在某时隙将其 1 号入线与 n 号出线连通一次才能完成接续任务，假定处理机为此次接续选定的内部时隙为 P，则在 P 时隙 S 级的 1 号入线与 n 号出线接通。此时 TI1 的任务是将信息从外部时隙 M 交换到内部时隙 P，TOn 的任务是将信息从内部时隙 P 交换到外部时隙 L，即 T 型与 S 型接线器互相配合共同完成信息的交换。

TS^nT 型数字交换网络是程控交换机中应用最广泛的一种结构形式，例如 FETEX-150、NEAX-61、EWSD 等交换机都采用了这种交换网络。作为一个具体的例子，本书下节将重点讨论当 n＝1 时的 TST 三级数字交换网络。

4. S^nTS^n 型交换网络

S^nTS^n 型的交换网络如图 2.31 所示，它由位于网络入端和出端的若干级 S 接线器和中间的 T 型接线器组成。设位于入端和出端的 S 级接线器分别称为 SI 和 SO，且 SI 和 SO 各有 n 条入线和 n 条出线，则由图 2.31 可知：

中间的 T 型接线器也应有 n 个。SI 的 n 条出线按序号分别连到 n 个 T 型接线器入线，n 个 T 型接线器出线按序号分别连到 SO 的 n 条入线。为了实现任一入线上任意时隙的信息交换到任一出线的

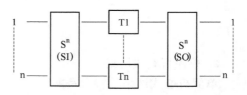

图 2.31　S^nTS^n 数字交换网络的示意图

任意时隙，可见有两项工作要做，一是指定入线与指定出线之间的连接，二是指定输入时隙与指定输出时隙之间的连接，而这两项工作恰好可分别由 S 型接线器与 T 型接线器完成。信息从入线传送到出线可通过中间的任一 T 型接线器（也称中间链路）。交换时，可由处理机在 n 个 T 型接线器中任选一个，由选定的 T 型接线器完成指定输入时隙与指定输出时隙的交换，由 SI 完成指定入线与选定的 T 型接线器之间的交换，由 SO 完成选定的 T 型接线器与指定的出线之间的交换。在实际应用中，S^nTS^n 中的 n 一般为 1～3，即构成 STS、SSTSS、SSSTSSS 型网络。

5. 多级 T 型交换网络

除了前述的单级 T 型交换网络之外，有时采用多级 T 型接线器构成数字交换网络，例如可有 TT、TTT、TTTT 等各种网络形式。多级 T 型交换网络的优点是通路选择十分灵

活，这是由于每个 T 型接线器可交换的时隙数量很大的缘故。多级 T 型交换网络的缺点是通路选择工作比较复杂，而且 T 型接线器的级数越多，则信号的传输时延越大。

应该强调的是，数字交换网络只能够单方向传送数字信号，当需要进行双向通信时，则需建立两条通路，如图 2.32 所示。

有一点需要补充说明的是，有些程控数字交换机不采用上述形式的数字交换网络，而采用时分总线来完成各终端之间信息的交换。

6. S 型接线器之间的连接

为了扩大网络规模，S 级常常需要由多级 S 型接线器构成。各级 S 型接线器的连接规律是前级出线与后级入线链接，且前级总的出线数量与后级总的入线数量相等。通常每一级包括若干组接线器，链接原则是前级每组接线器的出线中至少有一条连到后级每组接线器的入线中的一条，即采用交叉连接，以便构成全利用度网络。图 2.33 为两级 S 型接线器相连接的例子，它由两级 $m \times k$ 的接线器背对背链接而构成。

需要说明的是：单级 S 型接线器构成的 S 级网络本身是无阻塞的全利用度网络，而多级 S 接线器构成的 S 级网络是间接全利用度网络或称可变利用度网络，它可能会产生内部阻塞。

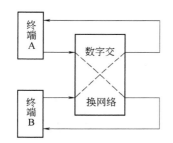

图 2.32　数字交换网络的双向通信

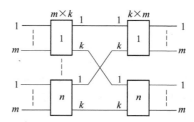

图 2.33　两级 S 型接线器的连接

2.7　TST 数字交换网络

TST 是最常见的数字交换网络，世界上最通用的程控数字交换机中有很多种采用了 TST 三级数字交换网络。

TST 数字交换网络由输入 T 级 TI、S 级和输出 T 级 TO 串联（链接）组成，根据 T 型接线器工作方式的不同，通常有两种形式的 TST 网络。第一种是输入 T 级采用顺序写入、控制读出，输出 T 级采用控制写入、顺序读出工作方式；第二种是输入 T 级采用控制写入、顺序读出，输出 T 级采用顺序写入、控制读出工作方式。而 S 级既可采用按入线配置控制存储器，又可采用按出线配置控制存储器工作方式。

1. 第一种 TST 交换网络

第一种 TST 交换网络的基本结构如图 2.34 所示，输入 T 级和输出 T 级都有 16 个 T 型接线器，每个 T 型接线器能够完成 8 个一次群 PCM 共 256 个时隙的交换，S 级的交叉点矩阵为 16×16，信号在整个交换网络内部都是以并行码形式传送与交换，故实际的交叉点矩阵为 $8 \times 16 \times 16$，由图中可见，整个交换网络可完成 $8 \times 16 = 128$ 条一次群 PCM 信号的交换。为了简化电路，图 2.34 中未画出输入端和输出端的复用器与分路器，并假定每条输入线与输出线的复用度均为 256（32×8 时隙）。设 0 号复用线中 TS16 的信号"a"欲和 15 号复用线中 TS40 的信号"b"进行交换，以此为例来分析第一种 TST 交换网络的工作原理。

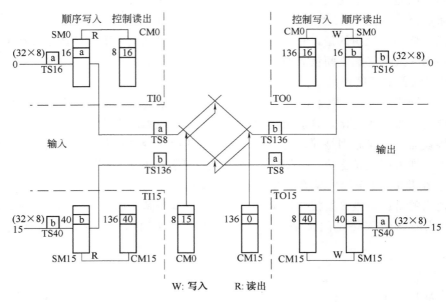

图 2.34　第一种 TST 交换网络的基本结构

由所给条件可知，需要交换的两个信号既不在同一条复用线中，也不在同一时隙。因为 T 型接线器只能完成一条时分复用线不同时隙信号的交换（此处一条复用线有 256 个时隙），而 S 型接线器只能完成 16 条时分复用线之间的空间交换，所以，T 型接线器和 S 型接线器的组合可起到互补作用，即可以完成任意两条时分复用线上任意时隙之间的信号交换。

为了完成信号"a"的交换，S 型接线器应完成 0 号入线和 15 号出线之间的接续，究竟在 256 个时隙中哪一个时隙接通，取决于呼叫处理系统进行链路（时隙）选择的结果。

为了说明方便起见，把信息从 TI 输入和从 TO 输出的时隙称为外部时隙，把信息从 TI 输出和向 TO 输入的时隙称为内部时隙。外部时隙一般是代表主被叫端的指定时隙，而内部时隙则是由处理机进行链路选择时任意选定的。现假定选择了时隙 8，即在内部时隙 TS8 将 S 型接线器交叉矩阵 0 号入线和 15 号出线间的接点接通。显然，TI0 应将信号"a"从时隙 16 交换到内部时隙 8，TO15 应将信号"a"从内部时隙 8 交换到时隙 40。

信号"a"的交换过程如下：

"a"受时钟控制按顺序写入 TI0 的 SM0 中第 16 号存储单元，在内部时隙 TS8 时，由相应的 CM0 控制将"a"从 SM0 中读出，与此同时 S 级交叉矩阵受其 CM0 控制将 0 号入线与 15 号出线接通，信号"a"经闭合的交叉点传送到 TO15 的输入侧，由 TO15 的 CM15 控制，将其写入到对应的 SM15 第 40 号存储单元，当 TS40 到来时，由时钟控制将"a"读出，从而将信号"a"交换到了 15 号复用线出端的 TS40 位置上。

由上述分析可知，首先选择一个空闲的内部时隙是完成接续的关键。

信号"b"的交换过程与"a"的交换过程基本相同，重要的一点是选定一个空闲的内部时隙使 S 级交叉点矩阵的 15 号入线和 0 号出线接通一次，而由 TI15 和 TO0 来完成必要的时隙变换。这个内部时隙的号码原则上可由呼叫处理系统任意选定，由于通话是双向的，故需为一次通话进行两次内部时隙的选择。所以，为了简化选择工作，通常可使两个传输方向所选择的内部时隙具有一定的对应关系，即只进行一次选择。例如，可采用反相法或奇偶时隙法。反相法即两个传输方向所选定的时隙相差半帧，本例中每帧有 256 时隙，若信号"a"交换过程中选用了内部时隙 8，则信号"b"交换过程中就自然选用 8＋256/2＝136 时隙。在计算时，以 256 为模。奇偶时隙法也称相邻时隙法，即当一个传输方向选用偶时隙 2n(n＝0，1，2，…) 时，另一个传输方向则选用奇时隙 2n＋1。在图 2.34 中，内部时隙的选择采用了反相法，即"b"的交换过程中选用的内部时隙为 TS136，由 TI15 完成信号从 TS40 到内部时隙 TS136 的交换。由 TO0 完成信号从内部时隙 TS136 到 TS16 的交换。信号"b"的详细交换过程可由读者参照图 2.34 中有关存储器的内容进行分析。

2. 第二种 TST 网络

第二种 TST 交换网络与第一种的区别只是 T 型接线器的控制方式不同，其基本结构示于图 2.35 中，仍以本节前述两个信号"a"和"b"的交换问题为例，来分析此种交换网络的工作原理。

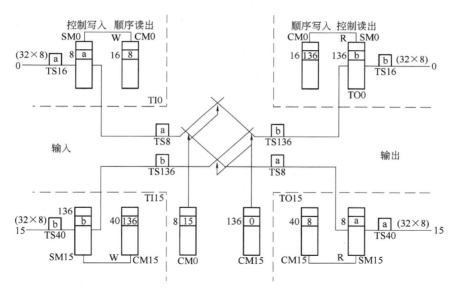

图 2.35　第二种 TST 交换网络的基本结构

信号"a"的交换过程如下：

0 号时分复用线中 TS16 的信号"a"在 TI0 的 CM0 控制下写入到对应的 SM0 的第 8 单元，在内部时隙 TS8 时，由时钟控制将"a"读出，与此同时 S 级交叉点矩阵的 0 号入线与 15 号出线在 S 级的 CM0 控制下接通，信号"a"经闭合的交叉接点传送到 TO15 的输入侧，由时钟控制按顺序写入到 TO15 的 SM15 中第 8 号存储单元，当输出时隙 TS40 到来时，由对应的 CM15 控制将"a"从 SM15 第 8 单元中读出，送往第 15 号复用线出端，从而完成了信号"a"从 0 号输入复用线 TS16 到 15 号输出复用线 TS40 的交换。信号"b"的交换过程可由读者自行分析。

3. 输入 T 级和输出 T 级控制存储器的合用

由图 2.35 可见，输入 T 级 CM0 和输出 T 级 CM0 的第 16 号存储单元的内容分别是 8 和 136，输入 T 级 CM15 和输出 T 级 CM15 第 40 号存储单元的内容分别是 136 和 8，8 和

136 对应的二进制数字分别是 00001000 和 10001000。比较可知，两个二进制数字只有最高位不同，其余位均相同，这正是相差半帧的两个数的特点，因此，可设一个 CM0 代替图 2.35 中的两个 CM0，即将两个 CM0 的控制功能合并到一个 CM0 中完成，CM1～CM15 也同样可以合并，当各 CM 工作时，仍直接控制输入 T 级的 SM，而把各单元二进制码的最高位反相后再去控制输出 T 级的 SM 工作，从而达到了节约器件的目的。

2.8　数字信号的衰减控制

在模拟信号传输过程中，经常使用衰减器来调整信号电平的高低，以避免传输电路过载和满足前后级电路连接的需要。模拟信号衰减器结构非常简单，通常用电阻的降压及分流作用并在满足阻抗匹配要求的情况下很容易实现。但数字信号的电平调整则要复杂的多，而不能单纯用简单的电阻网络实现，这是因为数字信号的电平是以其编码值来区分而不是用脉冲幅度来区分的，即我们说两个数字信号电平有区别是因为两个信号的编码值是不同的。

在程控交换机中，为了调整数字信号的电平，往往在数字交换网络中附加数字信号衰减器。数字衰减器通常由衰减存储器 PAD 及衰减控制器 PADC 组成，如图 2.36 所示。

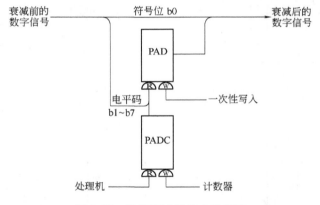

图 2.36　数字衰减器组成示意图

PAD 实际上是一个只读存储器，它存放衰减后的 PCM 数据（编码值）。PADC 是一个随机存储器，用以存放衰减等级数据，控制衰减值（等级）。话音信号经编码有 128 个阶层电平值，由 7 个比特表示（极性码仅表示极性）。而对一路话音数字的衰减就是对其每一个样值的编码均按一定衰减值（等级）转换为另一编码值，因此对应一种衰减值，PAD 应有 128 个单元与 128 个量化等级相对应，每个单元中存放与原输入信号相差一定电平值的数字信号。这 128 个单元组成了一个转换表，若需要 8 种衰减值（等级）的话，则需要 8 张这样的转换表，即转换表的数量要与衰减等级数相同。

在图 2.36 中，假定衰减值有 8 个等级，故 PAD 的存储单元数量为 8×128＝1 024，而 PADC 的存储单元数量与输入时隙数量相等。PAD 的读出地址由输入信号编码 b1～b7 与衰减代码联合组成。可从 C2、C1、C0、b1、b2、…、b7 指定的地址（单元）中快速读出数据，而此数据与原输入信号编码正好相差了 C2、C1、C0 指定的电平等级。对每一路话音信号，每帧都是如此。PADC 由处理机控制写入，其读出地址由计数器提供。计数器的输出与输入时隙严格同步，即使从 PADC 中读出的衰减代码与话音输入总线的编码同时出现。

复习思考题

2.1 简述 PCM30/32 系统帧结构及时隙分配规律。

2.2 什么叫时隙交换？

2.3 程控交换机内部传输和交换时，采用并行码还是串行码好？为什么？

2.4 只采用 T 型或 S 型接线器能否构成数字交换网络？为什么？

2.5 S 型接线器与机电式交换机中的空分接线器在工作方式上有何不同？

2.6 画出一个 T 型接线器，完成信号"A"从 TS2 到 TS10 的交换，在图中必要的地方填上正确的数字或符号。

2.7 在 T 型接线器中，当话音存储器采用不同的控制方式时，控制存储器工作状态有何不同？

2.8 话音存储器的存储单元数量及地址线条数与 PCM 线的时隙数有何关系？

接　口

　　交换机与其他系统之间及交换机内部各组成部分之间的交接部分称为接口电路。接口电路功能主要是完成相连两部分设备之间信号形式、格式和电平等参数的变换，以确保交换网中相关设备能够协调地工作、正确地完成信息传递功能。

　　程控交换机的接口种类很多，但大致可分为外部接口和内部接口两类。外部接口是指交换机与其他系统或设备之间的接口，例如与中继线的接口和与用户线的接口。

　　内部接口是指交换机内部各组成部分或各功能单元间的接口，例如话路设备与处理机之间的接口、各种外围（终端）电路与交换网络的接口、处理机与处理机之间的接口等。

　　本章主要对程控交换机的外部接口进行介绍。程控交换机的外部接口反映了交换系统能够适应外部环境的条件。一般地讲，外部接口的种类越多，则交换机对周围环境的适应能力就越强。根据所连设备的性质及信号传输形式，外部接口电路大致可分为如下四种：

　　·模拟用户接口；
　　·模拟中继接口；
　　·数字用户接口；
　　·数字中继接口。

　　ITU-T 建议中规定了程控交换机的各种功能接口，其中 A、B 接口分别为 PCM 一、二次群接口，用于连接数字中继线；C 接口为二线或四线的模拟接口，用于连接模拟中继线；Z 接口连接模拟用户线或模拟 PABX 及远端模拟集中器等；V 接口连接数字用户线、远端数字集中器、数字 PABX、接入网 AN、同步数字传输体系 SDH 及异步转移模式 ATM 设备。

　　在实际应用中，并非每个程控交换机都必须具有上述几种接口，某些厂家生产的交换机可能仅具有其中一部分接口，事实上有些型号的程控数字交换机已取消了模拟中继接口，而且应根据程控交换局在交换网中的作用和地位来决定所选用的程控交换机究竟需要哪些种类的接口电路。

3.1　模拟用户接口电路

　　模拟用户接口电路是程控交换机与模拟用户线相连的接口，简称模拟用户电路。在目前情况下，一般电话用户使用的电话机（终端设备）都是模拟电话机，即电话机发送和接收的话音电流都是模拟信号，所以用户线上传递的也是模拟信号。在用于市话交换局时，由于需要和大量的模拟用户线相连，故程控交换机的模拟用户电路的数量很大，在这样的系统中模拟用户电路所耗费用通常可占整个系统费用的一半以上，随着大规模集成电路的发展，模拟用户电路成本也在逐步下降。一般情况下，程控交换机所连接的数字用户很少，故常将模拟用户电路简称为用户电路。

用户电路的功能一般可归纳为七项，常用表示其功能的英文短语的第一个字母表示，即BORSCHT。这七项功能的含义是：

(1) 馈电：B（Battery feeding）

(2) 过压保护：O（Over voltage protection）

(3) 振铃：R（Ringing）

(4) 监视：S（Supervision）

(5) 编译码和滤波：C（Codec and Filters）

(6) 混合电路：H（Hybrid circuit）

(7) 测试：T（Testing）

1. 馈电

馈电是采用集中供电方式的交换机必须具备的一项功能，它为每一个用户提供通话所需的电源。现在装用的程控交换机的系统工作电压多为 48 V，给用户线馈电的电压也为 48 V。为了防止用户间经电源而发生串话，馈电电路对话音信号应呈现高阻抗，对直流呈现低阻抗。因为馈电电流影响送话器工作特性，所以为了使电话机送话特性达到最佳，馈电电路应能把馈电电流限制在一定范围内，既保证用户通话质量，又尽量降低线路上的损耗。一般公用交换机要求包括话机电阻在内的环路电阻小于 2 kΩ，对少数远距离用户的馈电也可采取提高馈电电压的做法。

2. 过压保护

程控交换机采用了大量集成电路，它们的耐压一般都很低，当受到高电压冲击时，极易损坏。因此，除了进行必要的电压隔离（例如隔离供给用户的 48 V 直流电，不让其进入交换机内部）之外，更重要的是防止周围各种环境在用户线上产生的高压进入交换机内部，这些高压主要来自雷电袭击及电力设施的干扰，通常的做法是设立保护电路。

第一级保护电路通常设在总配线架（MDF）上。总配线架主要具有两项功能：一是实现内（交换机侧）、外（外线侧）线的交接，便于回线的调配与测试；二是提供保护设备。总配线架上的保护设备也称保安器，它通常包括放电管、热线圈和熔丝。当回路电压达到或超过放电管的工作电压时，放电管即开始放电，以引导高压入地，对局内设备起到保护作用，一旦高压消失，放电管可恢复到正常的静止状态。热线圈是用户回路中长时间通过电流时受热而产生动作的保护设备，当其动作时，使电流泄入大地，并启动总配线架上的告警电路，通知维护人员进行处理。熔丝提供过电流时的保护，并将内外线隔断。

第二级保护电路通常设在用户电路中。目前多采用半导体过电压保护器，例如 SDT（一种半导体三端对称瞬态过电压保护器）实现过压保护功能，它可以同时限制两根导线和导线与保护地之间的电压，如图 3.1 所示。T2和 T3 使每导线与保护地之间的最大电压限制在单个器件的转折电压之下，T1 使两根导线之间最大电压限制在器件的转折电压之下。图中的RTC 采用自复熔丝起电流保护作用。

3. 振铃

由于铃流电压较高（我国规定振铃信号为25～50 Hz，75 V±15 V 的交流电压），所以不

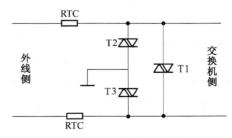

图 3.1 过压保护电路图

允许进入交换网络，发送铃流的任务也由用户电路完成。振铃控制电路的工作原理如图 3.2 所示。

当需要对某用户振铃时，由控制系统送出控制信号，启动该用户电路的振铃继电器 R 工作，R 吸动后将铃流经用户线送给用户，如果用户在送铃流时摘机应答，振铃电路内的检测电路会立即发现，随即送出截铃信号，通知控制系统，控制系统使振铃继电器 R 释放，停止振铃。

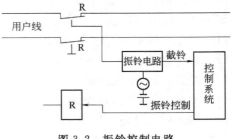

图 3.2　振铃控制电路

随着半导体集成电路的发展，一些厂家生产的程控交换机已经采用高压半导体开关电路来完成振铃控制功能，从而取消了振铃继电器。

4. 监视

用户的摘、挂机状态与用户回路的通、断相对应，因此对用户状态的监视也就是对用户回路进行监视。对用户回路的监视功能通常与馈电紧密相连。监视电路的原理很简单，只要在供电回路中串入一个电阻或继电器，当回路状态改变时，电阻上的压降或继电器工作状态（吸动或释放）会发生改变，据此变化，即可检出用户回路的状态变化。

5. 编译码和滤波

编译码与滤波电路是模拟用户接口电路的重要组成部分。它主要完成信号的数模转换及滤波任务。把模拟信号转换为数字信号的过程称为编码，把数字信号转换为模拟信号的过程称为译码。编译码合称为 Codec。

一般话音信号的主要频带为 300～3 400 Hz，为了不对滤波器提出过高要求和留有余量，ITU-T 建议话音信号取样频率为 8 kHz，比奈奎斯特取样定理规定的最低要求高一些。以防止产生混迭失真和低频干扰，所以在进行编码之前，要对模拟话音信号进行限带处理，使其经过 300～3 400 Hz 带通滤波器，滤除高、低频成分。对译码器输出的 PAM 阶梯信号需要经过低通滤波器滤波，以平滑信号的波形，使其恢复为原来的话音信号。

完成话音信号编译码的方法有两种：一种是群路编译码；另一种是单路编译码。群路编译码的优点是电路总体积小，价格低；缺点是容易产生路间串话，故这种方式多在早期的程控交换机与 PCM 数字传输设备中使用。单路编译码是在集成电路器件价格大幅度下降的情况下才被采用的，其优点是各路间不会产生相互干扰，近年来生产的程控交换机和 PCM 数字传输设备基本都采用单路编译码器。

6. 混合电路

用户线基本上都是二线，可以在两个方向上传送模拟信号。数字信号一般只能单向传送，因此要传送两个方向的信号通常需要四线。在用户电路中，信号编码前和译码后要进行二/四线转换。二/四线转换电路也称为混合电路。在传统的通信设备中，采用混合线圈来完成二/四线转换，随着集成电路技术的发展，又出现了由运算放大器和平衡网络组成的无变压器二/四线转换电路。两种混合电路的示意图如图 3.3 所示。混合线圈利用阻抗电桥平衡原理起到四线端收与发的隔离，这种方式的电路可靠性、耐压与平衡特性都较好，但体积较大。目前采用较多的是无变压器的集成电路混合电路，由四线接收端输入的信号，一部分经平衡网络，形成反馈信号以抵消这个输入信号经二线端又串回到四线发送端的回波，这种电路的优点是只要改变平衡网络中的元件值，就可以比较容易地适应线路阻抗的变化。

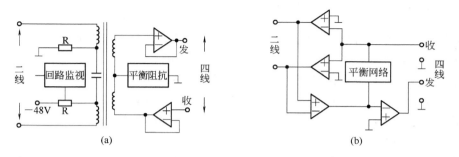

图 3.3　混合电路示意图

（a）采用变压器的混合电路；（b）无变压器的混合电路

7. 测试

交换机在运行过程中，可能会出现各种使用户不能完成正常通信的故障，这种故障可能是局内设备的故障，也可能是用户线或用户终端等局外设备的故障，为了判明故障位置以便及时修复，每个用户电路与用户线连接的接口处都设置一个测试接口。测量时，由测量台控制，接通相应的测试继电器的接点或电子开关，可把用户内、外线分开，分别进行测试，测试结果可在操作台的屏幕上显示。除了可由维护人员人工控制进行测试外，程控交换机还可利用软件控制自动进行测试。程控交换机的用户电路示意图如图 3.4 所示。具体的工作原理可由读者自行分析。

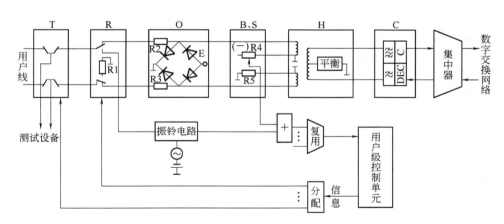

图 3.4　用户电路示意图

在实际应用中，用户电路的各项功能基本上可用集成电路实现，目前比较常用的方法是，测试与振铃开关采用高压集成器件或微型继电器，过压保护电路采用集成或二极管桥型箝位电路，馈电、监视、混合功能由一个称为用户线接口电路（SLIC）的集成电路片实现，编译码与滤波功能单独由一片称为 Codec 的集成电路片完成。在用户电路的集成化程度和控制方面，各种程控交换机也不尽相同。如有些程控交换机一块用户电路板上有 8 个用户电路，目前多数交换机一块用户电路板上有 16 个用户电路。有些交换机每块用户电路板上均设有称为板上控制器的微处理机，有些则为若干块用户电路板共设一个微处理机。

3.2 模拟用户接口集成电路

随着技术的进步，近年来有很多模拟用户线接口集成电路芯片问世。用户电路的 BOR-SCHT 等 7 项主要功能通常只用 SLIC（用户线接口电路）和 Codec（编解码器）两片集成电路芯片即可完成。而且最近又出现了集 6 项主要功能 BRSCHT 于一身的新型集成电路芯片。用大规模集成电路构成的用户电路仅需外接少量元器件，故体积小、结构简单、可靠性也更高。模拟用户接口电路芯片种类很多，下面以带编解码功能的用户线接口电路芯片 MYP2068CS 为例说明。

这种芯片集 BRSCHT 电路于一体，配上少量外围电路，即可完成全部 BORSCHT 功能，在模拟用户线与数字 PCM 总线之间实现完整的接口功能，其性能完全符合国内入网检测标准，并具有超强抗干扰的来电显示透传功能，使用非常方便。可广泛应用于程控交换机、语音卡，PCM 传输设备，VoIP 网关等领域。

MYP2068CS 具有以下特性，以实现基本接口功能：

- 向用户恒流馈电。
- 摘挂机检测。
- 内含铃流继电器，向用户振铃，铃流电压可高达 75 V。
- 被叫用户摘机，铃流自动截断。
- 检测用户线状态和拨号脉冲，并输出相应的电平信号。
- 含有无变压器的二/四线转换电路。
- 可提供两种用户线阻抗：200 Ω＋（680 Ω//0.1 μF）及纯阻（600 Ω）输入阻抗。
- 带编解码器 Codec（TP3057）。
- 具有主叫用户号码显示 Caller ID（DTMF or FSK）挂机传输功能。
- 双电源＋5 V，−5 V 供电。
- 兼容−24 V，−48 V 馈电。
- 兼容＋5 V，＋3.3 V 振铃控制驱动。
- 兼容正弦波和方波铃流。
- 低反射，高共模抑制比。

MYP2068CS 的技术指标如下：

- 对地不平衡度　　　　　　不小于 60 dB（300～3 400 Hz）
- 用户线侧阻抗　　　　　　200 Ω＋（680 Ω//0.1 μF）
- 用户线侧回输损耗　　　　大于 30 dB
- 衡重噪音　　　　　　　　不大于−70 dB
- 传输损耗　　　　　　　　发送方向　0 dB

　　　　　　　　　　　　　接收方向　3.5 dB
- 正常工作环阻值　　　　　1.8～2.0 kΩ
- 电源　　　　　　　　　　V_{cc}　＋5 V

　　　　　　　　　　　　　V_{EE}　−5 V

　　　　　　　　　　　　　VBat　−48 V

MYP2068 CS 的功能框图如图 3.5 所示，引脚说明见表 3.1。

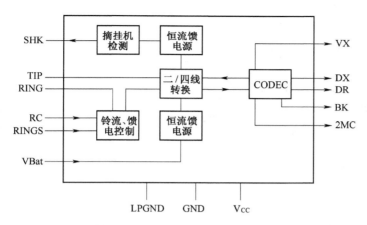

图 3.5 MYP2068 CS 的功能框图

表 3.1 MYP2068 CS 引脚说明

引脚号	符号	功 能 描 述
1	TIP	电话线 TIP 端
2	GND	电源地
3	VX	模拟话音输出脚
4	RING	电话线端 RING
5	NC	空脚
6	NC	空脚
7	RINGS	铃流输入脚外接铃流可以是正弦波或者方波中心点必须在－24V 以下
8	RC	振铃控制输入脚.高电平有效,可以是＋5 V 或者＋3.3 V
9	SHK1	摘机检测输出脚,摘机为低电平
10	SHK2	内部接 10 k 电阻到＋5 V
11	V_{CC}	＋5 V 电源输入脚
12	V_{EE}	－5 V 电源输入脚
13	VBat	馈电输入脚,可输入－24 V 或－48 V
14	T2	用户识别脚,低电平
15	T1	用户识别脚,高电平
16	DX	PCM 编码输出脚
17	2MC	2.048 MHz 输入脚
18	GND	信号地
19	DR	PCM 编码输入脚
20	8K	8 kHz 脉冲输入脚

MYP2068CS 的典型应用电路如图 3.6 所示。

图中外部保护电路用于保护接口电路和用户设备，典型用法是用自复熔丝 RTC1 和 RTC2，以及三端平衡对称瞬态过电压保护器 SDT。

此接口芯片的二/四线变换功能，把两根平衡的电话线 TR 上的信号转换成对地的输出信号 VX，相反方向的对地的输出信号 VR 转换成平衡的两线信号。四线的输出、输入信号在芯片内部分别接至编解码器 Codec（TP3057）的音频输入、输出端，输出信号 VX 由编码器进行编码，变为数字信号，从 DX 端输出。由 DR 端进入的数字信号，则由解码器进行解码，变为音频信号，送到 VR 端。

应用电路的发送增益为平衡的两线信号至四线侧的输出 VX 端的增益，MYP2068CS 的发送增益为 0 dB。接收增益为四线侧的输入 VR 端至平衡的两线信号的增益，MYP2068CS 的接收增益为 −3.5 dB。

MYP2068CS 有一个挂机传输通道用于挂机时接收来电显示 Caller ID 信号。

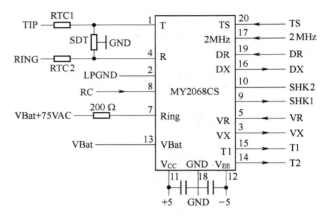

图 3.6　MYP2068CS 的典型应用电路

3.3　用户级的组成

3.3.1　用户集中器

在实际应用中，每条用户线的话务量是很低的，即使在最忙的情况下，每个用户的平均话务量一般也不会超过 0.2 Erl，因此，为了提高数字交换网络的使用效率，通常并不把用户电路直接连到交换网络，而是先将数量大但平均话务量很小的用户线上的话务量通过集中再利用较少的共用链路传送到交换网络。实现话务量集中作用的部件称为集中器。

集中器可有模拟集中器和数字集中器两类，现在所用的绝大多数程控数字交换机都采用数字集中器。集中器的入线与出线数之比称为集中系数。集中系数可根据用户线的平均话务量而变，例如可为 2、4、8 等。由于用户电路到数字交换网络间传送的均为数字信号，故需要四线传输。因数字交换网络是话路系统的核心，所以常把信号从用户电路传到交换网络所经的通路称为上行通道，而把信号从交换网络传至用户电路所经的通路称为下行通道，这与列车运行时进京称为上行和离京称为下行很相似。

集中器一侧连接用户线，另一侧连接共用链路，它在上行通道中，可以起到话务集中作用，而在下行通道中，则起到了将共用链路上的话务量扩展到多个用户线的作用。

目前实现话务集中的方法通常有三种，即 T 型接线器构成的集中型交换网络、数字交换集成电路芯片和用户时隙的动态分配。

1. 使用 T 接线器构成的集中型交换网络实现话务集中

使用 T 型接线器构成的集中型交换网络可实现话务集中，如图 3.7 所示。

首先为每个用户电路分配一个时隙，例如以 128 或 120 个用户为一群，则可通过四条 PCM 30/32 总线连到 T 型接线器构成的交换网络（话音存储器）上。每个话音存储器有 128 个单元，该 T 型接线器能完成 128×128 时隙的交换。每一群的交换网络包括两个话音存储器，一个存储自用户送往公共链路的信息，称为上行通道话音存储器；另一个存储自公共链路送往用户的信息，称为下行通道话音存储器。

每一群的上行通道话音存储器入端各连接 128 个用户电路的编码器输出端，而 n 个上行通道话音存储器的出端则复接起来，实现公共链路（128个时隙）的共用，从而把 $128×n$ 个用户的发话信息集中到128个输出时隙中，并送往数字交换网络进行交换。每一群的下行通道话音存储器出端连到128个用户电路的解码器入端，而n个下行通道话音存储器入端复接起来，以实现把128个输入时隙的信息扩展到 $128×n$ 个用户。

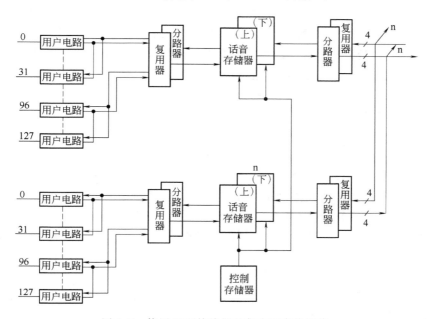

图 3.7　使用 T 型接线器的集中型交换网络

由于集中和扩展的需要，每个话音存储器的工作并非独立的，故所有话音存储器的工作需由一个公用的控制存储器统一控制。上行通道话音存储器采用顺序写入，控制读出。来自各用户的话音编码信号按顺序依次写入话音存储器对应单元，而读出则受控制存储器控制，送到被分配的时隙中。下行通道话音存储器为控制写入，顺序读出。来自数字交换网络的话音编码信号，根据用户所在的群号、PCM 总线号及时隙号码，由控制存储器控制写入相应话音存储器的对应单元，而在顺序读出时，则被送到用户所对应的时隙中。

2. 使用交换集成电路芯片实现话务集中

常用的数字交换网络集成电路芯片是一个容量较小的 T 型交换网络，它可完成若干条 PCM 总线上任意时隙之间的交换。例如第三章曾介绍过的 MT8980 就是一个具有 8 条 PCM 入线和 8 条 PCM 出线的集成电路芯片，它能完成 $256×256$ 时隙的交换。下面就以 MT8980 为例介绍实现话务集中的方法。

为实现话务集中，可将 8 条 PCM 线分为两组，如图 3.8 所示。

在图 3.8 中，PCMI0～PCMI3 与 PC-MO0～PCMO1 分配给上行通道，分别作为集中器的输入与输出，构成一个 2∶1 的集中器。PCMI6～PCMI7 和 PCMO4～PC-MO7 分配给下行通道，分别作为输入和输出，完成 1∶2 的扩展作用。

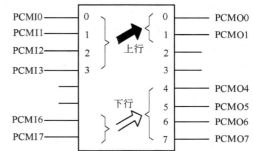

图 3.8　使用交换集成电路芯片实现话务集中示意图

3. 使用动态时隙分配方法实现话务集中

在程控交换机中，传输信号时使用最多的是具有 32 个时隙的 PCM 时分复用总线，可同时传输 32 路话音或其他数字信息。实际应用中每个用户需要通信时才有必要占用一个传输时隙，否则就造成了传输能力的浪费，为此可将 $32 \times n$ 个具有动态时隙分配功能的用户电路接到同一条 PCM 线上，并由处理机监视每一个用户电路的状态，根据用户需要来分配和使用一条 PCM 总线的 32 个时隙，例如当某用户有通话要求时，才给其分配一个时隙。这种时隙分配方法是由处理机根据 32 个时隙的使用情况来动态分配并控制用户电路的接入，当 32 个时隙占满后，就会出现呼损，这一点与前面介绍的两种集中器是一样的。

实现动态时隙分配，既可采用具有动态时隙分配功能的用户电路（编解码器），也可采用外接具有改变时隙信号时间位置的时隙分配电路。

3.3.2　用户级的组成

用户电路、用户集中器及其控制单元组合在一起常称为用户级。控制单元由微处理器和相应的存储器及一些控制逻辑电路组成，在有些程控交换机中，将这个控制单元称为用户处理机或区域处理机。控制单元的基本功能是完成对所属用户电路的状态监视、拨号脉冲检测、信号分配与电路驱动（如振铃、测试等）、集中器入线与出线之间的连接控制等。此外，控制单元还要和中央处理机进行通信，向中央处理机报告有关信息和接收中央处理机的有关命令。

用户级的组成示意图如图 3.9 所示。

在图 3.9 中，对用户电路的监视信息经扫描复用器送往控制单元进行识别处理，对用户电路的控制信息由信息分配器分配给各用户电路。集中器完成用户电路到共用 PCM 链路的话务集中，即完成入线与出线之间的交换连接。控制单元接收扫描信息，识别处理后以适当的信息格式向中央处理机传送有关用户的状态信息，另一方面从中央处理机送来的有关命令由控制单元具体执行。

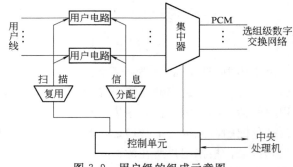

图 3.9　用户级的组成示意图

有一点需要说明的是，用户级控制单元与中央处理机的通信可通过专用的信息总线，此时用户级控制单元通过总线与中央处理机直接相连；另一种通信方式是不设专用总线而占用用户级至选组级交换网络 PCM 链路中的某一指定时隙（常用 TS16 或 TS0），此时用户级控制单元发往中央处理机的信息要插入到传递话音信号的 PCM 线的指定时隙，由中央处理机送给用户控制单元的信息也应从相应 PCM 线的指定时隙分离（提取）出来，故应在集中器与交换网络间的 PCM 线上加入分支/插入（D/I）电路。

以上介绍的用户级采用了数字集中的方式，即集中器的输入输出信号均为数字信号，此时要求用户电路具有 BORSCHT 7 项功能。在有些程控数字交换机中，为了降低用户级的成本，采取公用编译码器的方法，以减少编译码器的数量，在这种情况下，采用了模拟集中器，如图 3.10

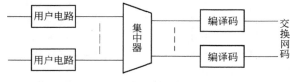

图 3.10　模拟集中方式示意图

所示，此时用户电路不再有编译码功能。

3.4　模拟中继接口电路

模拟中继接口电路是程控数字交换机与模拟中继线间的接口电路，它适用于对端是模拟交换机，且中继线采用模拟信号传输形式。

从使用情况看，模拟中继线有四线和二线两种形式。四线中继使两个传输方向分开，故不需要混合电路，可避免由混合电路引起的信号衰减及混合电路不平衡造成的回波干扰，但是要多占用一对线路。采用二线中继时，模拟中继接口的功能与模拟用户电路功能有很多相似之处，这是因为模拟中继线与模拟用户线在特性及信号传输形式上有很多相近之处的必然结果。

一般情况下，模拟中继接口不需要馈电（指通话所需电源）与振铃功能（特殊情况例外），因而其基本功能有过压保护（O）、编译码和滤波（C）、测试（T）和线路信号监视与发送（S）功能，混合（H）功能仅在采用二线中继时才需要，这些是由模拟中继线的特点所决定的。

在上述五项功能中，只有 S 功能的含义与模拟用户电路不同，其余几项均无区别。线路信号是指在两电话局的局间中继线上传输的反映线路及中继电路设备状态的信号，这些状态有示闲、占用、应答、闭塞及正向拆线和反向拆线等。这里的 S 功能是监视对方中继电路发来的各种线路信号，并将信息传给信号控制电路，或将信号控制电路发来的线路信号发送到中继线上传给对方交换机。模拟中继接口的示意图如图 3.11 所示。

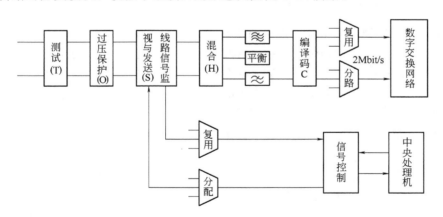

图 3.11　模拟中继接口的示意图

一般情况下，线路信号的接收处理与发送均由中央处理机控制，有时也专设信号处理机。当需要发送信号时，中央处理机将有关信息送给信号控制电路，由信号控制电路进行格式转换后再通过中继电路发给对方交换机。接收信号时，对方送来的线路信号首先由线路信号监视电路发现，然后经复用电路送给信号控制电路，进行格式变换后再送往中央处理机进行处理。

信号控制电路与中央处理机之间的信息传送，也可经专用线路或将信息插入到话音PCM 的指定时隙中传送。由于中继线本来就是一种公用设备，所以一般中继线的话务量较高，故模拟中继线不需要进行话务集中。通常的做法是将 30 条模拟中继电路进行时分复用，合并为一个 PCM 基群，然后再连至选组级数字交换网络。

中继线还可按两种不同占用方式分类：一种是双向中继线，在任何一端都可以占用；另一种是单向中继线，只能在指定的一端占用（线路接通后的信息传递仍是双向的），当采用单向中继方式时，往往把中继线分为两组，其中一组在一端占用，另一组在另一端占用。显然，在业务量波动或中继线数量很少的情况下，使用双向中继线方式便于提高中继线的使用效率，但控制比较复杂，因为必须排除两端同时占用的可能性。在中继线数量较大时，更多的是采用单向中继。

由于模拟交换机制式很多，所以要求程控数字交换机的模拟中继接口也应有不同的类型，以便于配合工作。各种不同类型的中继接口电路的差异主要表现在局间连接方式和所使用的信号方式上，例如采用环路信号方式（以线路环接和断开表示不同的接续状态）时，对应有环路中继电路；采用载波电路完成局间信号传输时，对应有载波中继电路等。

3.5　数字用户接口电路

数字用户接口电路是程控数字交换机与数字用户线之间的接口电路。数字用户线是指用户线上传输的各种信息均是数字信号，此时，用户所使用的终端设备发送与接收的信号均为数字形式。常见的数字用户终端有微型计算机、数字话机、数字传真机及数字图像设备等，这些新型设备的入网应用使得在数字通信网中实现了数字信息的端到端传送，从而促进了综合业务数字网的发展与建立进程。

3.5.1　数字用户接口电路的功能

数字用户的接口种类有很多，但目前应用最普遍的是基本接口 2B＋D，交换机通过这个基本接口能提供两个可双向传输数字话音和高速数据的基本（B）通道与一个双向传输信号的（D）通道，即在用户线上每一方向要传送 144 kbit/s，有时还要再加上维护通道和同步通道的码流，故每方向的码流速率可高 160 kbit/s。

1. 线路接口
线路接口功能包括馈电、监视、过压保护、电平判断与调整等。

2. 定时与码型变换
为了正确接收来自数字用户终端送来的信号，接口中设有定时信号的提取电路。另外，送往用户终端的数据信号在发送之前要进行码型变换，通常以 AMI、4B3T、2B1Q 等适合线路传输的码型送往用户线路。接收信号时同样要进行码型变换。

3. 帧同步
为了保证两个 B 通道及 D 通道信号的正确传送与接收，帧同步也是十分必要的，帧同步包括帧的对齐及帧结构的产生。

4. 复用与分路
用户接口在交换网络一侧是以两个 64 kbit/s 的 B 通道与数字交换网络相连，同时信号也是单独通过 D 通道传送，而在用户线一侧，传输速率是 2B＋D 的 144 kbit/s 或更高一些，因此，必须完成这些通道的复用与分路。

5. D 通道处理及控制
为了完成对接口的控制及有关信号的处理，D 通道处理器在接口电路、交换网络、控制系统三者之间负责接收与处理有关信息。D 通道处理器是整个接口的控制核心，它一般是一个带有 ROM 的处理器，按照 HDLC 规程进行工作，其主要功能有同步控制、差错控制、信号规程检查及流量控制等。

数字用户接口电路的结构如图 3.12 所示。

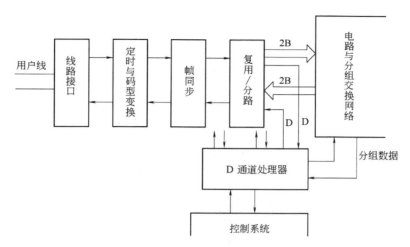

图 3.12　数字用户接口电路的结构

3.5.2　数字信号的二线双向传输

数字信号的传输通常是采用四线形式，即收、发各用一对线路，但由于用户线路一般较长，且数量很大，采用四线传输将增加线路投资，所以探讨在一对线路上进行数字信号的双向传输是十分重要的。在一对线路上进行数字信号的双向传输需要特殊技术来实现，常用的方法有两种。

1. 时间分隔复用法

这种方法是将时间分成两段，一段时间传送一个方向的信息，另一段时间传送另一个方向的信息，中间留有线路传输时延和收发之间的保护时间，这样构成一个突发周期，故这种方式也叫突发方式，又由于两个方向的信号传送好像打乒乓球一样，所以也称乒乓法。

时间分隔复用法的具体工作方式是先在发送端将待发的信号送至存储单元缓存（压缩），等规定的发送时间到来时，再以高速的码率发往对方，收端收到信号后，经缓冲存储器（扩展），再以正常速度读出，恢复原来的信号形式。

显然，采用时间分隔复用法要求线路的传输码率比正常通信所需传输速度（例如 160 kbit/s）至少要高 2 倍以上，才能够实现双向通信和留有足够的信号传输及保护时间。

一个突发周期一般为 2～3 ms，由于传输时延主要取决于线路长度，故传输距离和码率是一对矛盾，在码率一定的情况下，传输距离将受到限制。时间分隔复用法的原理如图 3.13 所示。

时间分隔复用法技术比较成熟，得到了较为普遍的应用，它具有较好的防近端

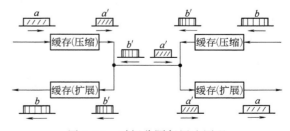

图 3.13　时间分隔复用法原理

干扰能力，但易受突发脉冲干扰，占用频带较宽，传输衰耗大，适合于距离较近的数字用户。

2. 回声（波）消除法

回声消除法又称自适应数字混合法，利用混合电路和回声消除器可有效地实现二/四线转换及回声消除功能，其电路原理如图 3.14 所示。

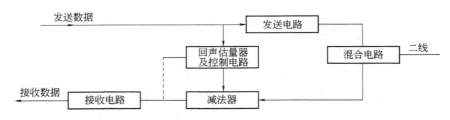

图 3.14　回声消除法原理

回声消除器配置于电路的四线部分，它是一种回波控制设备，其工作原理是从近端电路回声（从混合电路四线端的发送侧到接收侧的回声）中减去回声的估计值，通过调整回声估量器和控制电路的参数，可使残留的回声信号减至很小。由于回声消除法的发送和接收共用同一频带，频带位置可以低一些，使得信号在传输过程中受外界干扰和衰耗都较小，传输距离可远一些，但是实现回声消除的电路比较复杂。目前已有采用回声消除法的专用大规模集成电路问世，并获得了较广泛的应用。

3.6　数字中继接口电路

数字中继接口电路是程控数字交换机和数字中继线之间的接口电路。由于数字交换机和数字中继线上传输的信号皆为数字形式，故数字中继接口电路不需要 A/D 转换功能，但是由于交换机内部和中继线上传输的码型、速率等往往存在差异，而数字信号的传输与处理需要严格的同步，因此就要解决码形变换、帧同步和时钟恢复等同步问题，还有局间信令提取和插入等配合的问题，所以数字中继接口电路是解决信号传输、同步和信令配合三方面的连接问题。

数字中继接口电路的方框图如图 3.15 所示。

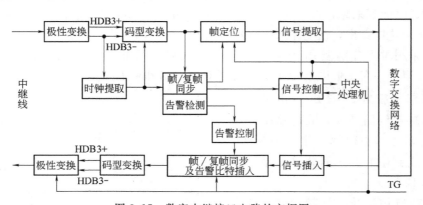

图 3.15　数字中继接口电路的方框图

3.6.1　数字中继接口电路的功能

前已述及，数字中继接口电路应具有信号的转换、同步及信令提取和插入等功能。下面分别做进一步说明。

1. 极性变换

PCM 信号在数字中继线上传输时，要求传输波形不含有直流成分，所以要求线路上传输的信号的波型应是正负脉冲交替出现的双极性码。

在数字中继接口中，设有极性码的变换电路，在发送支路，将 NRZ/HDB3 变换电路送来的 HDB3＋和 HDB3－信号变为适合线路传输的双极性码，接收方向则进行相反的操作。极性变换电路的示意图如图 3.16 所示。

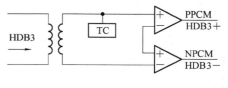

图 3.16　极性变换的示意图

2. 时钟提取

从输入 PCM 码流中提取对端局的时钟信号，作为本局接收的基准时钟，使本端与发端保持同步，以便正确判别对方送来的数据，这实际上是频率或位同步，时钟提取可用锁相环、晶体滤波等方法实现。时钟提取也称时钟恢复。

3. 码型变换

由数字通信原理课程可知：对传输码型的要求是便于提取时钟、频谱中不存在直流分量、占用频带窄和高低频能量分布少、具有一定的抗干扰能力和有较好的传输效率，在电缆 PCM 传输系统中常采用满足上述要求的 HDB3 或 AMI 码，特别是 HDB3 码得到了更广泛的应用。实现交换机内部信号码型 NRZ 和中继线传输信号码型 HDB3 之间变换的电路称为码型变换电路。

为了保证收发端的同步工作，每个接收端都要从接收的 PCM 码流中提取定时信号，提取定时信号的方法一般是用调谐放大器加上整形电路，如果输入的 PCM 码流中出现多个"0"码相连，则谐振电路会因较长时间无信号激励而不能正常工作，致使接收的定时信号出现抖动，严重时甚至会导致定时信号提取电路无法正常工作，从而将影响 PCM 码流信号的接收，为防止上述现象发生，所以需要对发往对端的 PCM 信号进行变换，使连"0"码的个数不超过某个值，并能在接收端识别出这种变换，进行必要的逆变换工作，以恢复原来的连"0"码，30/32 系统的 PCM 一次群多采用 HDB3 码作为线路传输码型，使线路上的连"0"码个数不超过 3 个，而交换机内部交换处理的数字信号是不归零（NRZ）码，所以，在数字中继接口中应进行 HDB3 与 NRZ 之间的变换。鉴于这个原因，在数字中继接口中，有时将码型变换称为连零抑制。

4. 帧/复帧同步

（1）帧同步

在 PCM 传输系统中，帧同步的目的是为了使收发两端自 TS0 起的各路对齐，以便发端发送的各路信号能被收端各路正确的接收。在 PCM 30/32 系统的帧结构中，为了实现帧同步，发端在偶帧的 TS0 比特 1 至比特 7 发送帧同步码组"0011011"，收端据以进行识别，以达到帧同步目的，为了避免对偶发性干扰引起误判，规定连续 4 次收不到正确的帧同步信号即认为系统处于帧失步状态，随即应进行告警处理和调整，从第一次收到错误的帧同步信号到判为系统失步这段时间称为前方保护时间，因 2 帧才发送一次帧同步信号，故前方保护时间为 750 μs。当系统经过调整之后，为了确认系统是否真的恢复了同步状态，规定在失步状态下，连续两次收到帧同步信号，才认为系统重新处于同步状态，这段时间称为后方保护时间，其时间为 250 μs。

（2）复帧同步

复帧同步是为了解决各路标志信号的对齐问题，随路信号在一个复帧的 TS16 中都有各自的确切位置，如果复帧不同步，标志信号就会错路。帧同步之后，复帧不一定同步，因此，为了保证通信的正常进行，复帧同步也是十分必要的，其目的就是使收发两端自 F0 始的各帧对齐，使标志信号不致错路。复帧同步码安排在 F0 的 TS16 的 bit0～bit3，码型为 "0000"，收端的复帧同步检测电路用于检测复帧同步信号，当连续两次收不到复帧同步信号或一个复帧中所有 TS16 均为 "0" 码则判为失步，故前方保护时间为 2 ms。系统失步后经过调整，一旦收到第一个正确的复帧同步信号，且前一帧 TS16 中的数据不全为 0，才判为复帧同步的恢复，故后方保护时间也是 2 ms。

5. 帧定位

因为程控数字交换机需要一个统一的时钟来控制各部分协调地工作，而来自数字中继线的 PCM 码流的相位与本局时钟相位不一定相同，两局时钟之间的频率也可能偶尔存在微小偏差。

为了进行局间交换，必须将输入 PCM 码流同步到本局时钟上来，这就是帧定位的任务。帧定位也称帧调整。帧定位的原理如图 3.17 所示。它是利用一个弹性存储器作为缓冲器，使输入的 PCM 码流在存储器内延迟（暂存）一下，以完成帧调整功能，最大延迟时间不超过 125 μs，为了保证一帧中每一时隙的内容正确地写到规定的存储器内，弹性存储器的写入受输入 PCM 码流的帧同步信号控制，读出则受本交换机的帧同步信号控制，使输出的 PCM 码流与交换机的基准帧信号保持同步。

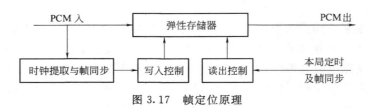

图 3.17　帧定位原理

弹性存储器有写入和读出两个指针，分别用于指示写入和读出地址（单元号码）。

6. 告警处理

PCM 信号在传输过程中，当由于某种干扰使接收端不能正确恢复原来的码流，且其影响超过一定程度时，则应发出告警指示。引起告警的原因可能是复帧失步、帧失步和其他形式的误码，告警指示一方面要通知本端控制设备和维护管理系统，另一方面还要通知对端。例如收端发生帧失步时，就要把发往对端的 PCM 码流中奇帧 TS0 的 bit2 由 "0" 改为 "1"，用以通知对端系统出现了帧失步现象；故障消失后，再将 "1" 改为 "0" 以表示系统恢复了正常工作。由上述要求可知，数字中继接口应具有告警处理功能，这项功能由误码检测、帧同步检测、复帧同步检测、滑码检测与计次统计、对端告警检测和告警比特插入等电路完成。

7. 信令提取和格式转换

信号控制电路将 PCM 传输线上的信号传输格式转换成适合交换机内部传输及便于中央处理机处理的格式或反之。在接收方向信号控制电路首先从输入 PCM 码流的 TS16 提取信号信息，将其变为连续的 64 kbit/s 信号，在输入时钟产生的写地址控制下，写入控制电路的存储器，然后在本局时钟控制下按本局内部传输或中央处理机所需的格式读出，读出的信号可再插入 PCM 码流的 TS16 与话音信号一道进入交换网络而送到中央处理机，也可经直达专用总线送到中央处理机进行处理。在发送方向，信号控制电路可通过 PCM 的 TS16 或专用总线接收中央处理机的信号信息，经格式转换后再插入到发送 PCM 支路的 TS16 送往对端交换机。

8. 帧/复帧同步信号的产生与插入

为了实现帧/复帧同步，在信号送出之前，必须产生相应的同步码组，并将其插入到码流中的规定位置，如在 F0 的 TS16 插入 00001×11，在偶帧的 TS0 插入 10011011，奇帧的 TS0 插入 11×11111 帧同步信号，以供对端同步使用。

数字中继接口的功能可概括为 GAZPACHO 共八项，它们的含义是：

(1) 帧码发生 G：(Generation of frame code)

(2) 帧定位 A：(Alignment of frames)

(3) 连零抑制 Z：(Zero string suppression)

(4) 极性变换 P：(Polar conversion)

(5) 告警处理 A：(Alarm processing)

(6) 时钟恢复 C：(Clock recovery)

(7) 帧同步 H：(Hunt during reframe)

(8) 信令插入和提取 O：(Office signaling)

3.6.2 数字中继接口电路使用的芯片

目前很多专用芯片都具有上述数字接口 A 的功能。例如 METEL 公司生产的 MT9075A/9075B/9076、朗讯公司生产的 T7630、西门子公司生产的 PEB2254/5 等，这里以 MT9075B 为例说明。MT9075A/B 是具有多种功能的高集成度数字中继接口专用芯片，具有上述数字中继接口的 GAZPACHO 八项功能。MT9075A/B 的功能框图如图 3.18 所示，该芯片采用 68 引脚 PLCC 封装，引脚说明见表 3.2。

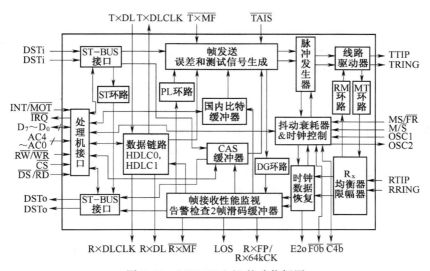

图 3.18　MT9075A/B 的功能框图

表 3.2　MT9075 的引脚说明

引脚 PLCC	引脚 MQFP	引脚名称	引 脚 说 明
1	66	OSC1	振荡器输入 此脚既可连接 20 MHz 晶体至 OSC2 也可直接连接 20 MHz 晶体振荡器输出 CMOS 输入电平
2	67	OSC2	振荡器输出 不适合驱动其他器件
3	68	V_{SS}	电源　数字地
4	69	V_{DD}	电源　数字＋（＋5 V）
5	70	CSTO	ST-BUS 的信令输出 CSTO 传送下述两种信令信号之一 ①2MHZ ST-BUS 状态码流包含 30 路 CAS 数字型线路信号 ②TS16 信道的 64 kHz CCS 信号
⋮	⋮		

　　MT9075A/B 内部包含有脉冲生成器、差分线路驱动器、接收均衡器、限幅器、时钟信号提取器和数字锁相环（DPLL）电路，还有一个时钟抖动衰减器，用于减少抖动影响，可以根据需要接于发送侧或接收侧。

　　MT9075A/B 内部的帧发送与帧接收功能块，用于实现帧同步和帧定位功能。负责帧同步码的插入与提取、复帧同步码的插入与提取、插"0"与删"0"、帧定位、CRC-4 循环冗余码的生成与检测。

　　MT9075 有两个 HDLC 协议控制器，一个接 TS0，一个接 TS16。HDLC 控制器具有很强的功能，可用于实现 HDLC 协议。还有为随路信令数字型线路信号而设的接收寄存器和发送寄存器，计算机可以对这两种寄存器进行读和写，使用也非常方便。

　　MT9075A/B 对外的接口有三个：线路侧、交换机侧和计算机接口，分述如下。

　　1. 线路侧接口

　　对线路一侧，MT9075 按照 CEPT 接口标准，即 PCM30(E1) 传送信息。

　　PCM30（E1）基本帧帧长为 256 bit，每秒传送 8 000 帧，故传送速率（比特率）为 $256×8\,000＝2.048$ Mbit/s，实际的比特率为 2.048 Mbit/s，码型为 HDB3 码。使用 HDB3 控制比特（第 01 页，地址 15H 比特 5）可选择线路码型为 HDB3 码或 AMI 码。基本帧被分为 32 时隙，编号 0 至 31，每个时隙 8 比特，传送时高位 MSB（编号为 比特 1）在先，因此，单一时隙的码率为 $8×8\,000＝64$ kbit/s。PCM30 的时隙 0 用于基本帧定位、CRC-4 复帧定位 和维护信息的传送，在大多数情况下，时隙 16 用于传送信令（随路信令 CAS 或公共信道信令 CCS）。其余的 30 时隙称为信道，用于传送话音编码或数字数据。信道的定位和比特编号 与 时隙的定位和比特编号是一致的，但信道的编号是 1 到 30。

　　2. 交换机侧接口

　　对交换机一侧，MT9075 按照 ST-BUS 接口标准，ST-BUS 是 MITEL 公司开发的高速同步串行总线，用于交换机内芯片之间的信息传送。时钟频率和帧结构与 PCM30 相同，也有 32 信道，编号为 0 至 31，但 8 比特信道中的最高位编号为 7。故 ST-BUS 中的比特 7 对应 PCM30 的比特 1，比特 6 对应 PCM30 的比特 2。

MT9075 对交换机一侧，话音信息与信令信息是分开的。话音信息从 DSTi 端输入，从 DSTo 端输出。帧结构采用与 PCM30 总线兼容的 ST-BUS 总线接口标准，信令信息通过 CSTi 和 CSTo 进出，帧结构也采用 ST-BUS 总线接口标准，但其中各时隙所传送的内容是单独定义的。

3. 处理机侧接口

MT9075 还有比较完善的处理机接口，可以通过并行总线实现对 9075 内 208 个寄存器的访问，也可以读 PCM 各时隙的内容和向各时隙送信息。对线路的控制、查询线路的状态和线路状态的记录也可通过并行处理机接口进行。处理机接口为非复用的并行总线，处理机可通过这个接口实现对 MT9075B 的控制和读取 MT9075B 的状态。

MT9075B 与处理机的接口可采用两种接法：INT 或 $\overline{\text{MOT}}$，当 INT/$\overline{\text{MOT}}$ 端为高电平时为 Intel 接法，低电平时为 Motorola 接法，接 ISA 总线时应采用后一种接法，将 INT/$\overline{\text{MOT}}$ 接地，以下的内容都是按 Motorola 接法说明的。

处理机接口的 A0～A4、D0～D7 均为 TTL 电平，可通过处理机的地址总线和数据总线与处理机直接连接。为了与总线连接，必须要使用具有三态输出的器件，考虑到功能的扩充，还要提高总线的驱动能力。

MT9075 有 3 种同步模式：系统总线同步模式、线路同步模式和自由运行模式，可通过 BS/LS 和 BL/FR 端进行选择，以适应不同同步方式的通信网。

在系统总线同步模式，芯片引出端 $\overline{\text{C4b}}$ 和 $\overline{\text{F0b}}$ 为输入端 4 M 信号 $\overline{\text{C4b}}$ 和帧同步信号 $\overline{\text{F0b}}$ 由外部输入芯片，而在线路同步模式和自由运行模式，芯片引出端 $\overline{\text{C4b}}$ 和 $\overline{\text{F0b}}$ 为输出端，4 M 信号 $\overline{\text{C4b}}$ 和帧同步信号 $\overline{\text{F0b}}$ 由芯片输出，供其他芯片使用。

在系统总线同步模式，可通过对抖动衰耗控制字控制比特 JAS，JAT/JAR 赋值，确定抖动衰减器 JA 的连接方式。因此系统总线同步模式根据抖动衰减器 JA 的位置，分为三种：

(1) 系统总线同步模式 1

外部时钟加到 $\overline{\text{C4b}}$ 端，由内部抖动衰减器 JA 消除抖动，再去控制数据发送。而由接收数据中提取的时钟信号，不执行去抖动操作，直接在 E2o 端输出，可在该端进行监视。

(2) 在系统总线同步模式 2

加到 $\overline{\text{C4b}}$ 端的时钟信号，被认为是无抖动的，直接用于控制数据发送。从接收数据中提取的时钟信号，由内部抖动衰减器 JA 消除抖动，在 E2o 端输出。

(3) 系统总线同步模式 3

抖动衰减器，既不连接到加于 $\overline{\text{C4b}}$ 端的时钟信号电路，也不连接到由接收数据中提取的时钟信号电路，发送的数据同步于加到 $\overline{\text{C4b}}$ 端的时钟信号由接收数据中提取的时钟信号，不消除抖动，直接在 E2o 端输出。

在线路同步模式，由接收数据中提取的时钟信号，由内部抖动衰减器 JA 消除抖动，用于控制数据发送，并在 $\overline{\text{C4b}}$ 端输出，供其他芯片使用。E2o 端输出由接收数据中提取的但未去抖动的时钟信号。

在自由运行模式，发送的数据同步于芯片内部产生的时钟信号，芯片内部产生的时钟信号在 $\overline{\text{C4b}}$ 端输出，供其他芯片使用。由接收数据中提取的时钟信号，不消除抖动，直接在 E2o 端输出。

除了具有多种同步模式之外，MT9075 还具有一套完整的状态告警、性能监视和记录功能，环路测试功能和多种可屏蔽中断功能。

MT9075 的引脚很多，限于篇幅，不能一一列举，读者如有需要，请上网查阅，网址为：WWW. ZARLINK. COM。

MT9075 内部有二百多个寄存器，分为 17 组，如表 3.3 所示，为了正确使用 MT9075，就需要了解各个寄存器的用途，了解访问寄存器的方法，详见第 15 章《程控交换系统功能模块的软、硬件实现方法》。

表 3.3   MT9075 控制和状态页的名称和页地址

页地址 D7～D0	寄存器组功能说明	处理机访问	组内寄存器数
0000 0001 (01H)	主控制 1	R/$\overline{\text{W}}$	15
0000 0010 (02H)	主控制 2	R/$\overline{\text{W}}$	9
0000 0011 (03H)	主状态 1	R	12
0000 0100 (04H)	主状态 2	R/$\overline{\text{W}}$	16
0000 0101 (05H)	各信道发送信令	R/$\overline{\text{W}}$	16
0000 0110 (06H)	各信道接收信令	R	16
0000 0111 (07H)	各时隙控制	R/$\overline{\text{W}}$	16
0000 1000 (08H)	各时隙控制	R/$\overline{\text{W}}$	16
0000 1001 (09H)	1 秒状态	R	9
0000 1010 (0AH)	未用		0
0000 1011 (0BH)	HDLC0 控制与状态	R/$\overline{\text{W}}$	15
0000 1100 (0CH)	HDLC1 控制与状态	R/$\overline{\text{W}}$	15
0000 1101 (0DH)	发送国内比特缓冲器	R/$\overline{\text{W}}$	5
0000 1110 (0EH)	接收国内比特缓冲器	R	5
0000 1111 (0FH)	TX 消息模式缓冲器 0	R/$\overline{\text{W}}$	16
0001 0000 (10H)	TX 消息模式缓冲器 1	R/$\overline{\text{W}}$	16
0001 0001 (11H)	RX 消息模式缓冲器 0	R/$\overline{\text{W}}$	16
0000 1010 (12H)	RX 消息模式缓冲器 1	R/$\overline{\text{W}}$	16

复习思考题

3.1 什么叫接口电路？外部接口电路大致可分为哪几种？

3.2 用户线接口电路的功能是什么？画出用户线接口电路的功能框图。

3.3 用户集中器的作用是什么？可用哪些方法实现话务集中？

3.4 何谓单向中继与双向中继？

3.5 模拟中继电路的主要功能是什么？

3.6 数字中继接口的主要功能是什么？

3.7 数字中继接口中为什么要进行码型变换？

3.8 数字信号在二线上实现双向传输的方法有哪些？

4

信 令 系 统

为了保证通信网的正常运行，完成网络中各部分之间信息的正确传送和交换，以实现任意两个用户之间的通信，必须要有完善的信令系统。信令系统是通信网中各个交换局在完成各种呼叫接续时所采用的一种"通信语言"。就像人们在相互交流时所使用的语言，该语言必须为双方都能理解，才能顺利地进行交流。因此信令在通信中起着举足轻重的作用。

4.1 概 述

4.1.1 信令的基本概念

在一次电话通信中，话音信息之外的信号统称为信令（本章所讲的信号即信令）。电话通信网将各种类型的电话机和交换机连成一个整体，为了完成全程全网的接续，在用户与电话局的交换机之间以及各电话局的交换机之间，必须传送一些信号。对各交换机而言，要求这些信号从内容、形式及传送方法等方面，协调一致，紧密配合，互相能识别理解各信号的含意，以完成每次电话接续。

下面以不同城市的两个用户之间进行一次电话呼叫为例，说明电话接续过程中所需的基本信号及其传送顺序。其过程如图 4.1 所示。

为了简化讨论，该图中采用市话和长途合一的交换机，它们能直接将用户线连接到长途中继线上。实际中，用户线应经过市话交换机，再通过长途交换机才能连到长途中继线上。从图中可以看出，在电话接续过程中有以下基本信令：当主叫摘机时，向发端局发出呼叫信号；发端交换机立即向主叫送出拨号音。主叫用户听到拨号音随即拨号。接续方式中，如是长途接续，应根据长途网编号原则拨号；如是市内电话，则需拨被叫的市内号码。

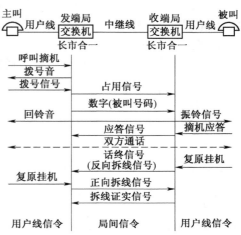

图 4.1 电话接续的基本信令

发端交换机根据被叫号码选择局向路由及空闲中继线。然后从已选好的中继线向收端交换机送出占用信令，再将有关的路由信号及被叫号码送给收端交换机。

收端交换机根据被叫用户号码查被叫用户忙闲，若被叫话机是空闲的，则向被叫用户送振铃信号，同时向主叫用户送回铃音。被叫用户摘机应答时，一个应答信号送给收端交换机，再由收端交换机将此信号送给发端交换机，这时发端交换机开始统计通话时长，并计费。随后，双方用户进入通话状态，线路上传送话音信号，这信号不属于控制接续的信号，而是用户讲话的语音信息。话终时，若被叫用户先挂机，由被叫用户向终端交换机送出挂机信号，然后由收端局将这信号送给发端局。此挂机信号是由被叫发出的，故称为话终信号或称反向拆线信号。若主叫用户先挂机，由主叫用户向发端交换机送出挂机信号，再由发端交换机向收端交换机送出主叫挂机信号。此信号又称为正向拆线信号。终端交换机收到正向拆线信号后，开始复原并向发端交换机回送一个拆线证实信号，发端交换机收到此信号后也将机键全部复原。

　　以上只是电话网中一次电话接续的最基本信号，当电话经过多个交换机的转接时，信号的流程比图 4.1 的情况复杂得多。

4.1.2　信令的分类

　　根据以上所述，电话网中所需的信号是多种多样的。分析图 4.1 的基本信号，可看到不同的区域使用了不同的信号，各信号所起的作用也不同。为了认识各类信令，将电话网中的信号从以下几个方面进行分类。

　　1. 按信号的工作区域分类

　　按信号的工作区域划分，可分为用户线信号（简称用户信号）和局间信号。

　　（1）用户线信号

　　用户线信号即在用户线上传送的信号，它是用户话机与交换机对话的一种特殊语言。用户线信号既包括由话机发出的用户状态信号及选择信号，如摘机信号、挂机信号、应答信号、拨号信息（拨号脉冲或双音多频信号）；还包括由交换机送给用户话机的各种提示信号，如铃流、拨号音、回铃音、忙音等。用户线信号是一种比较简单的信号。

　　（2）局间信号

　　局间信号是在交换机之间传送的信号，它在局间中继线上传送，用来控制局间呼叫接续的建立和拆线，它涉及到各种信号系统的具体应用，是本章讨论的主要内容。

　　2. 按信号信道与话音信道的关系分类

　　按信号信道（通路）与话音信道（通路）之间的关系分类，可分为随路信号和公共信道信号两种。

　　（1）随路信号

　　随路信号方式是传统的信号方式，它是指一条话路（信道）所需要的占线、应答、拆线、选择等业务信号均由话路本身（或与之固定联系的一条信号通道）来传送，即用传送话音的通路来传送它所需的各种业务信号。图 4.2（a）是随路信号方式的示意图。

　　（2）公共信道信号

　　公共信道信号方式又称为局间共路信号方式，它是将一群话路（局间中继线）所需要的各种业务信号汇集到一条与话路分开的公共信号数据链路上传送，图 4.2（b）是公共信道信号方式的示意图。

　　3. 按信号的功能分类

　　按信号的功能划分，信号可分为监视、选择和管理信号。

　　（1）监视信号

　　监视信号反映用户或中继线的状态，并在需要时改变线路的状态。对用户线而言，监视信号可称为用户状态信号；对中继线而言，常称为线路信号。

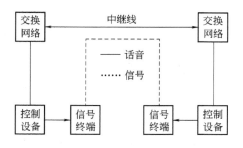

图 4.2 (a)   随路信号方式的示意图

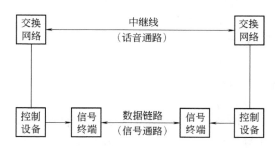

图 4.2 (b)   公共信道信号方式的示意图

（2）选择信号

为了进行用户之间的通信，主叫用户要向交换机发送被叫用户的号码，作为交换机进行路由选择和接续的依据，因此，表示被叫用户号码的数字即称为选择信号。当主被叫用户不属于同一个交换局时，表示被叫（地址）号码的信息（或其中的一部分）还要在交换局之间的中继上传送。在选择信号中，除了被叫用户的地址信息之外，还可包括其他有利于交换过程顺利进行的信号，例如请发码信号、号码收到信号和请求重发信号等。对于特定的系统还可有表示信号已收妥的证实信号。

与呼叫接续建立过程有关的选择信号可以影响拨号后的等待时间（主叫用户拨号完毕至收到回铃音这段时间）的长短。拨号后等待时间是接续质量的标志，用户往往据此来评价电话系统的效率。因此，除了要求交换局之间的选择信号能有效可靠地执行，保证交换正确进行以外，还要求信号的传送方式尽可能简单、速度尽可能快。

（3）管理信号

管理信号又称操作或运行信号，用于电话网的网络管理与维护，以保证电话网有效地运行，提高网络服务水平和可靠性。

管理信号主要包括如下几方面。

1）网络拥塞信号 它被用来促使重复试呼，启动拆线，把拥塞情况通知主叫用户以及修改迂回路由等。

2）表示设备或电路停用的信号，它是由于故障或维护引起的中断所产生的。

3）呼叫计费信息。

4）远距离管理维护信号 用于无人值守交换机和维护管理中心之间传送故障检测及告警信息等。

4.2 信 令 方 式

信令的传送必须遵守一定的规约，即具有规定的信令方式。信令方式包括信令的结构形式、信令在多段路由上的传送方式及控制方式。

4.2.1 信令的结构形式

信令的结构形式有非编码与编码两种结构形式。

1. 非编码信令的结构形式

非编码信令可按下列特征来进行区分：

（1）脉冲幅度

按脉冲幅度的大小作为区分不同信号的标志，如图 4.3（a）所示。由于信号传送过程中会受到电路衰耗值变化的影响，所以信号的幅度等级太多时将会使接收端难以区分信号的含义，故在实际应用中一般只取有电流脉冲和无电流脉冲两个值。

（2）脉冲宽度

按脉冲的宽度即脉冲持续时间的长短作为区分不同信号的标志，如图 4.3（b）所示。由于脉宽的等级太多会使信号设备复杂化，且传送速度慢，故实际上仅采用长脉冲和短脉冲两个值。

（3）脉冲相位

规定一个时间起点，根据脉冲在时间坐标上位置的不同，或者说根据脉冲的相位作为区分不同信号的标志，如图 4.3（c）所示。按这种方法工作时，发送和接收设备必须同步。

（4）脉冲数量

按脉冲数量的多少，作为区分不同信号的标志，如图 4.3（d）所示。只要传送的脉冲持续时间与间隔合理，这种方式可传送任意数量的脉冲，但传送速度慢。

（5）频率

按频率的不同，作为区分不同信号的标志，如图 4.3（e）所示。此种信号传送稳定，不易受外界条件影响，但频率种类多时会增加信号设备的复杂性。

非编码信号都存在一些缺点，或提供的信号数量少、或速度低、或设备复杂。当需要传送的信号数量较大时，常采用编码信号。

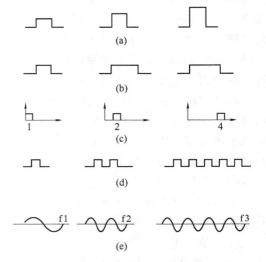

图 4.3　非编码信令的结构形式

2. 编码信令的结构形式

编码信令的结构主要有以下三种：

（1）模拟编码信令

模拟编码信令主要指多频制信令。其中六中取二是一种典型的多频信令，它设置六个频率，每次取出两个同时发出，表示一种信令，共可表示 15 种信令。多频编码的特点是编码较多，传送速度较快，可靠性较高，有自检能力。

例如，中国 1 号记发器信令就使用了这种六中取二的多频信令，其信令编码如表 4.2 所示，所使用的六个频率为 1 380～1 980 Hz，频差 120 Hz。

（2）数字型线路信令

数字型线路信令是使用 4 位二进制编码表示线路状态的信令。当局间传输使用 PCM 时，在随路信令系统中应使用数字型线路信令。

中国 1 号的数字型线路信令是基于 30/32 路 PCM 的，用 TS16 传送复帧同步和具有监视功能的数字型线路信令。

（3）信令单元（SU）

No.7 信令是使用经二进制编码的若干个八位位组构成的信令单元来表示各种信令。这种方式传送速度快，容量大，可靠性高，在本章第 5 节详细介绍。

4.2.2 信令的传送方式

信令在多段路由上的传送方式有三种。

1. 逐段转发

所谓逐段转发是指每个转接局必须接收上一局送来的全部数字信号（局号＋被叫号码），并转发给下一局，最后一个转接局只转发被叫号码。即为了把发端局发出的数字信号传送给终端局，需要中间的若干个转接局起接力的作用。逐段转发方式的示意图如图 4.4 所示。其中 ABC 为被叫局的局号，××××为被叫用户号码。

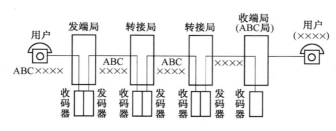

图 4.4　逐段转发方式示意图

逐段转发方式的特点是：对线路要求低，信令在各段路由上的类型可以不同；信令传送速度慢，接续时间长。

2. 端到端方式

所谓端到端传送方式是指：发端局的收码器收到用户发来的全部号码后，由发端发码器发送转接局所需要的长途区号（图中为 ABC），并将电话接续到第一转接局；第一转接局根据收到的 ABC，将电话接续到第二转接局；再由发端发码器向第二转接局发 ABC，找到收端局，将电话接续到收端局；此时由发端向收端直接发送用户号码（图中为××××），建立发端到收端的接续，如图 4.5 所示。端到端方式的特点是，速度快，拨号后等待时间短；但信令在多段路由上的类型必须相同。

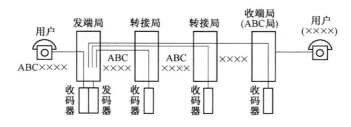

图 4.5　端到端方式示例

3. 混合方式

在实际中，通常将前两种方式结合起来使用，就是混合方式。如中国 1 号记发器信令可根据线路质量，在劣质电路中使用逐段转发方式，在优质电路中使用端到端方式；No.7 信令通常使用逐段转发方式，但也可提供端到端方式。

4.2.3　信令的控制方式

信令的控制方式指控制信令发送过程的方法。包括三种方式。

1. 非互控方式（脉冲方式）

如图 4.6 所示，非互控方式即发端不断地将需要发送的连续或脉冲信令发向收端，而不管收端是否收到。这种方式设备简单，速度快，但可靠性差。

2. 半互控方式

如图 4.7 所示，发端向收端每发一个或一组脉冲信令后，必须等待收到收端回送的接收正常的证实信令后，才能接着发下一个信令。

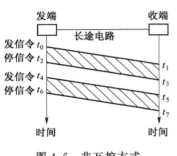

图 4.6　非互控方式

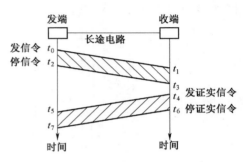

图 4.7　半互控方式

由发端发向收端的信令叫前向信令，由收端发向发端的信令叫后向信令。半互控方式就是前向信令受后向信令控制。

3. 全互控方式

发端连续发前向信令且不能自动中断，要等收到收端的证实信令后，才停止发送该前向信令；收端连续发证实信令也不能自动中断，须在发端信令停发后，才能停发该证实信令。因前、后向信令均是连续的，故也称连续互控，如图 4.8 所示。这种方式抗干扰能力强和可靠性好，但设备较复杂，传送速度较慢。

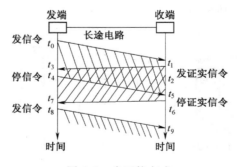

图 4.8　全互控方式

中国 1 号记发器信令使用全互控方式，以保证可靠性，但影响了它的速度；No. 7 信令使用非互控方式，速度很快，且同时采取了一些措施来保证可靠性。

4.3 用户线信令

用户线信令是用户和交换机之间的信令，在用户线上传送。

4.3.1 用户线信令的种类

1. 用户话机向交换机发送的信令，包括：

（1）用户状态信令

用户状态信令是通过用户话机的叉簧产生。为了简单和经济起见，反映用户状态的一般都是直流信令。当用户摘机时，用户环路闭合，在用户线上有直流电流流过。主叫摘机表示呼叫信令，被叫摘机表示应答信令。当用户挂机时，用户环路断开，用户线上无直流电流。因而交换机可以通过检测用户线上有无直流电流来区分用户状态。用户环路的电阻（包括话机电阻）应不大于 1 800 Ω。

（2）选择信令

选择信令也称地址信令、号码信令，它是主叫用户发出的直流脉冲信号或双音多频 DT-MF 信号，目前直流脉冲信号已很少使用。这种代表地址的信号在交换机内由相应的设备检测和分析。

DTMF 信号有以下三个参数：

①频率

双音多频信号是由两个音频组合来代表一位数字，音频信号可分为高频群和低频群两部分。高频群四个音频信号的标称频率分别为 1 209 Hz、1 336 Hz、1 477 Hz 和 1 633 Hz，低频群四个音频信号的标称频率分别为 697 Hz、770 Hz、852 Hz 和 941 Hz。

话机产生的频偏不超过 $\pm 1.5\%$。对于交换机的信号接收器，则要求频偏在 $\pm 2.0\%$ 之内可靠接收，在 $\pm 3.0\%$ 以上时保证不接收。

②电平

要求话机产生的电平低频群为 -9 ± 3 dBm，高频群为 -7 ± 2 dBm，且组成信号的高频分量电平应比低频分量电平高 2 ± 1 dB，这是考虑到传输过程中高频信号衰耗较大的缘故。

对于信号接收器，双频工作时单频接收电平范围是 $-4\sim -23$ dBm，双频工作时单频不动作电平为 -31 dBm，且双频电平差小于或等于 6dB。

③信号时长与信号间隔

话机产生的信号时长与信号间隔均应大于或等于 40 ms，而交换机的信号接收器在信号时长与信号间隔为 30~40 ms 时应可靠接收。

2. 交换机向用户发送的信号，包括：

（1）铃流

铃流是交换机发送给被叫用户的信号，提醒用户有人呼叫。

铃流是频率为 25 ± 3 Hz 的正弦波，电压有效值为 75 V ± 15 V，谐波失真小于 5%。普通振铃为 1 s 送、4 s 断，用于对被叫用户进行来话提示。在数字程控交换机中，铃流由用户电路发送。

（2）信号音

信号音是交换机发送给用户的信号，用来说明有关的接续状态，如拨号音、回铃音、忙音等，使用 450 Hz（频率为 450±25 Hz 的信号，电平为－10±3 dBm）或 950 Hz（950±50 Hz）的正弦信号，各种信号音的含义及结构见表 4.1。

表 4.1　信 号 音 表

信号音频率	信号音名称	含　义	结　构
450 Hz	拨号音	通知主叫用户可以开始拨号	连续信号音
	忙音	表示此次呼叫因故不能接通	0.35 s　0.35 s　0.35 s
	拥塞音	表示机键拥塞	0.7 s　0.7 s　0.7 s
	回铃音	表示被叫用户处在被振铃状态	1 s　1 s　4 s
	空号音	表示所拨被叫号码为空号	0.1 s　0.1 s　0.1 s　0.4 s　0.4 s
	长途通知音	用于话务员长途呼叫市话的被叫用户时的自动插入通知音	0.2 s　0.2 s　0.2 s　0.6 s
	排队等待音	用于具有排队性能的接续，用以通知主叫用户等待应答	可用回铃音代替或采用录音通知
	呼入等待音	用于"呼叫等待"服务，表示有第三者等待呼入	0.4 s　4 s
950 Hz	证实音	由话务员自发自收，以证实主叫用户号码的正确性	连续信号音
	催挂音	用于催请用户挂机	连续式，采用五级响度逐级上升

4.3.2　用户线信号的产生与传送

用户线信号，除了铃流和直流信号之外，都是音频信号，如向用户发送的拨号音、忙音、回铃音和各种通知音等都是音频信号，用户拨出的双音多频信号也是音频信号，因此要求程控交换机具有音频信号的产生、发送与接收能力。

除了铃流和直流信号之外，在程控交换机中，各种音频信号的发生与接收设备都是接在数字交换网络上，通过数字交换网络提供的路由，将各种信号音通过编解码器变为模拟信号传送给用户；将用户拨出的双音多频信号通过编解码器变为数字信号，再经过数字交换网络提供的路由传送给 DTMF 信号接收设备，因此在程控交换机内部，这些音频信号主要以数字（音频）信号形式出现。

1. 数字音频信号的产生

数字信号发生器产生的音频信号分为三类。第一类是单频信号，如拨号音和忙音等，我国规定这些单频信号的频率多数为 450 Hz；第二类是双音多频信号，每两个频率为一种组合，代表一个具体的数字；第三类是语音通知信号，用于指导用户操作或对用户给予忠告与提示。

在程控交换机中，生成数字型式的信号音的方法有两种：一种方法是将音频信号按 PCM 编码规律转换成 PCM 数字编码信号，依次存储在只读存储器中，使用时只需依次从存储器中读出来即可；另一种方法是将模拟音频信号发生器的输出，通过编解码器将模拟的音频信号变换成数字音频信号。

（1）直接生成数字单频信号

为简单起见，以 500 Hz 音频信号的产生为例，来分析单频信号的产生原理，500 Hz 音频数字信号的产生原理图如图 4.9 所示。

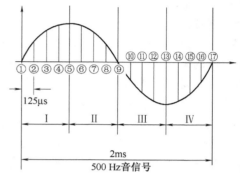

由图可以看出，对 500 Hz 的音频信号，按照每秒 8 000 次取样，即取样周期为 125 μs，因信号周期为 2 ms，故一周期共需取样 16 次。对音频信号的样值进行量化和编码后，变成 PCM 信号，写入存储器中，需要 16 个存储单元。

当需要发送 500 Hz 音频信号时，只要对上述已存入信息的存储器进行读出就可以了，读出时由循环计数器控制，通过译码器提供存储器的读出地址，即可将存储器中的数据循环读出，构成 500 Hz 数字信号发送出去。

图 4.9　500 Hz 音频数字信号的产生原理

存储器的容量与要产生的信号的频率有关，设要产生的信号频率为 f_m，取样信号频率 f_s，首先要找到一个最小时间 T，使 T 为上述两个信号的最小公共周期，在这个公共周期内，f_m 重复出现 n 次，f_s 重复出现 t 次，即 T 为 f_m 周期的 n 倍，为 f_s 周期的 t 倍，是两信号周期的最小公倍数。计算公式为

$$T = n/f_m = t/f_s$$

当 $f_m = 500$ Hz，$f_s = 8\,000$ Hz 时，可求出 $n = 1$，$t = 16$，T = 2 ms。根据取样周期，可知存储单元数应为 16。

实际应用中的单频信号音多数是 450 Hz，利用公式可求出 $n = 9$，$t = 160$，T = 20 ms，因此存储单元数量应为 160 个。

对于产生不同频率的单频信号，可按照上述的 500 Hz 音频信号产生原理，分别设立专用的信号存储器，按一定规律进行读出就可以了。

（2）模拟音频信号发生器和编解码器生成数字单频信号

这种方法的工作原理如图 4.10 所示。

将通用的模拟音频信号发生器的输出，经过编解码器变成数字型单频信号，由于有大量的模拟音频信号发生器芯片和编解码器芯片可供选用，技术上都很成熟，电路也比较简单，所以有的交换机采用了这种方法，间接生成数字单频信号。

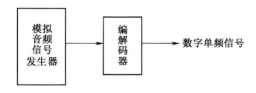

图 4.10　间接生成数字单频信号的原理图

为了提高交换设备的使用效率和服务水平，避免由于用户使用不当或话务高峰时产生大量的重复呼叫，程控交换局常设有语音通知功能，如通知主叫用户长途线路忙、被叫号码为空号或已改号、主叫无权拨叫长途或主叫提出的特种服务申请是否已被接受以及指导用户如何使用某些新的服务项目等。

　　因为语音信号比较复杂，难以找出其规律，因此语音信号多采用录音的方法生成模拟的语音信号，再通过编解码器将模拟的语音信号变换为数字语音信号，然后存放到某些存储器中，当需要时只要对存储器进行读出就可以了。

　　2. 数字音频信号的传送

　　数字音频信号发生器是一种公用服务电路，其输出通常连接到数字交换网络的输入端，并被安排在一个固定时隙。对于一般常用的 T 型或 T-S-T 型数字交换网络来说，这个数字音频信号必然要写在某个 T 型接线器话音存储器的一个固定的存储单元中，每一帧写入一个数字音频信号的 8 位抽样编码，在交换机运行期间，循环不断。单频信号一般作为与用户"对话"的信号送给用户电路的，凡是需要向某用户送某种音信号时，只需处理机在执行有关程序的基础上，发出一个交换命令建立该用户时隙至该音信号所在的存储单元的接续即可，由于是以时隙分割开的，所以用户同时听一种音信号只意味着先后读同一个存储单元的内容而已。不存在数字信号发生器的负载容量问题。

　　从表 4.1 可知，对于交换机向用户发送的有关接续状态和指导用户操作的信号大都是以 450 Hz 为基础的，发送时长与间隔时间不同的周期性信号，例如拨号音为连续的 450 Hz 信号，忙音为 0.35 s 送、0.35 s 断的周期为 0.7 秒的 450 Hz 信号，回铃音为 1 秒送、4 秒断的周期为 5 秒的 450 Hz 信号等等，因此，可以共用一个 450 Hz 信号音源，把它接到数字交换网络的输入端一个固定时隙上，当要向某用户送拨号音时，只要用软件将该用户时隙连接到 450 Hz 信号所占用的时隙即可，而当要向某用户送忙音时，则要用软件周期控制该用户时隙至 450 Hz 信号时隙的连接，0.35 秒"接"、0.35 秒"断"，即可向用户送出忙音。

4.3.3　用户线信号的接收

　　模拟用户电话机可以采用两种信令方式传送地址信号（即被叫用户的电话号码），一种是脉冲拨号信号，另一种是双音多频信号。对于脉冲拨号信号，在交换机中由 CPU 定期对用户线的环路状态进行检测，以此判断各位数字的每一个脉冲，由软件最后组合成每一位拨号数字。

　　按键话机送出的模拟形式的双音多频（DTMF）信号，在程控交换机中，经过用户线接口电路编码之后，就变成数字形式的双音多频（DTMF）信号，它们可以通过数字交换网路进行交换。

　　拨号只占整个通话过程中很短的时间，如果为此给每一个用户电路都配一个 DTMF 信号接收器显然是不经济的，一般采用的方法是根据话务量大小，设置若干个 DTMF 信号接收器，给一群用户公用，由 CPU 按需临时分配给需要的用户，把空闲的 DTMF 信号接收器与需要的用户临时连接起来。连接可利用交换网路，将用户电路与 DTMF 信号接收器临时接通，当然这种连接只需单向，图 4.11 是这种连接的示意图。

　　接收这种数字形式的双音多频（DTMF）信号的方法有两种。

　　1. 采用数字方法

　　采用数字方法，以数字滤波器检测出信号中所含的频率成分。采用这种方法的信号接收器的方框图如图 4.12 所示。

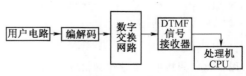

图 4.11　用户电路与 DTMF 信号接收器的连接

　　从图可以看出，经过数字交换网路送给接收器的数字形式的双音多频（DTMF）信号先经过扩张器，将在用户电路编码时压缩过的非线性码还原为线性码，然后送到各个数字滤波器去进行运算检测，其运算结果都交由数字逻辑判别电路进行判决和比较，最后输出结果送往处理机。

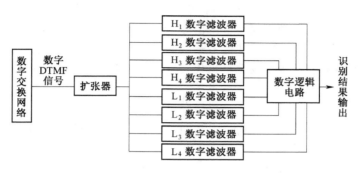

图 4.12 采用数字方法 DTMF 信号接收器框图

数字滤波器的工作原理比较复杂，但在程控交换机中，只进行接收信号内有无某指定频率存在的识别，比较简单易于实现。下面介绍数字信号频率检测的基本原理。

双音多频信号接收的目的在于判明信号的频率组合并将判断结果译成对应的数字。判明数字化音频信号的频率常采用数字滤波器来完成。下面介绍数字信号频率检测的基本原理。

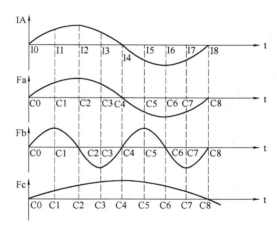

图 4.13 信号频率比较示意图

为简便起见，假设可能收到三种不同频率信号中的一种，这三种信号频率分别为 Fa、Fb、Fc，输入信号为 I_A。如图 4.13 所示。

为了判断收到的信号频率，将可能收到的三种信号作为基准并每隔一定周期进行取样，且将样值数据预先存储在接收存储器中，其取样周期与输入信号 I_A 的取样周期相同。

当收到输入信号 I_A 时，将其在每一样点上的样值分别与作为比较用的 Fa、Fb、Fc 三个基准信号在相应点上的信号样值相乘，然后分三组分别相加，得到三个相加值（结果）。我们将会发现，三个相加值中，与输入信号 I_A 频率一致的信号相加值也最大。

设输入信号 I_A 在时间点 $t0$、$t1$、$t2 \cdots tn$ 上的样值分别为 I0、I1、I2$\cdots$In，Fa 在这些时间点上的样值分别为 C0(a)、C1(a)、C2(a) $\cdots$Cn(a)，Fb 在这些时间点上的样值分别为 C0(b)、C1(b)、C2(b) $\cdots$Cn(b)，Fc 在这些时间点上的样值分别为 C0(c)、C1(c)、C2(c) $\cdots$ Cn(c)。则三个相加的表达式及值如下：

$$I0 \times C0(a) + I1 \times C1(a) + I2 \times C2(a) + \cdots + In \times Cn(a) = SUMmax$$
$$I0 \times C0(b) + I1 \times C1(b) + I2 \times C2(b) + \cdots + In \times Cn(b) = 0$$
$$I0 \times C0(c) + I1 \times C1(c) + I2 \times C2(c) + \cdots\cdots + In \times Cn(c) = 0$$

由理论分析可知，对应于 Fa 的相加值最大，其他两个相加值均为 0。

Fa、Fb 和 Fc 三种频率的信号样值称为数字滤波器的滤波系数。本例中假设三种频率具有十分简单的关系，即 Fa∶Fb∶Fc＝2∶4∶1，上述结论对其他情况也适用。

以上讨论中未考虑输入信号与作为比较用的基准信号之间的相位差，只有当两者之间的相位差为 0 时，得出的上述结论才是正确的。如果将上述问题中 I_A 的相位移动 90°，则可得出，即使输入信号与 Fa 的频率相同，但各点样值相乘累加和仍然为 0。为此，在实际应用中，常采用正交检测方式，即不仅将输入信号与一个用作比较的基准信号进行运算，同时还与一个相移了 90°但频率相同的基准信号运算。由于两个同频率的基准信号之间相差 90°，因此可用一个正弦分量和一个余弦分量来代表它们，与输入信号进行运算，然后用下式求得它们的模值：

$$M=(A^2+B^2)^{1/2}$$

式中 M 为检测的模值，A 为用正弦分量检测所得的相加值，B 为用余弦分量检测所得的相加值。

可以证明，输入信号与同频的某一基准信号相加值为 0 时，则与另一个同频基准信号的相加值必定会达到最大值。当输入信号与同频的两个基准信号都存在相位差时，其模值也为最大。

上面所说的是对一种频率的检测方法，在实际应用中需同时检出两种频率，但检测原理与上述单频信号的检测相同。此外，局间多频信号的检测原理与双音多频信号的检测原理也是相同的。

2. 采用模拟方法

（1）概述

这种方法是将数字交换网路输出的的数字形式的双音多频（DTMF）信号，先用解码器将其还原成原模拟信号形式，再送到模拟 DTMF 信号接收器，如图 4.14 所示。

（2）DTMF 信号接收器用芯片

模拟 DTMF 信号接收器由可接收模拟 DTMF 信号的芯片和外围电路组成。目前的 DTMF 电路芯片多属 CMOS 集成电路，常用的 DTMF 接收器芯片有 MT8870、MC145436 和 M957 等。这里介绍广泛用于数字程控交换机的 DTMF 信号接收器芯片 MT8870，其功能框图如图 4.15 所示。

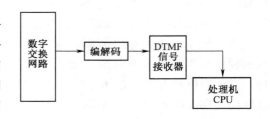

图 4.14　用模拟方法接收多频信号和接收双音多频（DTMF）信号

MT8870 是双列直插的 DTMF 解码专用电路，具有下述性能：

· 提供 DTMF 信号分离滤波和译码功能，输出相应的 16 种 4 位并行二进码。

· 具有抑止拨号音功能。

· 模拟信号输入增益可调。

· 4 位二进码为三态输出。

· 提供基准电压（$V_{DD}/2$）输出。

· 电源为＋5 V，功耗为 15 mW。

· 工艺为 CMOS，封装为 DIP-18PIN。

输入的 DTMF 信号，由运放放大后，经拨号音抑止滤波器，送到"高频组滤波器"和"低频组滤波器"将双音中的两个单音信号分离，分别经"过零检测"、"频率数字检测器"

和"码变换与锁存器"输出相应的 4 位并行二进码。

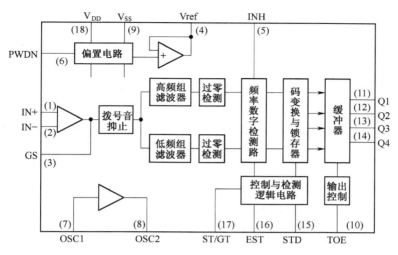

图 4.15　MT8870 功能框图

图中 IN＋，IN－为运算放大器的同相反相输入端，STD 为双音多频标志信号，Q1～Q4 为号码缓冲器输出，TOE 为"缓冲器"输出控制端，当 TOE＝1 时，打开"缓冲器"，Q1～Q4 输出与当前输入的 DTMF 信号相对应的 4 位并行二进码。TOE＝0 时，关闭"缓冲器"，Q1～Q4 呈高阻状态。EST 为"前沿"控制端，ST/GT 控制输入信号的保护时间，当MT8870 检测到有效的 DTMF 信号输入时，EST 端输出高电平，通过外部时延电路使ST/GT 端电位逐渐升高，当达到规定值时，更新"缓冲器"的内容，STD 端的电位也随之变高，表示可以输出"缓冲器"内的二进码。

因此，只有输入有效的 DTMF 信号（频率正确，持续时间够长）时，才能输出与当前输入的 DTMF 信号相对应的 4 位并行二进码。当 DTMF 信号消失时，EST 端变低，SST/GT 也随之变低，STD 也跟着变低，表示"缓冲器"内无可用的二进码。

在输入某一 DTMF 双音多频信号时，Q1～Q4 输出相应 16 种 DTMF 频率组合的并行 4位并行二进制码。

DTMF 信号接收器模块设计包括硬件电路设计与软件设计两部分。详见第 15 章《程控交换各种模块的软、硬件设计》。

4.4　中国 1 号信令

中国 1 号信令是我国国标规定的随路信令方式，曾在国内长途网和市话网的局间中继线上使用过较长一段时间，目前已经很少使用。中国 1 号信令包括线路信令和记发器信令，下面分别加以简短介绍。

4.4.1　线路信令

No.1 线路信令的种类及适用范围

线路信令在出、入中继器之间传送，用以监视局间中继线上呼叫的状态。

线路信令可分为直流信令、带内单频线路信令和数字型线路信令三种不同的类型。前两种早已淘汰，这里只介绍数字型线路信令。

数字型线路信令在 30/32 路 PCM 的复帧中传送，一个复帧由 16 个子帧组成，记为 F0～F15；每个子帧有 32 个时隙，记为 TS0～TS31；每个时隙包含 8 位二进制码，32 个时隙中，TS16 用来传送复帧同步和具有监视功能的数字型线路信令，每一个 TS16 的 8 位码分成两组，每 4 位码传送一个话路的线路信令。这样每一帧的 TS16 可以传送 2 个话路的线路信令，15 帧正好传送 30 个话路的线路信令，具体分配见图 2.1。

4.4.2　记发器信令

记发器信令是建立接续的选择信令，中国 No.1 信令采用多频互控信令（MFC）。

多频互控信令是有证实的信令系统，因此它分前向信令和后向信令两类。前向信令采用的六个频率是 1 380 Hz、1 500 Hz、1 620 Hz、1 740 Hz、1 860 Hz 和 1 980 Hz，后向信令采用的四个频率是 1 140 Hz、1 020 Hz、900 Hz 和 780 Hz，相邻两频率之差是 120 Hz。前向信令和后向信令都采用六中取二编码方式，可各组成 15 种信令，后向信令采用四中取二编码方式，可各组成 6 种信令。如表 4.2 所示。

表 4.2　多频编码信号

数　码	前　向　信　号　/Hz						后　向　信　号　/Hz			
	1 380	1 500	1 620	1 740	1 860	1 980	1 140	1 020	900	780
	F0	F1	F2	F4	F7	F11	F0	F1	F2	F4
1	√	√					√	√		
2	√		√				√		√	
3		√	√					√	√	
4	√			√			√			√
5		√		√				√		√
6			√	√					√	√
7	√				√					
8		√			√					
9			√		√					
10				√	√					
11	√					√				
12		√				√				
13			√			√				
14				√		√				
15					√	√				

为了提高传递信令信息的能力，各前向信令和后向信令在电话接续过程的不同阶段可以代表不同的含义，因此前向信令分为Ⅰ组和Ⅱ组，后向信令分为 A 组为 B 组。在后向 A3 信令发送之前，由前向Ⅰ组和后向 A 组组成互控关系；在 A3 信令发送之后，由前向Ⅱ组和后向 B 组组成互控关系。

前向Ⅰ组主要代表数字信息，Ⅱ组代表发端业务类别；后向 A 组起控制前向数字信令的发码位次及证实作用，后向 B 组表示被叫用户状态。其基本含义如表 4.3 所示。

表 4.3 记发器信号的基本含义

前 向 信 号				后 向 信 号			
组别	名称	基本含义	容量	组别	名称	基本含义	容量
I	KA	主叫用户类别	15	A	A 信号	收码状态和接续状态的回控证实	6
	KC	长途接续类别	5				
	KE	长市（市内）接续类别	5				
	数字信号	数字 1～0	10				
II	KD	发端呼叫业务类别	6	B	B 信号	被叫用户状态	6

下面对记发器信令的含义进行简要说明。

（1）前向 I 组信令

前向 I 组信令包括 KA、KC、KE 几种接续控制信令和数字信令。

1）KA 信令

KA 信令是发端本地局向发端长话局发送的主叫用户类别信令。KA 信令中有关于用户等级和通信业务类别信息，并由发端长话局记发器译成相应的 KC 信令。

2）KC 信令

KC 信令是长话局间前向发送的接续控制信号，具有保证优先用户通话、控制卫星电路段数、完成指定呼叫及其他指定接续（如测试呼叫）的功能。KC 信令有以下来源：KA 信号，长话局内话务员发起的呼叫，测试呼叫等。

3）KE 信令

KE 信令是终端长话局向终端市话局前向传送的接续控制信号。

4）数字信令

前向 I 组中的 1～0 数字信号用来表示主叫用户号码、被叫区号和被叫用户号码。此外，发端市话局向发端长话局发送的"15"信号表示主叫用户号码终了。

（2）后向 A 组信令

后向 A 组信号是前向 I 组信号的互控信号，起到证实前向 I 组信号的作用。A1（发下一位）、A2（由第一位发起）、A6（发 KA 和主叫用户号码信令）统称发码位次控制信号，控制前向数字信号的发码位次。

A3 信令是转换至 B 信令的控制信号。记发器信号规定，在一开始前向信号发 I 组信号，后向信号发 A 组信号，只有当后向信号为 A3 时整个信号就改变了，即前向信号改为 II 组信号，后向信号改为 B 组信号。

A4 信令是在接续尚未到达被叫用户之前遇忙，致使呼叫失败时发出的信号。

A5 信令是当接续尚未到达被叫用户之前，发现所发局号或区号为空号的信令。

（3）前向 II 组信令（KD）

KD 信号是发端业务性质信号。这里要根据不同业务性质来决定可以强拆或被强拆，是否可以插入或被插入。

（4）后向 B 组信令（KB）

KB 信号是表示被叫用户状态，同时起证实 II 组信令和控制接续的作用。

记发器信令的传送过程

下面以一个长途全自动呼叫接续为例，说明 MFC 的传送过程，设主叫号码为 2345678，被叫号码为 022-8765432，这个呼叫经发端市话局、发端长话局、第一转接长话局、第二转接长话局、终端长话局和终端市话局到达被叫用户。记发器信令采用端到端方式，接续过程如图 4.16 所示。

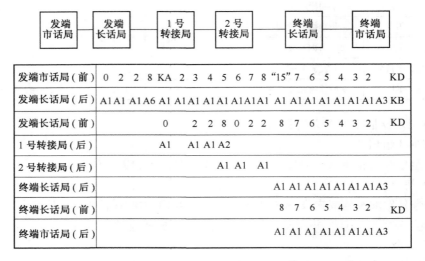

发端市话局（前）	0 2 2 8 KA 2 3 4 5 6 7 8 "15" 7 6 5 4 3 2 KD
发端长话局（后）	A1 A1 A1 A6 A1 A1 A1 A1 A1 A1 A1 A1 A1 A1 A1 A1 A1 A1 A3 KB
发端长话局（前）	0 2 2 8 0 2 2 8 7 6 5 4 3 2 KD
1 号转接局（后）	A1 A1 A1 A2
2 号转接局（后）	A1 A1 A1
终端长话局（后）	A1 A1 A1 A1 A1 A1 A1 A3
终端长话局（前）	8 7 6 5 4 3 2 KD
终端市话局（后）	A1 A1 A1 A1 A1 A1 A1 A3

图 4.16　记发器信令的传送过程

4.5　公共信道信号 CCS

4.5.1　概　述

公共信道信号是随着数字程控交换机的大量应用而出现的一种新的信号方式，大量采用了现代数字通信技术与成果，是一种效率极高而又非常可靠的信令系统。No.7 号信令就是一种国际性的标准化的通用公共信道信号系统，常简称为 7 号信令，即 No.7 信令系统。

所谓公共信道信号是将原来分散在各路传送的控制电话接续的信号（信令或称信号单元）集中在一个话路内传送，如图 4.17(a)所示，第 8 路、第 10 路和第 18 路的话音分别在其所对应的时隙中传送，而这些路控制电话接续的信号（信令或称信号单元）则集中在时隙 TS16 中传送，各路信号之间既不按频率区分，也不按时间区分，而是用标号进行区分的，各个话路控制接续的信号都带有特定的标号，如图 4.17(b)所示，说明它是属于那一路的，从哪里来和到哪里去。由标号、控制接续的信号和其他成分，组成一个信号单元。

在公共信道系统中，上述带有标号

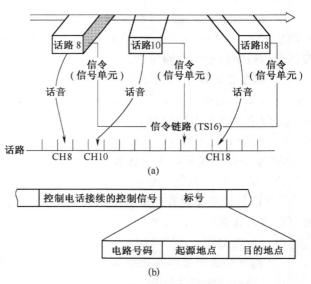

图 4.17　公共的信道信号系统的示意图
(a) 公共信道信号示意图；(b) 信号单元示意图

的信号单元的处理，也统一由公共的信道设备（7号信令系统）来实现，如图4.18所示。

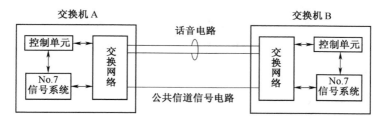

图 4.18 公共的信道信号系统图

在公共信道信号系统中，所有信号的传送都是以带有标号的信号单元为单位传送的。信号单元由具有一定格式的一连串二进制码组成，除了要传送的信息外，还有控制传送的信息（包括标号），要传送的信息可以是控制电话接续的信号，也可以是网络管理和维护用的信号，在公共信道信号系统中控制电话接续的信号称为电话信号信息。

采用公共信道信号系统的主要原因有两个：第一是因为随路信号系统效率太低，例如在使用 TS16 传送随路信号时，4 bit（位）码本来可以传送大量信息，但是由于只为一路服务，故大量的时间是重复发送某一状态信号，等于闲置不用，而公共信道信号系统则可以把一个复帧的 16 个时隙共 128 bit 集中使用，不仅可以快速传递控制电话接续的信号，而且还有余力传送网络管理和维护用信息。例如当采用随路信令系统时，一条 64 kbit/s 的数字信号链路（即 TS16），只能传送 30 个话路的线路信号，而理论计算与实际经验都证明，采用公共信道信号系统时，上述一条64 kbit/s的数字信号链路（TS16），可以传送 2 800 余条话路的信令，即可为 2 800 个话路服务，与随路信令系统相比，效率提高近百倍。采用公共信道信令系统的第二个原因是在程控交换机内部都采用处理机控制，局间采用公共信道信令方式传送电话信息和网络管理信息，实质上就变为两个交换局的处理机之间通过专用数字电路的通信，计算机之间通信的研究成果与成熟技术均可吸收利用，可以做到高速度、高效率和高可靠地传输与处理各种信令信息。

4.5.2 No.7 信令系统结构

如上所述，No.7 信令系统实质上是一个专用的计算机通信系统。

在计算机通信系统的设计中，普遍采用了分层通信体系结构思想。分层通信体系结构的基本概念是：

（1）将通信功能划分为若干层次，每一个层次完成一部分功能，每一个层次可单独进行开发和测试。

（2）每一层只和直接相邻的两层打交道，它利用下一层所提供的功能（并不需要知道它的下一层是如何实现的，仅需该层通过层间接口所提供的功能），向高一层提供本层所能完成的服务。

（3）每一层是独立的，各层都可以采用最适合的技术来实现，当某层由于技术的进步发生变化时，只要接口关系保持不变，则其他各层不受影响。

No.7 信令系统也是按照分层通信体系结构思想设计的，但当时只考虑在数字电话网和采用电路交换的数据通信网的应用，提出四个功能级的结构，随着各种通信新业务的出现，原有的四个功能级结构的 UP 信令系统越来越不能满足新技术和新业务的需求，为此

CCITT 又提出了面向 OSI 七层协议的 UP 信令系统结构。

1. No. 7 信令系统的四级结构

No. 7 信令系统是程控交换机的重要组成部分，在逻辑上可视为独立于话音信号传输与交换之外的独立系统。在功能上可划分为用户部分 UP 和消息传递部分 MTP 如图 4.19 所示。

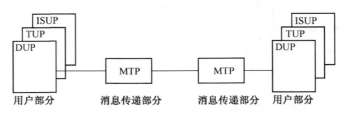

图 4.19　No. 7 信令的基本功能结构

用户部分（UP）负责各类用户所用信令的定义和编码，并协调各用户部分与消息传递部分 MTP 之间的信号传递关系。CCITT 已规定的用户部分有电话用户部分（TUP）、数据用户部分（DUP）和 ISDN 用户部分（ISUP）。

各用户部分需传送的信令均通过消息传递部分 MTP。由 MTP 对每条信令信息进行编组，添加所需的控制信息后，经过交换网及数字中继的第 16 时隙 TS16，以信号单元为单位，成包地送往指定的交换机。

在接收方向，MTP 对收到的信号单元进行地址分析，并据此将信号单元中的信令信息传送给指定的用户部分。当本局不是信号单元的终接局时，MTP 便选择适当的路由和链路，将这个信号单元转发到它的终接局或转接局。

综上所述，No. 7 信令系统的 MTP 部分负责消息的传递与交换，不负责消息内容的检验与解释。用户部分负责信令消息的生成、语法检查、语义分析和执行。

No. 7 信令系统的功能结构是按照开放系统互连 OSI 模型分层结构模型设计的。在 No. 7 信令系统中把层叫做"级"。No. 7 信令系统划分为 4 个功能级，分别承担一定的任务。上述消息传递部分 MTP，按功能进一步划分为 3 个功能级，信令数据链路功能级 MTP1、信令链路功能级 MTP2 和信令网功能 MTP3，与 OSI 模型中的 1～3 层相对应。各类用户部分 UP 为第 4 级，总共 4 级，如图 4.20 所示。

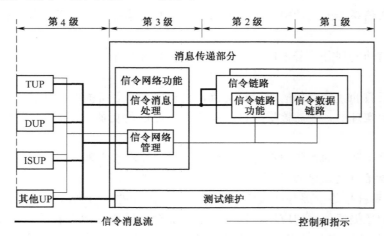

图 4.20　No. 7 号信令系统的功能级

（1）信令数据链路功能级（第 1 级）

第 1 级为信令数据链路功能级，它对应于 OSI 模型的物理层，规定了信令数据链路的物理特性、电气特性以及接入方法。信令数据链路实际上是传送信令的通道，是由一对传输速率相同、传输方向相反的数据链路组成的，提供全双工的双向信令传输通路，可完成二进制比特流的透明传递。在数字环境下，一般采用 64 kbit/s 的数字信道，这也是 7 号信令系统的最佳传输速率，原则上可使用 PCM 系统中任一时隙作为信令数据链路，通常使用一次群的 TS16。这些数字通路可以通过交换网络的半固定连接和信令终端连接。

（2）信令链路功能级（第 2 级）

对应于 OSI 模型的数据链路层。第 2 级规定了信令信息沿上述第 1 级信令数据链路传输的过程，保证信令信息的传送高度可靠，其基本功能是将第 1 级中透明传输的比特流划分为不同长度的信令单元（Signal Unit），并通过差错检测及重发校正保证信令单元的正确传输。

第 2 级与第 1 级一起为两个直接相连的信令点之间提供了一条可靠的信号链路。

（3）信令网功能（第 3 级）

由上所述，第 2 级和第 1 级功能加在一起解决了在 No.7 信令网中两个直接相连的信令点之间的消息传递的问题。而要在 No.7 信令网中任何两个信令点之间完成传递消息的任务，则靠第 3 功能级（信令网功能），第 3 功能级的功能是保证信令消息在 No.7 信令网中任何两个信令点之间消息的可靠传送，甚至在信令链路和信令点发生故障时，也要想办法保证信令消息的可靠传送。所以在信令网功能中应包括向信令网的有关部分通知故障情况以及在信令网中重新构成消息路由所需要的功能和程序。

（4）用户功能级（第 4 级）

由图 4.20 可见，第 3 级内部各功能之间以及第 3 级与其他各级之间都通过控制和指示信号互相联系，以协调彼此之间的工作。从图上还可看到 MTP 部分还包括测试与维护功能。

通过以上介绍可知，No.7 信令系统的基本结构采用分级结构，共 4 级，消息传递部分 MTP 的 MTP1、MTP2 和 MTP3 构成了 No.7 信令系统的第 1、第 2 和第 3 功能级。用户部分 TUP、DUP 和 ISUP 是 No.7 信令系统的第 4 功能级。

No.7 信令系统的基本结构对应着公用电话交换网 PSTN、窄带综合业务数字网 N-ISDN 的基本应用，其模块化分级结构便于设计与应用，可灵活方便地增加新功能和改进已有功能。

2. 面向 OSI 七层协议的 No.7 信令系统结构

MTP 没有提供 OSI 中 1～3 层的全部功能，其寻址能力不足，当需要传送与电路无关的端到端信息时，MTP 已不能满足要求。为了支持智能网应用和移动通信网应用，使 No.7 信令系统的结构向 OSI 靠拢，原 CCITT 在 1984 年和 1988 年对 No.7 信令系统结构进行了补充，在不修改 MTU 的前提下，通过增加信令连接控制部分 SCCP（Signalling Connection Control Part）来增强 MTP 的功能，增加事务处理能力部分 TC（Transaction Capabilities）来实现节点至节点的消息传送，形成了与 OSI 模型对应的 No.7 信令系统结构，如图 4.21 所示。

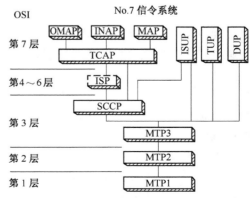

图 4.21　面向 OSI 七层协议的
No.7 信令系统结构

图中虚框所示的 ISP（中间服务部分）对应于 OSI 的第 4～6 层，目前尚未定义。它和事务处理能力应用部分 TCAP 合并称为事务能力部分 TC，完成 OSI 第 4～7 层的功能。由于 ISP 尚未定义，所以目前 TCAP 直接通过 SCCP 传递信令。TCAP 支持的各种应用有 OMAP（操作维护应用部分）、INAP（智能网应用部分）和 MAP（移动应用部分）。

这样新增的 SCCP 与 TC 和原来的 MTP、TUP、DUP、ISUP 构成了一个四级结构和七层协议并存的信令系统结构。

4.5.3　信号单元格式与控制字段的定义和编码

7 号信令系统采用数字编码的形式，以信号单元为单位传送信令信息。这些信令信息，在 7 号信令系统中通称为消息（Message），包括控制接续的信息和网络管理的信息，一般由用户部分定义。某些信令网管理和测试维护信息则由第 3 级定义。

为了便于识别和保证传输可靠，上述要传送的消息还要附加一些必要的控制字段，编组为一个信号单元 SU（Signal Unit），在信令数据链路中传送。所有信号单元的长度，均为 8 bit 的整数倍，在 7 号信令系统中，一般以 8 bit 作为信号单元的长度单位，称为一个 8 位位组（Octet）。由于消息的长度有长有短，因此信号单元的长度是不等长的。

（1）信号单元的基本结构

综上所述，可知信号单元是由按一定顺序排列的若干段二进制码组成的，其中包括一个可变长度的消息字段和若干个固定长度的控制字段。前者用于传送消息，后者用于识别、检错和纠错。

在 7 号信令系统中，共有三种信号单元，分别用于不同用途。

·消息信号单元 MSU，用于传送消息。

·链路状态信号单元 LSSU，用于传送信号网管理所需信息，在信令链路开始投入工作、发生故障或出现拥塞时传送。

·填充信号单元 FISU，在信令链路上无 MSU 或 LSSU 传递时发送，用于保持信令链路两端的同步。

MSU、LSSU 和 FISU 的格式如图 4.22 所示。

在图 4.22 中信号单元各字段的含义如下：

1）标志码 F（Flag）

F 为信号单元的定界标志。每个信号单元的开始和结束都用一个标志码来表示，其码型为 01111110。

2）信号单元序号和重发指示比特

这些字段包括：前向序号 FSN，表示这个信号单元的顺序号码。后向序号 BSN，向对方表示序号为 BSN 和 BSN 以前的所有信号单元均已正确无误地接收到。FSN 和 BSN 的字段长度都是 7 位，即以 128 为模顺序编号。前向指示比特 FIB 和后向指示比特 BIB 都是 1 位，用于基本差错校正法，完成信令单元的顺序控制、证实和重

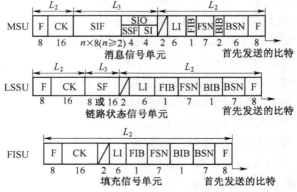

图 4.22　信号单元 MSU、LSSU 和 FISU 的格式

发功能。

3）长度指示码 LI

LI 字段为 6 位，其值说明在它之后至校验码 CK 之前有多少个字节。

4）校验码 CK

CK 为 16 位 CRC 码，用于检测传输错误。

上述这些字段用于消息传递的控制。图 4.22 中的 L2 和 L3 分别表示由第 2 功能级和第 3 功能级产生的字段。

（2）消息信号单元 MSU 的业务信息字段

业务信息字段 SIO，包括业务表示语 SI 和子业务字段 SSF 两部分，SIO 字段的格式及其含义如图 4.23 所示。

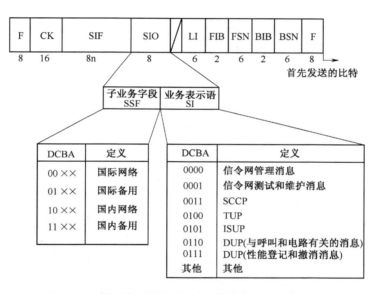

图 4.23　消息信号单元 MSU 的业务信息字段 SIO 格式与含义

（3）消息信号单元 MSU 的信令信息字段 SIF

这个字段是长度可变的字段，字段长度为 2～272 个 8 位位组。信令信息字段 SIF 由标记和信令信息组成，其中标记说明，这个消息是从那个信令点送出的和这个消息要发往那一个信令点，以及该消息走那一个链路。信令信息的格式与用户部分的类别有关，将在后续章节中分别介绍。

（4）LSSU 的状态字段

LSSU 中的状态字段 SF 用于标志本端链路的工作状态，该字段的编码格式及其含义如图 4.24 所示。

4.5.4　用户部分——信令定义与编码

用户部分是 No.7 信令系统 的第 4 功能级，它定义各类用户所使用的信令及其编码，CCITT 规定了电话用户部分 TUP、数据用户部分 DUP 和 ISDN 用户部分 ISUP。

1. 电话用户部分 TUP

电话用户部分 TUP 是当前应用最广泛的用户部分，定义了用于电话接续所需要的各类局间信令，并规定其编码形式，总共定义了 13 类信令，由标题码进行区分，和呼叫有关的有以下几类：

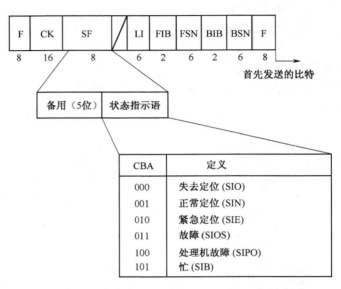

图 4.24　LSSU 中的状态字段 SF 编码格式与含义

①前向地址消息（FAM）　前向发送的含有地址信息的消息。

②前向建立消息（FSM）　跟随在前向地址消息之后发送的前向消息。

③后向建立消息（BSM）　请求主叫端发送建立链路所需的补充信息。

④后向建立成功消息（SBM）　呼叫建立成功后，向主叫端报告呼叫成功的消息。

⑤后向建立失败消息（UBM）　呼叫失败时，向主叫端报告有关失败原因。

⑥呼叫监视消息（CSM）　相当于随路信令中的线路信号。

⑦电路监视消息　电路监视消息用来监视已经建立的电路，包括呼叫暂停和恢复，电路释放与释放完成，以及电路的闭塞等。

⑧电路群监视消息　电路群监视消息和电路监视消息类似，只是将一群电路作为一个整体来进行控制。

⑨电话网管理消息

⑩国内后向建立成功消息（NSB）

⑪国内呼叫监视消息（NCB）

⑫国内后向建立不成功消息（NUB）

⑬国内地区使用消息（NAM）

上述前 9 类与 CCITT 建议一致，后 4 类是我国国内网专用的。

（1）电话用户部分 TUP 消息的一般格式

电话用户部分 TUP 消息的一般格式如图 4.25 所示。电话用户消息的内容在消息信号单元（MSU）中的信令信息字段（SIF）中传送，信息字段（SIF）由标记、标题码和信令信息三部分组成。

电话信令信息有长有短，由若干个字节组成，其基本格式如图 4.29 所示。每一条信令都有一个标题（Heading），分 H0 和 H1 两部分。H0 用于区分上述 13 类信令，H1 则用于区分同类中的不同信令。当一条信令中的信息量较大时，则在标题之后增加若干个字节，称为补充信息。中国 7 号信号系统电话用户部分所定义的信令及其相应的 H0 和 H1 码如表4.4 所示。

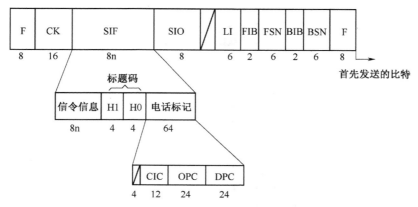

图 4.25 电话用户部分 TUP 消息的一般格式

凡未列出的 H0H1 编码，均属尚未定义使用的。

每一个信令消息都含有电话标记，用以说明该信令从哪里来，到哪里去，走哪一条中继电路。消息传递部分根据标记选择路由，电话用户部分 TUP 利用标记识别该信令消息与哪一条中继电路有关。

电话标记由目的地信令点编码（DPC）、源信令点编码（OPC）和电路编码（CIC）三部分组成，格式如图 4.25 所示。

No.7 信令系统电话用户部分使用标题码来标明消息的类型，标题码由消息组编码 H0 和消息编码 H1 组成。H0 用于区分信令的类，而 H1 用于区分同类中的不同信令。

中国 No.7 信令系统电话用户部分信令共有 13 类，在每一类中又根据类的性质含有一个或多个不同的信令，如表4.4 所示。

表 4.4 中国 No.7 信令系统电话用户部分信令名称与编码

信令类别	H0	H1	信令名称与代码	补充信息
前向地址 FAM	0001	0001	初始地址消息 IAM	有
		0011	带有附加信息的初始地址消息 IAI	有
		0010	后续地址消息 SAM	有
		0100	带有一个信号的后续地址消息 SAO	
前向建立 FSM	0010	0001	一般前向建立信息消息 GSM	有
		0011	导通信号 COT	无
		0100	导通失败信号 CCF	无
后向建立 BSM	0011	0001	一般请求消息 GRQ	无
后向建立成功 SBM	0100	0001	地址全消息 ACM	有

信令类别	H0	H1	信令名称与代码	补充信息
后向建立不成功 UBM	0101	0001	交换设备拥塞 SEC	无
		0010	电路群拥塞 CGS	无
		0011	国内网拥塞 NNC	无
		0100	地址不全 ADI	无
		0101	呼叫失败 CFL	无
		0110	被叫用户忙 SSB	无
		0111	空号 UNN	无
		1000	线路不工作 LOS	无
		1001	发送专用信号音 SST	无
		1010	接入拒绝信号 ACB	无
		1011	不提供数字通路 DPN	无
		1111	扩充的后向建立不成功 EUM	有
呼叫监视 CSM	0110	0001	应答信号计费 ANC	无
		0010	应答信号免费 ANN	无
		0011	后向拆线信号 CBK	无
		0100	前向拆线信号 CLF	无
		0101	再应答信号 RAN	无
		0111	主叫用户挂机信号 CCL	无
电路监视 CCM	0111	0001	释放监护信号 RLG	无
		0010	闭塞信号 BLO	无
		0011	闭塞证实信号 BLA	无
		0100	闭塞消除信号 UBL	无
		0101	闭塞消除证实信号 UBA	无
		0110	请示导通检验信号 CCR	无
		0111	电路复原信号 RSC	无
电路群监视 GRM	1000	0001	面向维护的群闭塞消息 MGB	有
		0010	MGB 的证实消息 MBA	有
		0011	面向维护的解除群闭塞消息 MGU	有
		0100	MGU 的证实消息 MUA	有
		0101	面向硬件故障的群闭塞消息 HGB	有
		0110	HGB 的证实消息 HBA	有
		0111	面向硬件故障的解除群闭塞消息 HGU	有
		1000	HGU 的证实消息 HUA	有
		1001	电路群复原消息 GRS	有
		1010	GRS 的证实消息 GRA	有
		1011	软件产生的群闭塞消息 SGB	有
		1100	SGB 的群闭塞证实消息 SBA	有
		1101	软件产生的解除群闭塞消息 SGU	有
		1110	SGU 的证实消息 SUA	有
电路网管理 CNM	1010	0001	自动拥塞控制消息 ACC	有
国内后向建立成功消息 NSB	1100	0010	计次脉冲消息 MPM	有
国内呼叫监视消息 NCB	1101	0001	话务员信号 OPR	无
国内后向建立不成功消息 NUB	1110	0001	用户市话忙信号 SLB	无
		0010	用户长途忙信号 STB	无
国内地区使用消息 NAM	1111	0001	恶意呼叫识别信号 MAL	无

（2）电话信号消息的信令定义

综上所述，信令信息字段（SIF）除了必须具备的标记（Label）和标题码（Heading）以外，还有信号信息，信号信息根据需要可长可短，甚至不存在，只由标题码 H0 和 H1 就可确定消息的含义。

对于表 4.4 中各信令的含义，限于篇幅不能一一说明，在此只选择典型的常用信令为例说明，需要全面了解的读者，可参阅《中国国内电话网 7 号信号方式技术规范》有关部分。

①初始地址消息（IAM）IAM 是建立呼叫时前向发送的一个消息，它包括下一个交换局为建立呼叫和确定路由所需要的全部信息，可能包括全部地址数字，也可能只包括部分地址数字，视具体情况而定。IAM 的格式如图 4.26 所示。

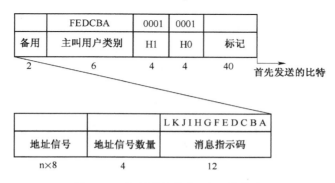

图 4.26   初始地址信号 IAM 的格式

按照规定，传输这条信令的信号单元，其业务信息八位位组 SIO（图中未画出）的业务指示语 SI 的编码 D C B A 应为 0 1 0 0，表示这条信令是由电话用户部分使用的。子业务字段 SSF 的编码 DCBA 应为 1 0 × ×，说明是国内网。这里 A 为先发送的比特。

图中主叫用户类别用 6 位，可有 64 种组合，只用了 21 种，用以说明用户级别（普通、优先）、付费方式（定期、免费、立即等），在国际半自动接续时话务员使用的语别等。例如：

F E D C B A
0 0 0 0 1 0   话务员，英语。
0 0 1 0 0 1   国内话务员（具有插入功能）。
0 1 0 1 0 1   优先，定期。

主叫用户类别之后的 2 位备用。

每种消息的 SIF 字段都含有标记与标题码，前已说明不再重述。由标题码 H0（0001）和 H1（0001）确定这个消息为 IAM。补充信息包括主叫用户类别、消息指示码、地址信号数量与地址信号，它们占用的比特数已在图中注明。

消息表示语总共占用 12 位，按发送顺序排列为 ABCDEFGHIJKL。分别表示与这次呼叫有关的各种信息，其中：

BA 表示地址性质，是市话、国内长途，还是国际长途。

DC 表示电路性质，说明接续中有无卫星电路。

FE 说明电路是否需要导通检验。由于在 7 号信令系统中，信号链路正常，并不表示话路能正确传送话音，因而一般要求交换机对由 7 号信号系统接通的话路进行导通核对，如导通核对失败，应更换话路。如 FE＝00 表示不需要导通检验，FE＝01 表示需要检验。

G、H、I、J、K 和 L 各有不同用途。

地址信号数量字段，用 4 bit 二进制码来表示消息中含有多少个地址信号，最多为 15(1111)。当地址数字超过 15 个时，可在初始地址信令 IAM 之后发送一条或多条后续地址信令 SAM。

地址信号字段是一个长度不固定的子字段，其长度可由"地址信号数量"来指明。地址信号的长度应为整数个 8 位位组（字节），每个地址信号为 4 bit。当"地址信号数量"为奇数时，要在最后一个地址信号之后插入填充码 0000。4 bit 地址信号的编码含义如下：

0000	数字 0
⋮	⋮
1001	数字 9
1010	备用
1011	码 11
1100	码 12
1111	ST（地址发完）

②后续地址消息

后续地址消息（SAM）的格式见图 4.27，所含各段信息含义前已说明，不再重述。填充码 0000 与"地址信号数量"合为一个八位位组。

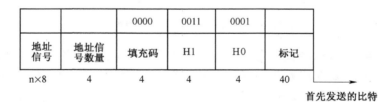

图 4.27　后续地址消息的格式

③地址全消息（ACM）

ACM 是表明呼叫某被叫用户所需的地址信号已全部收到的后向信号，还包含有关的补充信息，例如计费、用户空闲、有无回声抑止器，呼叫是否转移等。由消息表示语 ABCDEFGH 中的一位或两位编码来表达。ACM 的格式见图 4.28。

④应答信号、计费（ANC）

ANC 是一种不需补充信息的信令，属于呼叫监视消息 CSM 类，由标题码就可确定信令的全部内容与含义，格式如图 4.29 所示。

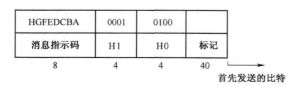

图 4.28　地址全消息格式

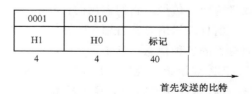

图 4.29　应答信号、计费（ANC）的格式

⑤前向拆线信号 CLF

用于结束呼叫，释放该呼叫所占用的设备与线路。可由下列原因之一引起：

·主叫方挂机。

·主叫方收到后向拆线信号。

·系统出现异常情况。

属于呼叫监视信号 CSM 类，无补充信息。

⑥后向拆线信号 CBK

表示被叫终端已挂机终止通信，也属于呼叫监视 CSM 类，无补充信息。

⑦释放监护信号 RLG

是对前向拆线信号的响应，表示被叫端的设备及键路已完全复原到空闲状态。在被叫端未发出此信号前，此条电路不允许被其他呼叫占用。属于电路监视 CCM 信号类，无补充信息。

2. ISDN 用户部分 ISUP

ISUP 是在 TUP 的基础上，增添了非话音承载业务的控制协议和补充业务的控制协议构成的，位于第 4 功能级，它也是利用消息传递部分（MTP）提供的服务，在两个 ISDN 用户部分 ISUP 之间传递信息，ISUP 支持的业务有承载业务、用户终端业务和补充业务等三大类。详见本书第 10 章综合业务数字网。

（1）ISUP 消息格式

ISUP 消息也是采用信号单元在信令链路上传送。与 TUP 一样，其消息也在信号信息字段（SIF）中传送，其格式如图 4.30 所示。

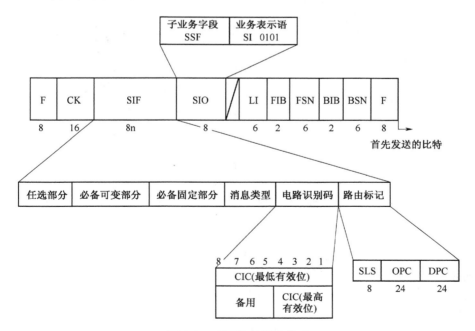

图 4.30 ISUP 的消息格式

在业务信息 8 位位组（SIO）展开中，业务表示语（SI）ISUP 为 0101，TUP 为 0100，用于第 3 级的消息处理，完成消息分配。

（2）ISUP 消息中信令信息字段 SIF 的格式

ISUP 消息的信令信息字段 SIF 展开后的结构与 TUP 不同，它是做为 8 位位组的堆栈出现的，如图 4.31 所示。

ISUP 的每个消息包括六部分，前三部分为公共部分，适用于所有的消息，包括路由标记、电路识别码和消息类型编码。路由标记说明消息的发源地、目的地和链路选择码。电路识别码指出和消息有关的呼叫所使用的通信信道。消息类型码规定每种 ISUP 消息的标志。

每个消息的后三部分为消息的参数，它的内容和格式随消息而异。其中必备的固定部分包含了消息所必须具有的参数。

必备的可变部分，顾名思义，也是必须具有的，但长度是不固定的。可选部分包含了一些可选的参数，这些参数的出现与否，出现的次序及其长度，都和呼叫类型与用户意愿有关。

1）路由标记

我国 ISUP 消息的路由标记的格式如图 4.30 所示。DPC 表示消息要发送的目的地信号点编码；OPC 表示消息源信号点的编码；SLS 是用于负荷分担信令链路选择的编码，目前仅用最低的 4 bit。

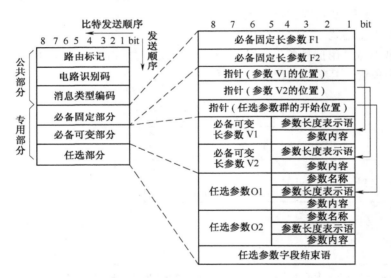

图 4.31　ISUP 消息 SIF 的格式

2）电路识别码

我国 ISUP 消息的电路识别码的格式如图 4.30 所示。CIC 是消息源信号点和目的地信号点之间相连话路的编码，目前仅使用 12bit（最低有效位 8 位＋最高有效位 4 位），其余 4 bit为备用。

3）消息类型编码

消息类型编码统一规定了每种 ISUP 消息的功能和格式，对所有消息都是必备的。表 4.5 给出几个消息类型编码例子，ISUP 消息类型编码详见 CCITT Q.762 建议。

4）必备固定部分（F）

对于一个指定的消息类型，必备且有固定长度的那些参数包括在必备固定部分。参数的位置、长度和顺序统一由消息类型规定，因此在该消息中不包括该参数的名称和长度表示语。

5）必备可变部分（V）

对于一个指定的消息类型，必备且长度可变的参数将包括在必备可变部分。每个参数的开始位置用指针指出。指针按照单个 8 位位组编码，其数值表示该指针与第一个 8 位位组之间的 8 位位组的数目。每个参数的名称和指针的发送顺序隐含在消息类型中，参数数目和指针的数目统一由消息类型规定。

指针也用来表示任选部分的开始。如果消息类型表示不允许有任选部分，则这个指针将不存在；如果消息类型表明可能有任选部分，则该指针应为全零。

这部分参数的所有指针集中在必备可变部分的开始连续发送。每个参数都包括参数长度表示语和参数内容。

6）任选部分（O）

任选部分也由若干个参数组成，有固定长度和可变长度两种。每一个任选参数都应包括参数名、长度表示语和参数内容。

如果有任选参数，则在任选参数发送后，发送全零的 8 位位组，表示"任选参数结束"。

在发送消息时，首先发送顶部的 8 位位组，最后发送底部的 8 位位组。而在每个 8 位位组和子字段中，先从最低的有效位开始发送，如图 4.31 中的箭头所示。

ISUP 的每种消息都含有若干个参数，每个参数都有一个名称，按单个 8 位位组编码。参数的长度可以是固定的，也可以是可变的。每个参数都包括一个长度表示语，表明参数内容字段中 8 位位组的数目，长度表示语也为一个 8 位位组。

表 4.5 ISUP 消息类型编码例

消 息 类 型	消息符号	编码（16 进制）	消 息 类 型	消息符号	编码（16 进制）
地址全	ACM	06	电路群复原	GRS	17
应答	ANM	19	电路群复原证实	GRA	29
闭塞	BLO	13	电路群解除闭塞	CGU	19
闭塞证实	BLA	15	电路群解除闭塞证实	CGUA	1B
呼叫进展	CPG	2C	计费信息	CRG	31
电路群闭塞	CGB	18	混乱	CFN	2F
电路群闭塞证实	CGA	1A	连接	CON	07
电路群询问	CQM	2A	导通	COT	05
电路群询问响应	CQR	2B	导通检验请求	CCR	11

4.5.5 信令连接控制部分 SCCP

为了满足新的用户部分（如移动通信应用和智能网应用等）对消息传递的更高要求，系统增设了信令连接控制部分（SCCP）。SCCP 为消息传递部分（MTP）提供了附加功能，它与 MTP3 一起共同完成 OSI 中网络层的功能，相当于开放系统互连，实现透明传输。

1. SCCP 的基本功能和所提供的业务

SCCP 为消息传递部分（MTP）提供了两种附加功能和四类业务，以便通过 7 号信令网在电信网的交换局和告警中心建立无连接和面向连接的网络业务，以传送电路相关和非电路相关的信令消息以及其他类型的消息（如维护和管理消息等）。

（1）SCCP 的基本功能

1）SCCP 附加的寻址功能

附加的寻址功能提供了子系统号码 SSN（Sub System Number），可以在一个信令点内标识更多的用户（SCCP 的用户）。子系统用 8 位二进制数定义，已定义的子系统有 SCCP 管理部分、ISDN 用户部分、操作维护应用部分（OMAP）、移动应用部分（MAP）、归属位置登记器（HLR）、来访位置登记器（VLR）、移动交换中心（MSC）、设备识别中心（EIR）、认证中心（AUC）和智能网应用部分（INAP）。

2）地址翻译功能

SCCP 的地址是全局码 GT（Global Title）、信令点编码（SPC）和子系统编码的组合。用户使用 GT 可以访问电信网中的任何用户，甚至越界访问，SCCP 能将 GT 翻译为 DPC＋SSN 和新的 GT 组合，以便 MTP 能利用这个地址来传递消息。这种翻译功能可由每个节点提供，或由一个特别的翻译中心提供。

（2）SCCP 提供的业务

SCCP 提供了四类业务有两类无连接业务和两类面向连接业务。无连接业务类似于分组交换网中的数据业务，面向连接业务类似于分组交换网中的虚电路业务。

1）无连接业务

无连接业务是用户事先不用建立逻辑信令连接就可以根据被叫方的地址传递信令消息的一种业务。这种业务除了提供 MTP 能力外，还必须在 SCCP 中提供路由功能，即将被叫方地址翻译成 MTP 所需的信令点编码。SCCP 无连接业务的信令消息控制由事务能力应用部分（TCAP）来完成。

2）面向连接业务

面向连接业务就是用户在传递用户数据之前，SCCP 必须向被叫端发送连接请求（CR）消息，确定该连接所经路由和协议类别，并告诉被叫端分配给该消息的源本地参考号（LRO）。一旦被叫端同意，就向主叫端发送连接证实（CC）消息，告诉主叫端分配给该消息的目的地本地参考号（LRD）。当主叫端收到该消息后，就表明连接已经建立成功。用户在传送数据时不必再通过 SCCP 的路由功能选择路由，而是通过所建立的信令连接传递数据，在数据传递结束后释放此信令连接。

2．SCCP 消息的格式

SCCP 消息是包含在 MSU 信令字段（SIF）中的，通过业务消息 8 位位组（SIO）中的业务表示语"SI＝0011"来识别它是否为 SCCP 的消息。SCCP 消息的一般格式如图 4.32 所示。

路由标记与 TUP 所不同的是，SCCP 消息中没有电路识别码，SCCP 的无连接业务主要负责与电路无关的业务。如果 SCCP 的面向连接业务传递与电路有关的消息，则电路识别码就包含在可选参数中。

消息类型用来表示不同的消息。消息的功能和格式都由消息类型码唯一确定。

固定必备参数包括源本地参考号（LRO）和目的地本地参考号（LRD），对应于某一逻辑信令连接的逻辑号和存储器空间，协议类别为 0～3，用于区分 SCCP 所支持的业务。

可变必备参数包括被叫方地址，它是消息发往的最终目的地。对于面向连接业务，被叫方地址是目的信令点（DPC）和子系统号（SSN）；对于无连接业务，被叫方地址可能是目的信令点和子系统号，也可能是被叫方的全局码（GT），可选参数包括主叫方地址和数据。对于面向连接业务，主叫方地址是起始信令点（OPC）和子系统号；对于面向连接业务，数据即为基站系统应用部分子系统的数据；对于无连接业务，数据即为事务处理应用部分和移动应用部分子系统的数据。

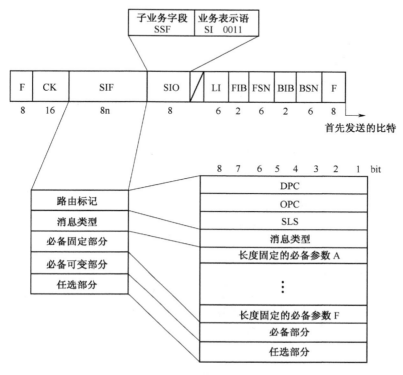

图 4.32　SCCP 消息的格式

4.5.6　事务处理应用部分

事务处理能力（TC，Transaction Capability）是为 TC 用户和网络层业务之间提供的接口公用协议。

1. 概述

在 7 号信令系统中，TC（事务处理能力）位于 TC 用户与第 3 层（网路层）之间，它与 OSI 七层结构的对应关系如图 4.37 所示。TC 包括 TCAP 和 ISP 两部分，目前 ISP 还未开发，TC 实际上就是 TCAP（事务处理应用部分）。

TC 用户包括：OMAP（操作维护应用部分）、INAP（智能网应用部分）和 MAP（移动应用部分）。

在 7 号信令系统中，只有 7 号信令的 MTP 加上 SCCP 才是 TC 的网络层业务的提供者，设置 TC 的目的就是与 OSI 参考模型趋于一致。

TCAP 分为成分子层和事务处理子层（也称业务子层）如图 4.33 所示。成分子层又分为成分处理与对话处理两部分，如图 4.34 所示。

2. TCAP 的结构

TCAP 由事务处理部分、对话部分和成分部分组成。

（1）事务处理部分

事务处理部分控制端到端信令连接的建立、释放以及识别，并传送一系列"成分"部分和作为可选的对话部分的信息。

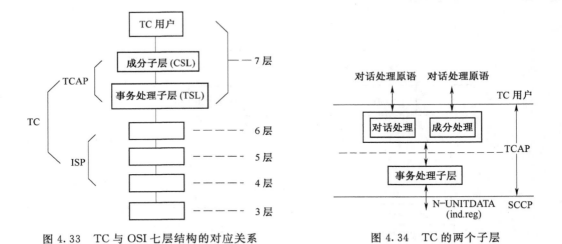

图 4.33　TC 与 OSI 七层结构的对应关系　　　　图 4.34　TC 的两个子层

（2）对话部分

两个用户层之间交换消息的整个通信过程称为对话，对话可分为结构化和非结构化两种类型。非结构化对话实际上不是一个真正意义上的对话，而是一个单向数据传输，发送方不要求对方有任何响应。相反，结构化对话具有对话的开始、继续和终止的过程，一个对话对应于一个事务处理。在移动通信中，通常使用结构化的对话。

（3）"成分"部分

"成分"部分用来控制一个应用部分的操作，并对应用部分的数据进行分类和预处理，然后根据它们的内容进行标识。

成分部分的类型有：操作请求、响应结果、返回错误和拒绝。

3. TCAP 消息的格式及编码

TCAP 消息是封装在 SCCP 消息中的用户数据部分。TCAP 消息与 MSU 消息和 SCCP 消息的关系如图 4.35 所示。

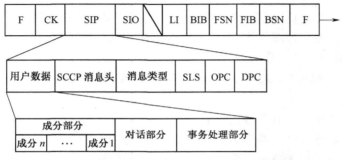

图 4.35　TCAP 消息与 MSU 消息和 SCCP 消息的关系

TCAP 消息由事务处理部分、对话部分和成分部分构成。每部分都采用标准统一的信息单元结构，即每一个 TCAP 消息都由若干个消息单元构成。

每一个信息单元都有同样的结构，都由标签、长度与内容三个字段组成，且总是按顺序出现。TCAP 信息单元的结构如图 4.36 所示。

标签用来区分不同的信息单元且负责内容的解释，如图 4.37 所示。长度指明内容中 8 位位组的数目，不包括标签和内容长度字段。内容是重要的实体，包含了准备传送的信息，其长度是由可以变化的，但它总是一个整数 8 位位组。

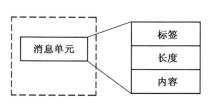

图 4.36　TCAP 信息单元的结构

图 4.37　标签的格式

4.5.7　消息传递部分 MTP

MTP 包括 7 号信令系统的 3 个功能级，分述如下：

1. 信令数据链路

信令数据链路的功能已在 4.5.2 中介绍过，实际上，信令数据链路就是数字中继接口通过交换网络半固定连接至信令终端的数字链路。负责在两个信令终端之间透明传递 64 kbit/s 的数字信号。

数据链路的基本任务之一是将信令终端送出的信号单元按 8 bit 一组插入到 PCM 帧的规定时隙（例 TS16），或者从规定时隙中将信令信息提取出来，由信令终端接收并重组成 7 号信令信号单元。如图 4.38 和图 4.39 所示。

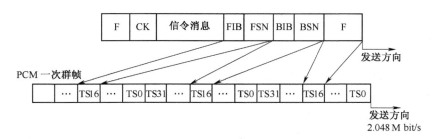

图 4.38　信号单元插入

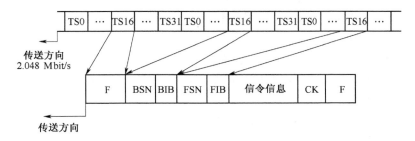

图 4.39　信号单元提取

2. 信令链路

信令链路的基本功能是保证在两个信号点间信令消息的可靠传送，信令链路主要实现下述功能：

· 用标记符为信号单元定界，并用零插入/删除方法防虚假标记符。

· 每个信号单元加校验码，用校验码进行差错检测。

· 利用信号单元的序号和重发比特，控制接收顺序，并在出现传输错误时，进行重发。

· 差错校正。

(1) 单元定界和差错检测

所谓信号单元定界，是指用标志码来区分信号单元，每个信号单元的开始与结束都用一个标志码来指示。

标志码的码型为 01111110，在发送时要加于信号单元的开始，在接收端，要检测标志码的出现。为了确保信号单元的正确分界，在信号单元的其他部分必须不出现此码型。然而，信号单元内各种码均可能出现，故发送信令信息时，在未加上标志码之前要对信号单元的其他部分进行检查，如遇到有连续的 5 个 "1"，则执行插 "0" 操作，在 5 个连 "1" 之后插一个 "0"。而在接收部分执行删 "0" 操作，即在去掉标志码之后，对信号单元的其他部分进行检查，如遇到 5 个连 "1"，需将其后的一个 "0" 删除。

差错检测采用附加冗余码的方法，检测出传输过程中出现的差错。7 号信令附加的冗余码是循环冗余校验码 CRC-16，码长 16 位。

发送信号时，在发送端对要发送的信息按一定的算法进行某种运算以产生 16 位的循环冗余校验码，并附加于这个信息字段之后一起发送出去。在接收端，按照同样的算法，求出收到信息字段的校验码，并与收到的校验码进行比较，若两者一致，则说明在传输过程中未发生错误；若两者不一致，则说明在传输过程中出现错误。

上述定界，插 "0" 与删 "0"，以及差错检测等功能，目前都采用专用芯片实现，例如 MITEL 的 MT9075 和 MT8952B，Intel 的 8273 和 Simens 的 82525 均可实现上述功能，不需要再编软件。

(2) 差错纠正

检错的目的是为了纠错，当通过上述检错措施在接收端检测出错误之后，就要设法纠正错误，得出正确的信息。

差错纠正有两种方式，分别称为前向纠错与重发纠错。前者是由接收端自行纠正错误，这就要求有足够的校验比特数，后者在接收端检出错误后要求发送端重发。7 号信令系统采用后者，即重发纠错。

重发纠错也有两种纠错方法，即基本方法和预防循环方法。选择哪一种视应用环境而定，一般传输延时小时（＜15 ms）采用基本方法，传输延时大时（≥15 ms）采用预防循环方法。这里只介绍基本方法。

基本差错纠正方法是一种非互控、肯定/否定证实、重发纠错的方法。这种方法能在正常情况下保证消息信号单元按顺序在信令链路上正确传递，而在检出差错时能控制重发而进行纠错。

所谓非互控是指发送方可以连续地发送消息信号单元，而不必等待对上一信号单元的证实后才发送下一信号单元，证实信息可在对端发送的消息单元中 "捎带" 过来。这样可以显著地提高信息传递速度。

为了进行纠错,在每个信令终端内都要设一重发暂存器,把已发出去的但尚未收到肯定证实的信号单元的信息存储起来,直到收到对这些信号单元的证实消息之后才清除。

重发纠错的基本思路是通过证实和重发来达到正确传送信息的目的。为此在控制信息之中,除了前面所说的用于检错的校验比特之外,还包括为了纠错而设的信息:前向序号 FSN、前向指示比特 FIB、后向序号 BSN 和后向指示比特 BIB。

这些信息是为了使收、发双方互相了解信息传送情况而设的,以保证在传输出错时进行重发。纠错用的信息在一个信息单元占用 2 个字节 (16 bit),其中前向序号 FSN (7 bit) 用来说明信号单元在传送中的序号。每个信号单元在传送过程中有一个唯一的前向序号,信号单元的传送是一个接一个传送的,前向序号从 0 到 127 (2^7-1)。在正常传送情况下,发送信号单元的前向序号值等于前一个信号单元的前向序号值加 1,加到 127 后,再从 0 开始。

后向序号 BSN (7 bit) 是按照收到的信号单元的前向序号确定的,如果信号接收端收到的信号单元,经各种检验,证明其无误,就把这个信号单元的前向序号值做为后向序号值,放入到一个反向传送的信号单元中,送向发送端作为肯定证实信号。如果检验出错,则送向发送端的后向序号值不变,仍为前一个发出的后向序号。

只有 FSN 和 BSN 还不能完全反映信号传送的全面情况,还需要 FIB 和 BIB,下面以实例说明 FIB 和 BIB 在纠错中所起的作用。

两个方向的纠错是独立进行的,图 4.40 示出的是信令终端 A 发出信号单元,由信号终端 B 接收和证实,正常传送和出错后的纠错过程。纠错任务由 A 端发出的 FSN、FIB 和 B 端的 BSN 和 BIB 共同完成。

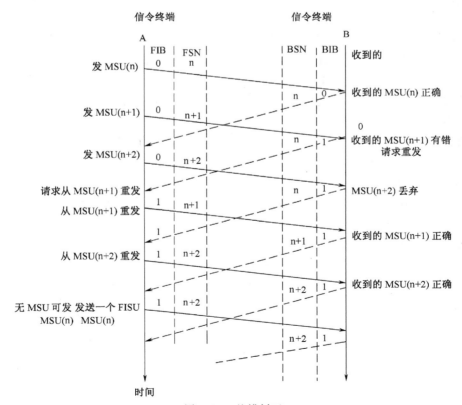

图 4.40 差错纠正

设 A 端从发送缓冲器中取出序号为 n（即 FSN＝n）的消息单元 MSU(n) 发向 B 端，其 FIB＝0，FSN＝n。当 B 端收到 MSU(n) 以后进行差错检测，如传送无误，B 端就在向 A 端发回的信号单元中，令 BSN＝n，BIB＝0，发出信号单元中的 BIB 与正确收到的信号单元中的 FIB 相等都是 0，这就是 B 端向 A 端发出的收到 MSU(n) 的肯定证实信号。

A 端按顺序发出 MSU(n＋1)，MSU(n＋2)……，当 A 端收到 B 端发出的MSU(n)肯定证实信号以后，就从重发缓冲器中清除 MSU(n)。

如果 B 端在收到 MSU(n＋1) 发现出错时，就要发否定证实信号，在这个信号单元中 BSN＝n，表示最后正确收到的消息信号单元为 MSU(n)，而这时 BIB 就要变为 1，不再与 FIB 一致，说明要求重发。A 端在收到 B 端发来的信号单元之后，发现收到的 BIB 与本方最后发出的 FIB 的值不一致时，知道对方发出的是请求重发信号（否定证实信号）以后，就要发传输出错的信号单元（本例中为 MSU(n＋1)），并且也要将 FIB 取反，令 FIB＝1，表示是重发信号单元。B 端在收到重发信号单元 MSU(n＋1) 后，发现 FIB 与发出的 BIB 一致，就接收下来，并在向 A 端发出的后续信号单元中，令 BSN＝n＋1，BIB 不变仍为 1。此后 A 端发出的信号单元的 FIB 为 1，B 端发出的信号单元的 BIB 也为 1，两者保持一致。在 A→B 方向 FIB＝1 与 B→A 方向 BIB＝1 的情况下，继续运行下去。一直到下一次出现否定证实信号时，才再一次反转。

当缓冲器中所有需要发送的或需要重发的消息信号单元都已发完时，就要发插入信号单元（FISU），插入信号单元不排序号，它的 FSN 采用最后一个消息信号单元的序号（本例为 n＋2）。

综上所述，在正常运行时，A 端发出的 FIB 与收到的 B 端发来的 BIB 是一致的，如果不同就说明要求重发，在错误纠正后，两者又变为一致。

必须要说明的是纠错过程是在两个方向分别独立地进行的，即 A 至 B 方向的 FSN、FIB 与 B 至 A 方向的 BSN、BIB 一起实现 A→B 方向传送消息的纠错。B 至 A 方向的 FSN、FIB 与 A→B 方向的 BSN、BIB 一起实现 B→A 方向传送消息的纠错。

应该说明，在 7 号信令系统中，对一个已接收信号单元的肯定证实，也表示对所有先前已接收但尚未发肯定证实的消息信号单元的证实。也就是说一个 BSN，可以肯定证实一个或多个消息信号单元，例如上次发送的 BSN＝8，本次发送的 BSN＝11，表示一下子肯定证实了对方发来的 FSN 为 9、10 和 11 的三个消息信号单元。

3. 信令网功能

从上一节知道，第三级的功能是保证信令消息在 No.7 信令网中任何两个信令点之间消息的可靠传送。既要保证信令消息可靠传送到目的地，又要保证在信令网出现故障时，重新组合信令网，恢复正常的消息传递能力。为此信令网功能划分为信令消息处理与信令网管理两大部分。如图 4.41 所示。

（1）信令消息处理

信令消息处理负责把源信令点用户部分发出的消息引导到用户指定的目的地信令点的同类用户部分 UP 或信令链路。当本节点是消息的目的

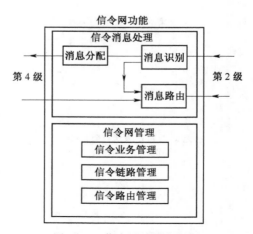

图 4.41　信令网功能方框图

地点时将消息送往指定的用户部分 UP。如果不是，则将消息送往预先确定的信令链路。信令消息处理又可分为消息识别、消息分配和消息路由 3 个子功能，结构如图 4.41 所示。

1）消息识别功能

消息识别功能是将收到的 MSU 中的目的地信令点编码（DPC）与本节点的编码进行比较，如果该消息的路由标记中的 DPC 与本节点的信令点编码相同，说明该消息是送到本节点的，则将该消息送给消息分配功能；如果不相同，则将该消息送给消息路由功能。

2）消息分配功能

发送到消息分配功能的消息，都是由消息识别功能鉴别其目的地是本节点的消息，消息分配功能检查该消息的业务信息八位位组（SIO）中的业务表示语（SI），将消息分配给不同的用户部分。SIO 格式如图 4.23 所示。

3）消息路由功能

消息路由功能是为需要发送到其他节点的消息选择发送路由。这些消息可能是消息识别部分送来的，也可能是本节点的第 4 级用户或第 3 级的信令网管理功能送来的。消息路由功能是根据 MSU 中路由标记中的目的地信令点编码（DPC）和链路选择码（SLS），以及业务信息八位位组（SIO）检索路由表，选择合适的信令链路传递信令消息。

一般来说，选择一条合适的信令链路需要进行以下 3 步工作：

①信令路由的确定：根据 SIO 的内容判断是哪类用户产生的消息，同时据此选择相应的路由表，并根据 SIO 中子业务字段（SF）的值进一步选择不同的路由表，如国际呼叫选择国际路由表，国内呼叫选择国内路由表。

②信令链路组的确定：根据目的地信令点编码（DPC）和链路选择（SLS），依据负荷分担的原则确定相应的信令链路组。

③信令链路的确定：根据信令链路选择码（SLS），在某一确定的信令链路组内选择一条信令链路，并将消息交给信令链路发送出去。

对于到达同一目的地信令点且 SLS 相同的多条消息，消息路由功能总是将其安排在同一条信令链路上发送，以保证这些消息能按源信令点发送的顺序到达目的地信令点。

（2）信令网管理

No.7 信令网是通信网的神经系统，在 No.7 信令网上传递的是通信网的控制信息，故信令网的任何故障都会大幅度地影响它所控制的信息传输网工作，造成通信中断。为提高信令网的可靠性，除了在信令网中配备足够的冗余链路及设备外，有效地监督管理和动态地路由控制也是十分必要的。

信令网管理的主要功能就是为了在信令链路或信令点发生故障时采取适当的行动以维持和恢复正常的信令业务。信令网管理功能监视每一条信令链路及每一个信令路由的状态，当信令链路或信令路由发生故障时确定替换的信令链路或信令路由，将出故障的信令链路或信令路由所承担的信令业务转换到替换的信令链路或信令路由上，从而恢复正常的信令消息传递，并通知受到影响的其他节点。

信令网管理功能由信令业务管理、信令路由管理和信令链路管理 3 部分组成。

4.5.8　No.7 信令网

1．No.7 信令网结构

7 号信令网由信令点（SP）、信令转接点（STP）以及信令链路组成，信令点 SP 是信令网传递信令消息的源点或目的地点，信令转接点（STP）具有信令转发功能，能将信令消息从一条信令链路转发到另一条信令链路，STP 又分为独立型和综合型两种，独立型仅负责转接它所汇接的信令点的消息，是只具有 MTP 与 SCCP 功能的信令转接点设备。综合型除转接它所汇接的信令点的消息外，本身又是信令消息的源点和目的地点，是除具有 MTP 与 SCCP 功能外，还具有用户部分功能（例如 TUP、ISUP、TCAP、INAP）的信令转接点设备。

我国目前采用三级 7 号信令网结构，如图 4.42 所示。其中，SP 为信令端点，STP 为信令转接点，LSTP 称为低级 STP，HSTP 称为高级 STP，LSTP 至 SP 及 HSTP 至 LSTP 之间为星状连接，HSTP 之间为网状连接。这样，任何两个 SP 最多经过 4 次转接即可互相传送信息。

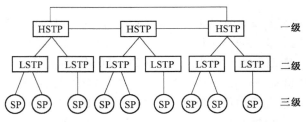

图 4.42　7 号信令网络结构

2．No.7 信令网与电路网的关系

7 号信令系统本身的传输和交换设备构成了一个单独的信令网，它是叠加在受控电路交换网之上的一个专用的计算机通信网。它用于传送电路交换网的控制信息，是整个电路网的一个重要的支撑网。

7 号信令网与电路网的关系如图 4.43 所示。电信网的 C1、C2 和 NTS（国际局）对应于 7 号信令网的 HSTP，电信网的 C3、C4、C5 对应于 7 号信令的 LSTP。

现在，随着本地网的变化，电信网也可划分为三级：C1、C2 和 C3。其中，C1、C2 为长途交换中心，C3 为本地局。我国大中城市本地网电话常设汇接局和端局，采用两级信令（LSTP 和 SP），如图 4.44 所示。

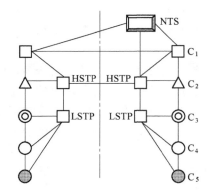

图 4.43　7 号信令网与电路网的关系

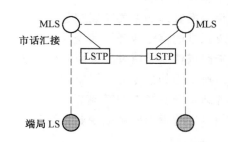

图 4.44　汇接局和端局采用两级信令

3．信令网组织原则

我国的 7 号信令网由高级信令转接点（HSTP）、低级信令转接点（LSTP）和信令点

（SP）三级组成。

第一级 HSTP 采用 A、B 平面连接方式，平面内各个 HSTP 网状相连，在 A 和 B 平面内成对相连，如图 4.45 所示。我国三级信令网采用"4 倍备份"冗余结构，SP—LSTP、LSTP—HSTP 至少有两条信令链路相连接（链路冗余）；每个 SP 至少和两个 STP（LSTP 或 HSTP）相连，同样每个 STP 至少和两个 HSTP 相连（路由冗余）。

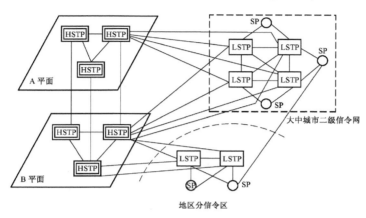

图 4.45　三级信令网

4．路由选择

如果消息从源节点至目的节点之间由直达信令链路传输，则称为直联方式；如果由两条以上串联信令链路传输，则称为准直联方式。从源节点至目的节点之间有多条路由时，消息经哪条路由传输在事先约定的范围内随机选择。路由有正常路由和迂回路由两种。

（1）正常路由

根据中国信令网结构，正常路由有两类：一类是采用直联方式的直达信令路由，当信令网中的一个信令点具有多个信令路由时，如果有直达的信令链路，则该信令路由为正常路由，如图 4.46 所示；另一类是采用准直联方式的信令路由，当信令网中的一个信令点的多个信令路由都采用准直联方式经过信令转接点转接时，则正常路由为信令路由中最短的路由，其中当采用准直联方式的正常路由采用负荷分担方式工作时，这两个信令路由都为正常路由，如图 4.47 所示。

（2）迂回路由

所谓迂回链路即为迂回路由经过的信令消息路径，也就是在由于信令链路或路由故障而造成正常路由不能传送信令业务流时选择的路由。迂回路由都是经过信令转接点转接的准直联方式的路由。迂回路由可以是一个路由，也可以是多个路由。当有多个迂回路由时，根据经过信令转接点的次数，由小到大依次分为第一迂回路由、第二迂回路由等。一般交换机最多支持第三迂回路由，每一迂回路由中规定有两组链路组。

信令路由选择的规则是：先选择正常路由，当正常路由发生故障不能使用时，再选择迂回路由。信令路由中具有多个迂回路由时，首先选择优先级最高的第一迂回路由，当第一迂回路由发生故障时，再选择第二迂回路由，依此类推。

5．信令点编码

根据"全程全网"的要求，国际和国内信令点编码计划要分开。国际出入口局的信令点同时属于国际、国内两个信令点，即采用国际上分配给我国的编码（ITU-TQ.708 建议，分配给我国的大区或洲信令点编码是 4，区域/网络编码为 120，信令点编码为 0～7），同时我国也有自己的信令点编码计划。国内信令网中的每个信令转接点都应该有一个而且只有一个信令点编码，例如，国际出口、国内长途局（含长/市合一局）、本地汇接局、端局、支局、移动通信交换局、直拨 PABX、各种特种服务中心（网管中心、操作和维护中心以及业务控制点 SCP 等）、信令转接点以及其他 7 号信令点等。信令点编码格式如图 4.48 所示。

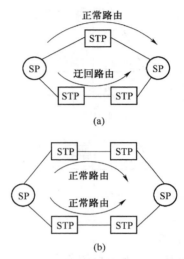

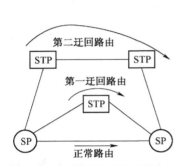

图 4.46　直达路由的正常路由

图 4.47　准直联方式的正常路由
（a）非负荷分担的正常路由；（b）负荷分担的正常路由

图 4.48　信令点编码格式
（a）国际信令点编码；（b）国内信令点编码

一般信令点编码格式如下：

（1）主信令区分配

北京　01　　　天津　02　　　河北　03　　　山西　04

浙江　13　　　福建　14　　　江西　15　　　河南　16

（2）分区信令

0：暂不使用；

1：独立 HSTP；

2：C1、C2 以及省会 C3、C4 长途局；

3：与 HSTP 相连接的特服；

4～7：暂不使用；

8～255：分配给直辖市以及所属区、县，省、自治区下辖的地区和市的接口。

网络标识、源信令点编码和目的信令点编码是为支持多种网络并存的情况而设置的。交换机 7 号信令系统最多可支持 4 种网络结构。每个信令点码都采用网标加信令点编码的形式，但必须注意的是设置 4 种网络时，它们的网络标识必须不同，而信令点编码则可以相同。

4.5.9 No.7 信令模块

实现各种信令功能的模块称为信令模块。

由于程控数字交换机一般采用功能模块化结构,比较容易在交换机中引入 No.7 信令方式,以取代各种随路信令方式。由于不同制式数字交换机的系统总体设计结构不同,No.7 信令方式在交换机上的具体实施方案也有差别,但 No.7 信令各级功能实施时软、硬件功能划分是相似的。下面先简单说明 No.7 信令系统各功能级的软硬件划分,然后介绍 No.7 信令系统在不同程控交换机上的实施方案。

1. No.7 信令模块软、硬件功能划分

No.7 信令系统的功能有的由硬件实现,有的由软件实现,软、硬件功能划分如图 4.49 所示。No.7 信令系统的第一级功能由硬件实现,在数字程控交换机中,一般由数字中继线中的一条 64 kbit/s 的双向信号数据链路通过数字交换网的半永久连接与第二功能级的实体(信号终端)连接作为第一功能级。第二功能级则由硬件和软件实现。通常,第

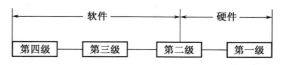

图 4.49 No.7 信令模块软、硬件功能划分

二级中标记符 F 的产生和检测,插 0 和删 0,循环冗余校验码(CRC)的生成和校验由硬件实现,可采用具有 HDLC(高级数据链路控制)功能的集成电路芯片,如 MITEL 的 MT9075 或 Intel 的 8273 通用集成电路芯片。而发送控制、接收控制、链路状态控制、差错控制等由软件实现,软件通常是驻存在 EPROM 中的固件。第二级软、硬件功能划分如图 4.50 所示。

No.7 信令的第一级数据链路一般就是 PCM 数字线路中的某一时隙,通常为 TS16,与此对应的信号数据接口就是交换机的数字中继电路。它通过交换系统内的数字网络采用半固定连接方式与第二级功能实体连接,也可以直接与第二级功能实体连接。由于不同制式的交换系统的系统结构和处理机的处理能力存在很大差异,所以二、三、四级功能的实现方式也有较大区别。

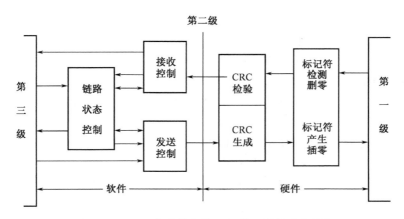

图 4.50 No.7 信令模块第二级软、硬件功能划分

2. No. 7 信令模块软、硬件功能的实现

为了能比较详细地说明实现 No. 7 模块的具体实现方法，这里先以一个小型数字程控交换机的 No. 7 信令模块为例，介绍实现 No. 7 信令功能的共性部分，然后再简单介绍两种大型交换机中 No. 7 信令的实现方法。

（1）No. 7 信令在小型数字程控交换机的实现

在这个小型数字程控交换机中，No. 7 信令模块软、硬件功能划分也是按照所述的原则划分的。使用 E1 接口收发器芯片 MT9075 实现由硬件部分承担的功能。No. 7 信令系统的第一级功能由硬件实现，由数字中继线中的一条 64 kbit/s 的双向信号数据链路（TS16），通过 MT9075 芯片内部的半永久连接，与第二功能级的实体（MT9075 芯片内部的 HDLC 控制器）的连接作为第一功能级。共同为两个信令点之间提供了一条可靠的信号链路。E1 接口收发器芯片 MT9075 不仅可以完成数字中继接口所需的帧/复帧同步、帧定位、时钟提取和码型变换等功能，而其 HDLC（高级数据链路控制）控制器，具有标记符 F 的产生和检测，插 0 和删 0，循环冗余校验码（CRC）的生成和校验等第二级所需的部分功能。这个 HDLC 控制器，可以通过软件控制，连接到时隙 TS16。并具有最大深度为 128 个字节的发送先进先出缓冲器 TX FIFO，接收缓冲器 RX FIFO，可以暂存要发送和接收到的数据。当数据传送过程中发生错误时，会报告传输的帧出错，非常适用于 No. 7 信令。因此可以用芯片 MT9075 加上一些外围电路组成一个既可实现数字中继接口功能，又能完成 No. 7 信令的第一级和第二级部分功能的硬件电路，如图 4.51 所示。

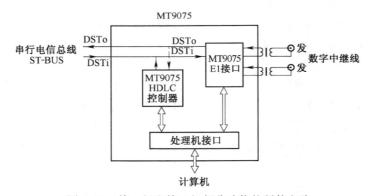

图 4.51　第一级和第二级部分功能的硬件电路

这样，在这个小型数字程控交换机中，No. 7 信令的第一级信令数据链路功能是 MT9075 内部的数字中继模块和 HDLC 控制器之间的半永久连接的一个时隙，即一个 64 kbit/s 的数据通道 TS16。

第二级信令链路功能中，标记符 F 的产生和检测，插 0 和删 0，循环冗余校验码（CRC）的生成和校验由硬件 HDLC 控制器实现，而发送控制、接收控制、链路状态控制、差错控制等由软件实现，软件驻存在计算机中。

第三级信令网功能，由驻存在计算机中的软件实现。

第四级电话用户（TUP）功能，也由驻存在计算机中的软件实现。

1）芯片 MT9075

MT9075A/B 是具有多种功能的高集成度数字接口专用芯片，它把实现数字中继功能的电路和 HDLC 协议控制器集成到一个芯片之中。

MT9075 有两个 HDLC 协议控制器,一个接 TS0,一个接 TS16。HDLC 控制器具有很强的功能,可用于实现 HDLC 协议。

MT9075 还有比较完善的并行处理机接口,可以通过总线实现对 9075 内 208 个寄存器的访问,也可以读 PCM 各时隙的内容和向各时隙送信息。对线路的控制、查询线路的状态和线路状态的记录也可通过并行处理机接口进行。

MT9075A/B 的功能框图见图 3.18 所示,该芯片采用 68 引脚 PLCC 封装或 100 引脚 MQFP 封装。这里重点介绍与 No.7 信令有关的部分。

HDLC1 控制器可通过软件控制,连接到时隙 TS16。HDLC1 具有独立的发送和接收 FIFO 和一些可屏蔽中断。具有下述功能:

·帧头的生成与检测。

·零插入与零删除。

·帧校验序列 FCS 的生成与检验。

·单字节、双字节和全呼叫地址的接收识别。

·独立的 128 字节深度的发送和接收 FIF,FIFO 的深度可编程改变,从 16 个字节调到 128 字节,每步 16 字节。

帧头是帧开始和结束使用一个唯一的标志序列 "01111110"(7EH)。HDLC1 发送器产生这种标志序列并且将他们附加到被发送的数据包中。为了建立帧同步,HDLC1 接收器在收到的数据流中寻找这种标志序列。

为确保数据包中数据的内容不能同标志序列相同。一个被发送的帧的开始标志和结束标志之间的数据被一位一位的检测并且在所有五个连续的 1 之后插入一个 0(包括 FCS 的最后五位)。接收器检测接收到的一帧数据,检测到五个连续的 1 之后,删除其后紧跟着的 0。

帧校验序列 FCS 位于结束标志之前,由两个字节组成。在发送器中,利用 CCITT 标准多项式"X^16+X^12+X^5+1"产生一个循环冗余校验的 16 位 FCS。添加在被传送的数据之后和结束标志之前。

接收器对接收到的数据包按照同样的算法计算出 FCS,与收到的 FCS 进行比较,如果相同,说明没有传输错误,就将所收到的数据包去掉 FCS 之后,写入到接收 FIFO 中。

2)HDLC 数据传送

HDLC 控制器可用软、硬两种不同方法复位,复位后,HDLC 控制寄存器被清零,使发送器和接收器关闭。接收器和发送器可通过软件控制,单独打开或关闭。

在发送方向,当处理机向 T×FIFO 写入要传送的数据,并打开 HDLC1 发送器(T×HDLC)之后,就开始传送数据,在 T×HDLC 内部进行插"0"、生成 FCS 和添加帧头等一系列操作,组成一个完整的信号单元,在 TS16 到达时,插入其中传送出去。如图 4.52 所示。

在接收方向,当通过软件控制打开

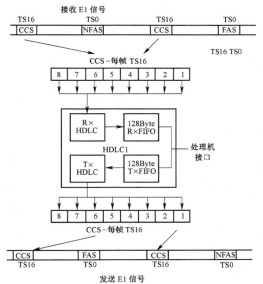

图 4.52 HDLC 数据传送

HDLC1 接收器之后，就开始接收数据，从 TS16 提取信号单元中的 8 位位组（字节）到 R×HDLC 之中，在 R×HDLC 内部检测帧标记（帧头）、删 0、然后对输入数据进行循环冗余检验，最后将所收到的信号单元的字节写入接收器先进先出寄存器 R×FIFO 中，等待处理机读出，如图 4.52 所示。

当每个数据字节写入 R×FIFO 时，其属性同时写入 HDLC1 状态寄存器的比特 5 和比特 4（RQ9 和 RQ8），属性说明该数据字节在数据包的位置，以及收到的数据包是好数据包（FCS 正确）还是坏数据包（FCS 不正确），如图 4.53 所示。因此，在读 R×FIFO 之前，必须先读状态寄存器和中断寄存器，因为状态信息是与将要从 R×FIFO 读出字节的属性相对应的。

RQ9	RQ8	字　节　状　态
0	0	数据包字节（除第一个字节和最末一个字节之外的中间字节）
0	1	第一个字节
1	0	好数据包的最末字节
1	1	坏数据包的最末字节

图 4.53　字节状态与 RQ9 和 RQ8 的关系

HDLC 中断状态寄存器中的 EOPD（检出数据包末尾）＝1，表示写入 R×FIFO 的最后一个字节是数据包的最末字节。EOPR（读出数据包末尾）＝1，表示将从 R×FIFO 读出的字节是数据包的最末字节（EOP）。在读出一个字节之前应先读状态寄存器，看看这个字节的属性。

接收的 CRC（FCS），可以通过 R×CRC 寄存器（页 0B/0C 地址 18 和 19H）进行监视，这两个寄存器中存放着对端发送器发出的 CRC，存放的形式是 MSB 在前并且比特是反转的。这两个寄存器中内容是在收到帧尾时被修改的，因此，当收到数据包结尾标志时，应读出上述寄存器的内容，此时下一数据包并不改写上述寄存器的内容。

第二级信令链路功能中，标记符 F 的产生和检测，插 0 和删 0，循环冗余校验码（CRC）的生成和校验由硬件 MT9075 中的 HDLC1 控制器实现，而发送控制、接收控制、链路状态控制、差错控制等由软件实现，软件驻存在计算机中。

（2）No.7 信令在 FETEX-150 的实现

为在 FETEX-150 中采用 7 号信令，添加了公共信道信令设备（CSE）和公共信道信令设备接口（CSEI），如图 4.54 所示。

数字中继接口电路（DT）通过数字交换网络（DSM）经半永久连接同公共信道信令设备接口（CSEI）相连，共同完成 7 号信号第一级的功能。公共信道信令设备（CSE）一端连接 CSEI，另一端经公共总线与通道控制器 CHC 相连接，它从主存储器（MM）中读出数据或将接收的数据写入主存储器，主要完成 7 号信令第 2 级信令链路功能。在 FETEX-150 中 7 号信令的第三级网络功能和第四级用户部分功能由呼叫处理机（CPR）执行有关软件完成。第四级电话用户部分是软件中应用子系统（AP1）里的交换业务处理功能块（SSP）的一部分。

公共信道信令设备 CSE 又称共路信令终端，结构如图 4.55。

　　链路控制器L-CTL，完成串/并转换、标志码的插入与检测、数据的分组与汇集等任务。缓冲存储器 CSM 用于收、发信息的暂存和存放未收到证实的消息，共 64 k 字节。第二级的软件固化于 CPU 的 ROM 中。公共总线控制器I-CTL是公共总线的接口，它接收来自呼叫处理机的信息（程序和数据），并负责把对端发来的数据送到呼叫处理机。上述各功能部件之间通过 CSE 总线互连。CPU 执行固化于 ROM 中的程序，执行序号插入与校验，控制消息重发，以及监视链路状态等功能。

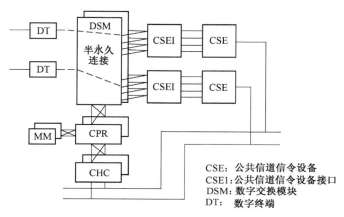

图 4.54　FETEX-150 中 7 号信令的结构

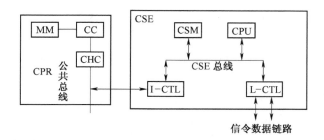

图 4.55　CSE 结构方框图

　　公共信道信令设备接口 CSEI 提供数字交换网络 DSM 与 CSE 的 L-CTL的接口，它可连接四条信令链路，完成 64 kbit/s 和 2.048 Mbit/s 的速率变换。

　　（3）S1240 的 7 号信令系统

　　S1240 交换系统是以模块化结构全分布控制方式构成的。7 号信令功能是通过添加公共信道信令模块 CCSM 和 No.7 信令系统辅助控制单元（SACE N7），扩充维护管理模块（M&P）和数字中继模块（DTM）中的软件来实现的。图 4.56 示出了各个功能级在 S1240 系统中的分布示意图。

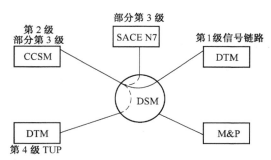

图 4.56　No.7 四级功能能在 S1240 系统的分布示意图

　　No.7 信令的第 1 级功能是数字中继模块（DTM）和公共信道信号模块（CCSM）之间通过数字交换网络 DSN 的半永久通路

相连的一个时隙，即一个 64 kbit/s 的数据通道。

第 2 级信号链路功能由 CCSM 终端中的硬件和软件实现。

第 3 级的消息处理功能由 CCSM 中的软件实现，信号网管理功能由 SACE N7 中的软件实现。

第 4 级电话用户（TUP）功能由驻存在 DTM 中的软件实现。

复习思考题

4.1　通信网中的信号可按哪些方式分类？

4.2　试述完成一次跨局呼叫接续的信号传送过程。

4.3　随路信号与公共信道信号的主要区别是什么？PCM30/32 系统中 TS16 传送的信号是随路信号还是公共信道信号？

4.4　随路信号的结构形式和传送方式有哪些？

4.5　非编码信号的优缺点各是什么？

4.6　用户线信号有哪几种？用户环阻、脉冲速度对用户线信号的传送会产生什么样的影响？

4.7　线路信号功能是什么？

4.8　什么叫记发器信号？记发器信号的主要功能是什么？

4.9　记发器信号有哪几种控制方式？每一种的优缺点是什么？

4.10　记发器信号的传送方式有哪几种？

4.11　公共信道信号网由哪些部分组成？每一部分的作用是什么？

4.12　叙述 7 号信号系统差错纠正的方法。

4.13　7 号信号系统分为哪几个功能级？

4.14　试述信号网功能级信令消息处理的过程。

4.15　7 号信号系统有几种形式的信号单元？每一种信号单元的格式是什么样的？

5

控 制 系 统

5.1 控制系统的功能与结构

控制系统是程控交换机的智能部分，呼叫通路的建立与释放以及交换机的维护管理等工作都是在控制系统的控制下完成的。

程控交换机的控制系统通常是由若干台处理机组成，配上相应的软件，即可完成整个交换机的控制工作。

5.1.1 控制系统的功能

程控交换机的控制工作非常复杂，但从基本功能上来看，大致可分为三类，即外围（话路）设备控制、呼叫处理、维护管理。因上述三类功能的重要程度不同，故常将其分为三个级别。

第一级是外围（话路）设备控制级，它是与话路设备联系最直接、最密切的控制部分，主要完成对用户（中继）电路的监视扫描及振铃控制等比较简单却很频繁的工作。

第二级是呼叫处理级，它接收并处理来自第一级的有关信息，并向第一级发送有关命令（即处理决定），其主要任务是进行数字分析、通路选择等。这些工作比较复杂，但执行次数相对较少。这一级的软件比较复杂和庞大，是交换机进行呼叫接续的核心控制部分。

第三级是维护管理级，用以完成交换机的维护管理功能，对人机通信进行控制，其软件的复杂程度比第二级高，数量也大得多。但其执行的次数则很少，其实时性要求一般也较低。

就其控制逻辑的复杂性及智能化程度来讲，从第一级至第三级是递增的；而就其实时性要求与执行频度来讲，则是逐级递减的。

应该指出的是，上述对控制系统划分为三级的方法，主要是根据控制系统的基本功能进行划分的。在实际应用中，确实存在着三种级别的处理机分别来完成三个级别的控制功能，即三级处理机控制系统，在有些交换机中将呼叫处理与维护管理两项控制功能由一种处理机来完成，这种处理机一般称为中央处理机，此时即构成两级处理机控制系统。而在某些程控交换机中，三项控制功能均由一台处理机来完成。

5.1.2 控制系统的结构与处理机配置

如第二章所述，处理机的配置方式大致可分为集中控制与分散控制两类。集中控制方式的特点是处理机可以使用交换机的所有资源，具有全部控制功能。分散控制方式的特点是控制系统中的每一台处理机只能使用交换机的部分资源，只具有部分控制功能，或只负责部分区域的控制工作，即各处理机间按一定方式进行分工，并具有协同工作的能力，交换机的全部控制工作由各处理机共同配合来完成。采用分散控制方式时，交换机资源与功能的分配决定了控制系统的基本结构。

由于处理机价格的限制，过去的程控交换机几乎都采用集中控制方式。随着微电子技术的发展，处理机价格大幅度下降，近年生产的程控交换机基本上都采用分散控制方式。

分散控制系统是由多台处理机组成的，因此也叫多处理机系统。在多处理机系统中，处理机之间的工作分工可有功能分担、容量分担、功能与容量分担相结合三种方式。

1. 功能分担

功能分担是指每台处理机只分担一部分功能，只需装入与所分担功能有关的一部分程序，各处理机分工明确、各司其职、互相配合。例如专门设置用户处理机和中继处理机，分别负责用户和中继电路的扫描与驱动，设置信号处理机负责信号控制，设置呼叫处理机负责呼叫控制，设置主处理机负责维护管理等。

功能分担的优点是各处理机完成的任务比较单一，装入程序较少，缺点是不管交换机容量大小，必须配置具备各种功能的处理机，这对初装容量较小的交换机是一种浪费。

2. 容量分担

容量分担是把交换机的用户（中继）分为若干群，每群设置一台处理机，专门负责与本群用户有关的呼叫处理工作，每台处理机的功能相同，执行的任务也一样。多台处理机并行工作，共同配合完成全部控制任务。

容量分担的优点是处理机的数量可随交换机容量的扩充而同步增加，因而具有较好的灵活性，缺点是每台处理机都要承担多项功能，软件较复杂。

3. 功能分担与容量分担相结合

在实际应用中，单纯使用功能分担或容量分担的情况很少，近年来生产的交换机基本都是采用功能分担和容量分担相结合的工作方式。这种方式具有前述两种方式的优点。一般先按照功能分担进行分工，把处理机分成几类，每一类具有特定的功能，然后根据每一类处理机工作量的大小及控制范围进一步采用容量分担方式进行分工。

图 5.1 和图 5.2 分别示出采用功能分担和容量分担相结合的两级处理机和三级处理机结构。

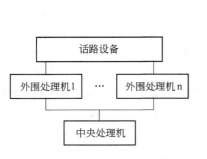

图 5.1　两级处理机结构示意图

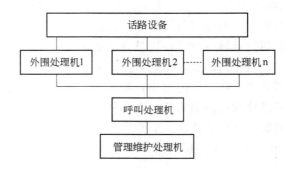

图 5.2　三级处理机结构示意图

在图 5.1 中，中央处理机负责呼叫处理和维护管理功能，外围处理机负责外围设备控制功能，但由于外围设备往往较多，故按容量分担设有若干台外围处理机。图 5.2 中按功能分担设有维护管理、呼叫处理、外围处理三种处理机，但根据用户容量及话务负荷的要求，呼叫处理机和外围处理机又可按容量分担方式分别设有若干台。

在实际应用中，一般在功能分担前提下，外围处理机按容量分担，而担负呼叫处理功能的处理机可以按容量分担（例如 FETEX-150 的呼叫处理机面向用户群分工），也可以按功能分担（如 DX220 的各种控制功能单元通过信息总线连接起来，共同配合完成呼叫控制功能），还有的采用话务（负荷）分担方式（如 X 系统把四个 CPU 连接起来，由操作系统统一分配任务，把负荷均匀分配给各 CPU）。

随着微处理机技术的迅速发展，程控交换机的分散控制程度也不断提高，出现了全分散控制系统。采用全分散控制可更好地适应硬件和软件的模块化。使系统便于扩充，提高了系统可靠性和灵活性。

在全分散控制系统中，每个模块都配有独立的控制设备——处理机，即处理机遍布于每个功能模块，且每个模块均具有通路的选择与建立功能。

在全分散控制系统中，实际上不可能把所有控制功能都分散到全部处理机，仍然有一部分重要功能如维护管理及公共数据、公用设备管理等专设处理机执行，故目前的所谓全分散控制系统严格说也是采用了容量分担与功能分担相结合的方式。

5.2　提高控制系统可靠性的措施

虽然处理机具有很高的可靠性，但也难免会出现故障，特别是程控交换机需要昼夜不间断地运行，因此对控制系统的可靠性要求很高，一旦控制系统失去控制能力或出现故障，就有可能导致全局的通信中断，造成十分严重的后果。为了提高系统的可靠性，必须采取相应的措施。

1. 同步双工工作方式

同步双工工作方式又称为微同步或同步复核工作方式。其基本结构如图 5.3 所示。采用此种工作方式时，两个处理机合用一个存储器，处理机间设有一个比较器，负责比较与核对，当然，两台处理机也可设有独用的存储器，但这两个存储器内容要保持完全一致，并能自动校对与修改数据。

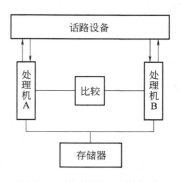

在正常工作时，两台处理机同时接收来自话路设备的各种输入信息，执行相同的程序，进行同样的分析处理。每执行一条指令，将两台处理机的执行结果通过比较器进行比较核对，如果结果完全一致，说明工作正常，可转入执行下一条指令的工作，继续执行程序。虽然两台处理机同步工作，但只有一台处理机输出信息控制话路设备工作。

图 5.3　同步双工工作方式

在两台处理机同步工作的过程中，通过比较，如果发现两台处理机处理结果不一致，说明至少有一台处理机工作不正常，此时应立即对处理机进行检查，以判明是哪一台处理机出现了故障，并予以相应的处理。

同步双工工作方式的优点是几乎能立即发现两台处理机之间的差异，很容易发现硬件故障，对硬件故障具有理想的保护作用，一般不影响呼叫处理；另外是软件的单一性，对软件来讲，如同只有一台处理机一样。

同步双工工作方式的缺点是对瞬间的硬件故障，特别是对软件故障的保护较差，这些故障可能导致系统的部分甚至全部再启动。此外，由于要不断地进行同步复核，需要花费一定时间，所以处理机的处理能力不能充分发挥，效率不够。

2. 话务分担工作方式

话务分担也称负荷分担，在这种工作方式中，两台处理机各负担一部分话务，呼叫可以随机地或轮流地分配给每一台处理机，当一台处理机接受一个呼叫后，它就处理到底，一直到这项呼叫工作的完成。由于两台处理机对资源的使用与分担是动态的，因此，两台处理机之间就存在配合问题。所以两台处理机之间设有互相交换信息的通路和禁止设备，禁止设备是一个互斥电路，以防止两台处理机同时接收一个呼叫。话务分担方式的基本结构如图 5.4 所示。

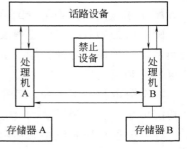

图 5.4　话务分担方式

为了实现话务分担，在正常工作情况下可使两台处理机的扫描时钟相位互相错开，即由两台处理机轮流发现与接收新的呼叫。也可为两台处理机设置统一的操作系统，由操作系统根据任务情况给两台处理机分配任务。因为每台处理机都能独立地处理呼叫接续，而与另一台处理机无关，所以，每台处理机都设有专用存储器，用以存放呼叫处理过程中的有关数据，这样做对软件也能起到更好地保护作用。

在正常工作期间，两台处理机均为联机状态，每台处理机负担一半呼叫处理任务，但交换机操作人员可通过人机命令改变两台处理机间话务负荷的分配，例如一台用于处理大部分呼叫，另一台抽出一定机时用于修改程序与测试等目的。

当发生故障时，故障处理机即退出服务，不再接收任何呼叫请求，并进行自检与恢复。故障处理机退出服务后，全部呼叫处理工作均由另一台正常的处理机完成，在发现故障时，由故障处理机正在处理的呼叫会丢失，但是由故障处理机已经处理到振铃、通话阶段的呼叫则不会丢失，后续处理工作由正常的处理机接替。

话务分担工作方式的优点是：

(1) 过负荷能力强。由于设计时要求每个处理机都能单独处理整个交换系统的正常话务量，而平时每个处理机只承担一半话务处理工作，故在处理机不出现故障时，即使交换系统话务量增加，也不会造成处理机过负荷，故可适应较大的话务波动。

(2) 可以防止软件差错引起的系统阻断。由于程控交换系统软件的复杂性，难免有残留差错，这种差错往往在特定的动态环境中才会显示出来。由于双机独立工作，两台处理机在不同软件环境中运行，故程序差错一般不会在两台处理机上同时出现，所以对软件故障具有很强的保护性。

(3) 在扩充新设备，调试与修改软件时，可使一台处理机承担全部话务处理工作，另一台处理机脱机进行软件调试，而不会中断服务。

话务分担方式的缺点是在程序设计中要避免双机同抢资源，两台处理机之间交换信息也比较频繁或需要统一的操作系统管理，这些都使得软件比较复杂，而且对于处理机的硬件故障则不如同步双工工作方式那样容易发现。另外，处理机间交换信息的结果也可能会引起错误的传播。

3. 主备用工作方式

主备用工作方式如图 5.5 所示，一台处理机联机运行，控制话路设备的动作与复原，另一台处理机与话路设备完全分离而作为备用。当主用机出现故障时，进行主备用的转换。

主备用工作方式可有热备用和冷备用两种。所谓热备用是指备用处理机不断接收由主用处理机送来的数据，一旦主用处理机出现故障向备用机发出中断信号，则由备用处理机立即接替主用机工作，此种转换只会丢失主用机发生故障时正在处理的呼叫，而对已处理到振铃和通话阶段的呼叫则往往会保存下来。在采用冷备用工作方式时，备用处理机中没有呼叫数据的保存，与主用机脱离，但能接收主用机送来的中断，当主用机出现故障并退出服务之后，备用机才投入使用，接替原主用机工作并更新存储器内容或进行数据初始化，因此会产生短暂的服务中断。

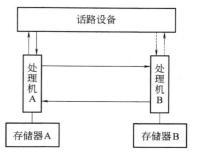

图 5.5　主备用工作方式

冷备用工作方式的优点是转换简单，但由于转换会引起服务中断，故一般多用于用户级的控制。备用方式可采用 1 比 1 备用，但这需要较多的备用处理机，有时也可采用 n 比 1 备用方式，即为具有相同功能的 n 台处理机设一台公用的备用处理机。

5.3　处理机之间的通信

在采用分散控制方式的多处理机系统中，各处理机要协同工作，才能完成呼叫处理任务。因此，处理机之间的通信是一个非常重要的问题。处理机之间传送的信息包括与呼叫处理有关的控制信息和其他辅助信息。

处理机之间采用何种方式进行通信，主要取决于控制系统的结构形式。目前，在电信网中使用的程控交换机种类繁多，处理机之间的通信方式也是多种多样的。这里仅介绍几种常用的通信方式（途径），而不涉及通信控制软件问题。

5.3.1　通过公共存储器建立联系

在需要进行通信的几台处理机之间，设立公共存储器，各处理机都可以对其进行存取，通过对公共存储器的访问，即可实现各处理机之间的信息传递。

图 5.6 是利用公共存储器进行处理机间通信的控制系统示意图，各处理机均可有自己的专用存储器，公共存储器用于处理机之间的通信联系。某处理机要发送信息时，即把信息写入公共存储器某个存储区，而接收信息的处理机再将这些信息读出，从而实现了处理机之间的通信。这种方式容易出现软件故障，对公共存储器中的数据要有特殊的保护措施，各处理机对存储器的访问应具有互斥功能，存在着总线的使用权控制问题。这种通信方式一般仅用于同级处理机之间的通信。

处理机之间采用公共存储器进行通信是一种最简便的通信方式，也称为紧耦合方式。

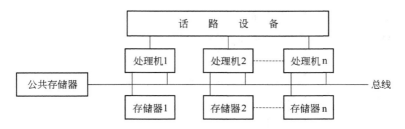

图 5.6　用公共存储器进行处理通信的控制系统

5.3.2　通过总线建立联系

需要建立通信联系的处理机之间通过专用总线相连，并在处理机与总线连接处设置发送与接收缓存器（也称适配器或通信接口），当处理机需要发送信息时，可先将信息送入发送缓存器，在预定或申请的总线时隙到来时，通过总线发送到接收处理机的接收缓存器，再由接收处理机按一定周期对其接收缓存器进行读出，即可实现处理机之间的通信。

用总线将多个处理机联起来，实际上就构成了一个计算机网，计算机网的结构形式可有多种，但最常用的是总线型和环型，每个处理机相当于计算机网的一个工作站或节点。处理机对总线的使用权由总线控制器或令牌决定。处理机之间的消息传送可采用不同的规程，例如高级数据链路控制（HDLC）、7 号信令等。

处理机之间通过总线相连的示意图如图 5.7 所示，每台处理机均有一个固定或临时申请的信息发送时隙，并有一对专用的发送信号存储器（SSM）和接收信号存储器（RSM），用于信号的缓存。

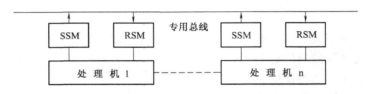

图 5.7　处理机之间通过总线联系的示意图

5.3.3　通过 PCM 信道建立联系

1. 通过交换网络进行通信

需要进行通信的处理机之间可通过数字交换网络建立联系，即利用交换网络的一条通路（一个时隙）进行通信。为便于信息传送与控制，一般在交换网络与处理机之间也要设置发送与接收缓存器，如图 5.8 所示。这种通信方式与话路数据的交换方式是相同的，也是通过链路选择建立一条通路，处理机通信结束后再予以释放，所不同的只是话路数据和处理机通信的数据具有不同的标志而已。S1240 就采用了通过交换网络进行处理机通信的方式。在 S1240 中，发送与接收缓冲器称为信息包 RAM。

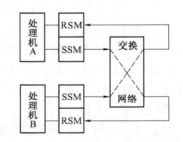

图 5.8　处理机之间通过交换网络
联系的示意图

S1240 交换机中为处理机之间提供通信信道的也是交换话音数字信号的数字交换网络 DSN，而在一些交换机中处理机之间的通信信道与话音数字信号的信道完全分离。如在 ZXJ-10 中，除完成话音数字信号交换的网络模块 SNM 之外，还专门设有为处理机之间进行通信的交换网络，称为消息分配模块 MDM，如图 5.9 所示。每个外围模块 PSM 有两条 PCM 线（最高速率 2 Mbit/s）通过 MDM 与其他模块进行半固定连接，实现模块处理机 MP 之间的通信。

2. 利用话路 PCM 线专用时隙的半固定连接

不同级别的处理机之间，经常采用话音 PCM 线中的某一个专用时隙进行通信，例如

FETEX-150和NEAX-61中就采用了这种方式，下面以 FETEX-150 为例介绍其用户处理机 LPR 与呼叫处理机 CPR 之间的通信。

在呼叫接续过程中，一些必要的控制数据需要在 LPR 与 CPR 间传送。例如，一次呼叫接续过程中的主叫用户摘机检测及拨号脉冲监视与计数信息都是由 LPR 处理的，这些信息经 LPR 处理后，要将主叫用户的设备号码或脉冲计数等结果送给 CPR，又如在进行拨号音接续时，CPR 必须通知 LPR 为主叫用户选定了哪一个空闲的链路（时隙），以使 LPR 控制用户级的话路接续。

LPR 与 CPR 之间的通信，也就是两者之间数据的传递，由于两者的数据分别存放在 RAM 和主存储器 MM 中，所以，LPR 与 CPR 间的通信，实质上就是 LPR 中的 RAM 和 CPR 中的 MM 之间的数据传递。

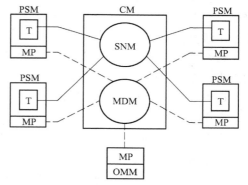

图 5.9　处理机之间通过专用网络连接
T—模块内部交换网；MP—模块处理机；
SNM—互连网络模块；MDM—消息分配模块

为了使 RAM 与 MM 之间的数据传送灵活、方便，在用户级和选组级分别设置了一对专用于通信的存储器，即发送信号存储器（SSM）和接收信号存储器（RSM），通过这些存储器来发送与接收数据，两侧对应工作的 SSM 和 RSM 通过 TS16 建立连接。LPR 与 CPR 间的通信示意图如图 5.10 所示。

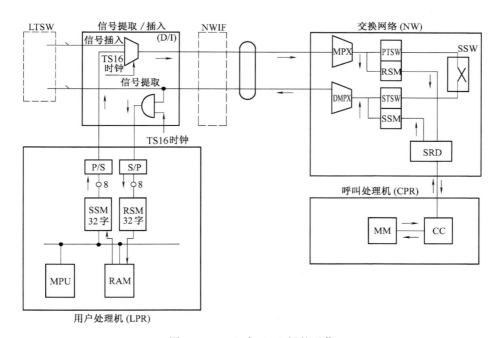

图 5.10　LPR 与 CPR 间的通信

LPR 与 CPR 间传送的信息，以复帧形式出现，每复帧传送一个信号单元的信息。在 LPR 中，需要送往 CPR 去的数据主要是反映用户摘机挂机及拨号等用户回路状态的信息，通过周期地扫描，这些数据被 LPR 进行处理后，经 RAM 由程序控制写入 SSM。SSM 中的信息，在硬件电路作用下，以 2 ms 为周期不断读出，经并串变换电路将 8 位并行码变为串行码，在时钟控制下，进入信号插入器。插入时隙为 TS16，然后经网络接口（NWIF）送往选组级交换网络。

每个用户集中器与选组级网络之间通过 4 条 PCM 线相连，LPR 与 CPR 间的通信仅使用其中两条的 TS16，一个为主用，一个为备用。

LPR 的 SSM 共有 32 个单元，其中 16 个用作存储一复帧的数据，另外 16 个为备用，每单元字长为 9 bit，其中 1bit 为校验位。

由 LPR 送至交换网络的数据，经 MPX 后写入 RSM，RSM 中的数据被周期性地读出，经信号接收分配器 SRD 送到 CPR 的 MM 中，从而完成了从 LPR 到 CPR 的数据传送过程。

由 CPR 送给 LPR 的数据，主要是用来控制用户电路继电器动作或释放的信号分配信息，以及通知选定的空闲时隙号码的用户控制信息，它们由 CC 控制，从 MM 中取出数据经 SRD 写入到 SSM 的相应单元中，然后经 DMPX 在 PCM 的下行通道 TS16 中送往用户级，经用户级的信号提取及串并变换，以并行码形式写入用户级的 RSM，并由程序控制传送到 RAM，经过 LPR 处理后，控制用户级话路设备工作。

LPR 与 CPR 之间通信内容如表 5.1 所示。

表 5.1　局内呼叫 LPR 与 CPR 间的通信内容

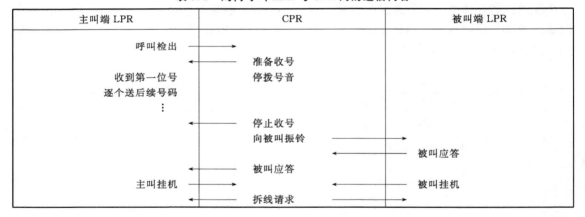

LPR 与 CPR 之间的通信以信号单元为单位，一个信号单元包括一个复帧（16 帧）的信息，占用 16 个存储单元。一个信号单元的内容可分为控制数据和用户数据两个主要部分。信号单元的格式如表 5.2 所示。

表 5.2　信号单元的格式

8	7	0	
P	复帧起始标志	0	帧
P	控制数据	1 ~ 5	
P	用户数据	6 ~ 13	
P	垂直校验	14	
P	水平校验	15	

控制数据为通信控制过程所需的附加数据，它主要包括逆转字节指示、标志、优先度及差错控制等信息。此外，复帧起始（同步与告警）标志与校验数据也用于通信传输控制。用户数据是处理机之间转移的数据内容，主要包括扫描、信号分配及线路控制等信息。

5.4 控制系统的呼叫处理能力

系统能力是反映一部程控交换机外部特征的重要指标，它主要包括用户线容量、中继线容量、话务量和呼叫处理能力四项指标。用户线容量和中继线容量分别表示交换机在一定条件下可连接的用户线和中继线的最大数量。话务量表示交换机忙时所能承受的最大话务负载，而呼叫处理能力则表示在规定的服务质量前提下处理机处理呼叫接续的能力。

5.4.1 话务量的基本概念

话务量是单位时间内（忙时）交换系统中发生的呼叫次数与每次呼叫占用时长的综合量度，它反映了交换网络或机键占用程度，通常用单位时间内发生的平均呼叫次数 N 与每次呼叫的平均占用时长 S 相乘来表示话务量 A，即 $A = S \cdot N$。话务量的单位是爱尔兰（Erl）或小时呼。

上面介绍的只是话务量的一般概念，但在实际当中，一个交换机所处理的呼叫是多种多样的，所以交换机在工作中所承担的话务量也是不同的，根据呼叫类别来分，话务量可分为发端呼叫（A）、局内呼叫（B）、出局呼叫（C）、入中继呼叫（D）、入局呼叫（E）、转接呼叫（F）、终端呼叫（G）和出中继呼叫（H）等 8 种，如图 5.11 所示。另一方面，从呼叫成功与否来看，话务量又可分为流入话务量和流出话务量、完成话务量和损失话务量，损失话务量是由于呼叫不成功而引起的。呼叫不成功的原因可能是由于用户引起的（如拨号不全、拨号错误、被叫忙或不应答等），也可能是由于交换设备本身造成的（如交换网络阻塞、系统故障、公用资源全忙等）。

由于用户使用电话的随机性，所以交换机的话务量是波动的，为了满足服务质量，在配置交换机公用设备时，应以忙时话务量作为计算依据。

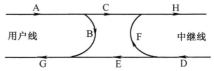

图 5.11 不同呼叫类别的话务量

5.4.2 呼叫处理能力

呼叫处理能力常用一个专用名词"最大忙时试呼次数"（BHCA）来表示，它给出控制系统忙时能够处理的最大呼叫次数。

影响呼叫处理能力的因素主要有系统容量、系统结构、处理机能力、软件设计水平及采用的编程语言等。

1. 系统容量对 BHCA 的影响

系统容量越大，则处理机用于非呼叫处理（例如扫描等）的时间越长，从而降低了BHCA。

2. 系统结构对 BHCA 的影响

不同的系统结构，处理机之间的通信方式及负荷分配方式也不同。处理机通信方式高效与合理的负荷分配均能提高控制系统的 BHCA。

3. 处理机能力对 BHCA 的影响

处理机主频的高低、指令系统功能的强弱、内存空间的大小和 I/O 接口的效率都会影响到 BHCA。

4. 软件设计水平对 BHCA 的影响

软件设计水平的提高，可使软件功能模块安排更为合理，减少不必要的任务调度和非呼叫处理机时，提高 BHCA。

5. 编程语言对 BHCA 的影响

合理选用编程语言，既注意到高级语言（例如 CHILL）的编程效率高、可读性好及易于移植的优点，又注意到采用汇编语言编写某些启动频繁、实时性要求高的程序，以提高 BHCA。

5.4.3　呼叫处理能力与话务量的区别与联系

呼叫处理能力与话务量有着密切的关系，一般来讲，话务量越高，呼叫处理次数也就越多。但它们之间又有着重要的区别，话务量承受能力与交换网络容量及公共服务电路数量有关，但主要取决于数字交换网络的容量，因为交换网络容量越大，能够承担的话务量就越高，而呼叫处理能力则主要取决于控制系统的处理能力。

关于呼叫处理能力与话务量之间的区别可用人工交换的例子来说明，假设一部人工交换机共有 10 条塞绳电路，由一个话务员控制进行交换工作，话务员每小时能够完成的接续次数为 60 次。由于塞绳电路数量的限制，交换机同时完成接续的通路数量不能超过 10 个，因此能够承担的话务量最大不能超过 10 Erl。由话务量的概念可知，在每次呼叫的通话时长一定的情况下，话务量越高，需要话务员进行接续的次数越多，话务员越忙。但话务量并非总是与呼叫次数成正比，因为每次呼叫的通话时长并非定值。例如，某小时内发生的呼叫次数为 40，而每次呼叫的平均占用时间为 12 min，则在这一小时内的话务量 A＝12×40/60＝8(Erl)，此时实际发生的呼叫次数与话务量均未达到人工交换系统承受能力的最高指标，属正常工作范围。但是如果在另一小时内，假如发生了 60 次呼叫，而每次呼叫的平均占用时间为 6 min 的话，则此时的话务量 A＝6×60/60＝6(Erl)，在上述两个小时内，虽然后一小时的话务量小于前一小时，远未达到交换系统所能承担话务量的极限，但此时呼叫接续次数却已达到话务员操作能力的极限，其繁忙程度大大超过前一小时。

从另一方面讲，在发生的话务量一定的条件下，交换网络的容量越小，则呼叫过程中遇到阻塞的机会越多，即接通率低，此时往往会造成大量的重复呼叫，使呼叫接通率进一步下降，形成恶性循环。反之，交换网络容量越大，则呼叫过程中遇到阻塞的机会越少，此时接通率高，呼叫次数也就相对少一些。一个交换系统正常工作时，其呼叫次数和话务量均不能超过其限定标准。

5.4.4　呼叫处理能力的计算

处理机用于呼叫处理工作时，在单位时间内所耗费的机时可用占用率 t 表示：

$$t＝a＋bN$$

式中，a 为额外开销，即用于非呼叫处理的机时，如执行扫描与管理程序等，它决定于交换机的容量和结构。其值随交换系统话务量而变，通常为 0.15～0.3，话务量高时，a 值也稍高一些。b 为处理一次呼叫的平均机时。不同呼叫所执行的指令数不同，一般局内呼叫

所需执行指令数较少，出局呼叫所需执行指令数较多，若每次呼叫的平均执行指令数为
16 000条，处理一条指令的平均时间为 2 μs 的话，则处理一次呼叫平均需要时间为 32 ms。
N 为单位时间内处理的呼叫次数。欲求交换系统单位时间内处理的呼叫次数 N，由占用率
公式可知：

$$N=(t-a)/b$$

为了考虑话务量可能会产生波动，故上式中 t 一般可取为 0.8～0.9 左右，留有一定的
富余量。

5.1　程控交换机的控制系统一般应具备哪些功能？

5.2　提高控制系统可靠性的措施有哪些？

5.3　在多处理机系统中，处理机之间采用容量分担和功能分担这两种分工方式有何
区别？

5.4　处理机之间通信的方式有哪几种？

5.5　什么是话务量，如何计算话务量？

5.6　什么是呼叫处理能力？它的含义是什么？呼叫处理能力与话务量的关系及区别是
什么？

6

呼叫处理的基本原理

实现电话的呼叫接续，在数字程控交换机中，是由呼叫处理程序控制硬件设备，二者互相配合完成的。

呼叫处理程序是数字程控交换机软件中的一个重要组成部分，根据呼叫类型不同呼叫处理程序也不一样，但基本原理是一致的。本章主要介绍本局呼叫处理过程、呼叫处理的基本原理与各种处理的实现方法。

6.1 呼叫处理的基本概念

呼叫处理是指：从主叫用户摘机呼出开始，到与被叫用户通话结束，双方挂机复原为止，处理机执行呼叫处理程序，进行呼叫接续的操作。为了说明呼叫处理在呼叫过程中的作用，下面先介绍在程控交换机内是如何对本局呼叫进行处理的过程。

6.1.1 本局呼叫处理过程

用户空闲时，交换机进行周期性扫描，监视用户线的情况，等到用户摘机呼出，就开始进行呼叫处理。

（1）主叫用户 A 摘机呼出

交换机检测到用户 A 的摘机信号。

（2）送拨号音，准备收号

• 交换机寻找空闲收号器以及它和主叫用户之间的空闲路由，将主叫用户和收号器接通。

• 找寻一个空闲的主叫用户和拨号音源间的路由，将主叫用户和拨号音源接通，向主叫用户送拨号音。

• 监视收号器输入端的信号，准备收号。

（3）主叫用户拨号

• 由收号器接收用户所拨号码。

• 收到第一位号后，停拨号音。

• 对收到的号码按位存储。

（4）号码分析

• 对收到的前几位号码进行分析，以决定呼叫类别（局内呼叫、出局呼叫、长途呼叫、特服呼叫等），并决定该收几位号。

（5）检测被叫用户忙闲，预占有关路由

号码收齐后，检查被叫用户是否空闲，若空闲，则选择并预占向主叫用户送回铃音路由，和预占主、被叫用户通话路由。

（6）向被叫用户振铃

· 向被叫用户 B 送铃流。

· 向主叫用户 A 送回铃音。

· 监视主、被叫用户状态。

（7）被叫用户应答和通话

· 被叫用户摘机应答，交换机监测到以后，停振铃和停回铃音。

· 建立用户 A 和 B 间的通话路由，开始通话。

· 启动计费设备，开始计费。

· 监视主、被叫用户状态。

（8）通话完毕，主叫用户先挂机

· 主叫用户先挂机，交换机监测到后，路由复原。

· 停止计费。

· 向被叫用户送忙音，被叫用户挂机复原。

（9）被叫用户先桂机

· 被叫用户挂机，交换机监测到后，路由复原。

· 停止计费。

· 向主叫用户送忙音，主叫用户挂机复原。

6.1.2　状态、事件、呼叫处理与状态迁移

从上述呼叫过程可以看出，一个完整呼叫过程是分为若干个阶段进行的，这是电话交换的一个特点，为了便于说明呼叫处理的过程，这里需要引入三个重要的概念：状态、事件与状态迁移。

状态是稳定状态的简称，用以表述一个呼叫过程中相对稳定的阶段，例如上述呼叫过程中，用户空闲时称为"空闲状态"，通话阶段称为"通话状态"等。

两个相邻状态之间的转换称为状态迁移。引起状态迁移的是外来信号（来自用户、本局或外局），这些外来信号主要是由用户摘机、挂机和拨号等用户的动作引起的，也可由超时、设备故障等交换机内部因素引起。为了与其他信号区分开，常把这种引起状态迁移的信号（或原因）叫做事件。

至此，我们可以将一个呼叫划分为许多不同的状态，而把一个呼叫过程视为一系列状态有序迁移的过程，而呼叫处理就是执行呼叫处理程序、控制状态有序迁移的操作。

6.2　用状态迁移图描述呼叫处理过程

从前一节可以看出，整个呼叫处理过程就是处理机监视、识别输入信号（如用户线状态、拨号号码等），然后进行分析、执行任务和输出命令（如振铃、送信号等）。接着再进行监视、识别输入信号、再分析、执行……循环下去。但是，由于在不同情况下，出现的请求以及处理的方法各不相同，一个呼叫处理过程是相当复杂的，在呼叫中所有可能发生的情况都要考虑到。例如识别到挂机信号时，可能是用户听拨号音时中途挂机、拨号（收号阶段）

中途挂机，振铃阶段中途挂机还是通话完毕挂机，处理方法也各不相同。

要正确地描述复杂的呼叫处理过程，最好的方法是使用状态迁移图。状态迁移图是CCITT建议的SDL/GR（功能和描述语言/图形）中以图形来描述通信处理过程的方法，在各种程控交换机的功能描述方面起着很大的作用。由于它结构简洁精练、可读性很强和适应性广，既可以对系统做概括性描述，也能够运用到局部的详细描述中去，所以在程控交换机的软件开发、设计、生产、维护、学习与培训等各阶段都可应用，描述呼叫处理过程也非常合适。

SDL/GR常用的图形符号如图6.1所示。

图6.2画出的是使用SDL/GR描述本局呼叫处理过程的例子。图中共有7个状态，每个

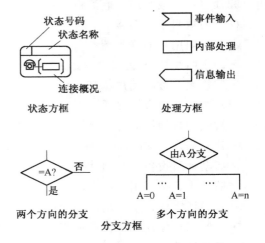

图 6.1　SDL/GR 常用的图形符号

状态都有一个状态号码，每个状态都对应着引起该状态迁移的若干个有效事件，在每个状态下，任一有效事件的出现，都会引起状态的转移，在转移过程中，同时进行一系列操作，控制相应的硬件动作，修改有关的数据。

图中各种图形框内的文字是处理操作的名称，说明状态转移中要做的处理工作。状态方框之中，除了标明状态名称和编号外，还画了在此状态下，硬件的连接关系和有关信号的传送流向，说明在这个稳定状态为用户提供了哪些条件为接续服务。

从图6.2可看出状态迁移，即呼叫处理的全过程。

1. 用户摘机呼出，出现"摘机"事件，呼叫处理进行以下操作

· 接收号器

· 送拨号音

· 启动时间监视

· 修改用户状态数据

状态从"空闲"迁移到"等待收号"状态。

2. 在"等待收号"状态，可能出现的事件有：主叫用户拨号；主叫用户久不拨号，超过规定时间（超时）；主叫用户挂机。根据事件性质，呼叫处理执行不同的操作。

（1）主叫用户拨号

· 收到第一位号，停拨号音

· 停久不拨号时间监视

· 号码存储

· 在号码没有收齐时，再启动时间监视

状态从"等待收号"迁移到"收号"状态。

（2）主叫用户久不拨号，超时

· 停拨号音

· 复原收号器

· 向主叫用户送忙音

状态从"等待收号"迁移到"听忙音"状态（如图 6.2 中状态 7 所示）。

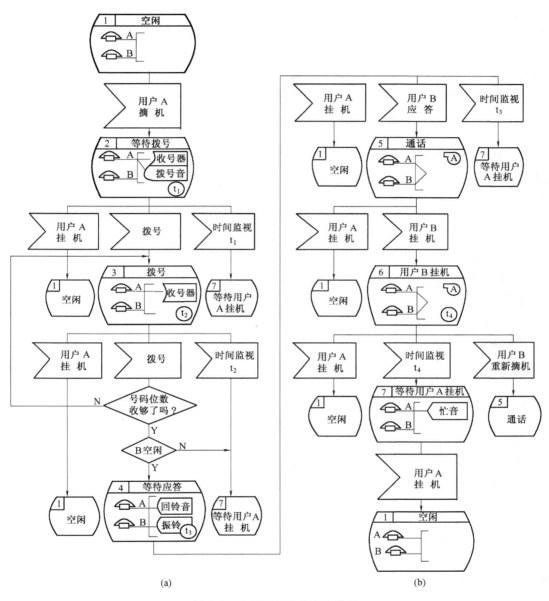

(a)　　　　　　　　　(b)

图 6.2　本局呼叫的状态迁移图

（3）主叫用户挂机

· 停拨号音

· 复原收号器

· 停久不拨号时间监视

状态从"等待收号"回到"空闲"状态。

3. 在"收号"状态，可能出现的事件有：主叫用户继续拨号；主叫用户久不拨号，超过规定时间（超时）；主叫用户挂机。

根据事件性质，呼叫处理执行不同的操作。

（1）主叫用户继续拨号

· 停久不拨号时间监视

· 号码存储

· 在号码没有收齐时，再启动时间监视，继续存储号码

· 在号码收齐后，则进行数字分析，分析结果有几种可能：

a）号码是空号，复原收号器，向主叫用户送忙音，状态从"收号"迁移到"听忙音"状态。

b）号码是本局呼叫，复原收号器，检测被叫用户忙闲，如被叫用户闲，则向被叫用户振铃，向主叫用户送回铃音，启动久叫不应时间监视。状态从"收号"迁移到"等待应答"状态。

（2）主叫用户久不拨号，超时

· 停拨号音

· 复原收号器

· 向主叫用户送忙音

状态从"收号"迁移到"听忙音"状态。

（3）主叫用户挂机

· 停拨号音

· 复原收号器

· 停久不拨号时间监视

状态从"收号"回到"空闲"状态。

4. 在"等待应答"状态，可能出现的事件有：被叫用户摘机应答；被叫用户久叫不应，超过规定时间（超时）；主叫用户挂机。

根据事件性质，呼叫处理执行不同的操作

（1）被叫用户摘机应答

· 停振铃

· 停送回铃音

· 停久叫不应时间监视

· 接通通话电路

状态从"等待应答"迁移到"通话"状态。

（2）被叫用户久叫不应，超过规定时间（超时）

· 停振铃

· 停送回铃音

· 向主叫用户送忙音

状态从"振铃"迁移到"送忙音"状态。

（3）主叫用户挂机

· 停振铃

· 停送回铃音

· 停久不拨号时间监视

状态从"振铃"回到"空闲"状态。

5. 在"通话"状态，可能出现的事件有：主叫用户挂机；被叫用户挂机

根据事件性质，呼叫处理执行不同的操作

（1）主叫用户挂机

· 拆除通话电路

· 向被叫用户送忙音

主叫用户状态从"通话"回到"空闲"状态。

被叫用户状态从"通话"迁移到"听忙音"状态。

（2）被叫用户挂机

· 拆除通话电路

· 向主叫用户送忙音

被叫用户状态从"通话"回到"空闲"状态。

主叫用户状态从"通话"迁移到"听忙音"状态。

由图 6.2 可以看出，用 SDL/GR 语言画出的状态迁移图非常直观，对于理解程控交换机呼叫处理过程非常有用。

6.3　呼叫处理的一般模式

从状态迁移图 6.2 可以看出，每进行一次状态迁移，交换机都要检测随机出现的事件；根据事件的性质和当前状态确定应进行什么操作；改写状态数据并发出相应的操作命令。为了明确上述几种工作的性质，并与 SDL/GR 语言的表达方式协调一致，在程控交换机中，引入四个概念：输入处理、分析处理、内部任务执行和输出处理。

1. 输入处理

这是数据采集部分。它识别并接受从外部输入的处理请求和其他有关信号，对应的程序称为输入处理程序或简称输入程序。

2. 分析处理

这是内部数据处理部分。它根据输入信号和现有状态进行分析、判别，然后决定下一步做什么工作。

3. 内部任务执行

这是软件的具体执行部分，主要是对状态数据的操作。

4. 输出处理

这是输出命令部分，主要是对硬件设备的驱动。

应当说明，程控交换机的任务执行部分，要分三步进行，在硬件设备动作/复原的前后都有软件的操作，前者称为准备操作，后者称为后处理。对应的程序分别称之为任务执行（前）程序和任务执行（后）程序，分三步的原因，是为了防止重接，例如要占用某一收号器时，首先要拼装出控制字（控制该硬件动作的数据）并改写其状态数据，使表示它忙闲的"状态位"示"忙"，防止被其他呼叫占用，然后再输出驱动命令，占用该收号器，最后再由软件进行核实。同样在释放某个硬件设备时，要先拼装出控制字（控制该硬件释放的数据），再输出驱动命令，最后再由软件进行核实并将其"状态位"示"闲"。

作了上述定义之后，就可以用图 6.3 来说明呼叫处理的一般模式，以及这些处理之间的

衔接关系。

综上所述，整个呼叫过程就是处理机监视、识别输入信号，然后进行分析、执行任务和输出命令，接着再进行监视、识别输入信号、再分析、执行……循环下去的过程。

每个呼叫处理过程再细分为输入处理、分析处理、任务执行和输出处理四部分。下面将逐个介绍这些处理的工作原理与实现方法。

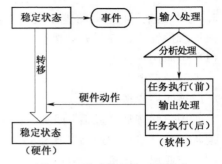

图 6.3　呼叫处理的一般模式

6.4　输　入　处　理

输入处理的主要任务是识别引起状态迁移的事件（输入信号），具体是对用户线、中继线等进行监视、检测并进行识别，然后进入队列或相应存储区，以便以后取用。

输入处理可以分为以下几类：

- 用户线扫描监视——监视用户线状态变化；
- 中继线线路信号扫描——监视中继器的线路信号；
- 接收数字信号——包括拨号脉冲和双音多频信号等；
- 接收公共信道信号方式的电话信号；
- 接收操作台的各种信号。

6.4.1　寻"1"操作与写"1"操作

在程控交换机中，经常会遇到用一个字节中的一位二进制码表示一个设备当前的状态，例如用"1"表示接通，"0"表示断开。字节中的不同位对应着不同的设备，因此要在该字节发生变化时，进行寻"1"操作来确定是哪个设备的状态发生了变化，同理，当要将某个设备的状态变为接通状态时，则要对该字节进行写"1"操作，而使该位对应的某个设备变为接通状态。而当要将某个设备的状态变为断开状态时，则要对该字节进行写"0"操作，而使该位对应的某个设备变为断开状态。因此就要进行寻"1"操作与写"1"操作，分述如下。

1. 寻"1"操作

先说说寻"1"操作，首先要判断字节中是否有"1"存在，这可以使用判断语句if来完成。如有"1"存在，则有两种方法（正序和逆序）来进行寻"1"操作。正序是从字节的最低位依次上升到字节的最高位进行寻"1"操作。逆序正好相反是从字节的最高位依次下降到字节的最低位进行寻"1"操作。在寻到"1"后，便可以根据"1"在字节中所处的位置找到对应的设备，而进行相应的操作。

下面以正序寻"1"为例，用C语言编写的寻"1"操作程序。

设 EquipByte

为要判断的字节。

void EquipOperation（unsigned char EquipBit）

为寻到"1"后对相应的设备进行的处理函数。

则寻"1"操作程序为

```
1  if ( EquipByte ！＝0 )
2   {
3   for ( i＝0；i＜8；i＋＋ )
4    {
5   if ( EquipByte ＆ ( 0x01 ≪ i )！＝0 )
6   EquipOperation ( i )；
7       }
8   }
```

为了方便对程序中的语句进行解释说明，本章在程序中各语句的前面都加上了行号，实际上 C＋＋语言程序基本上是没有行号的。

第 1 行中判断字节中是否有"1"存在，如字节不等于零，则进行下面｛｝内的寻"1"操作。

第 3 行中正序搜索，采用计数循环寻找字节中那一位是"1"，其中：

i＝0；是对确定循环次数的循环变量 i 赋初值，

i＜8；用于确定循环次数，循环 8 次结束循环，

i＋＋；修改循环变量 i，每循环 1 次 i 加 1 一次。

第 5 行中（0x01≪i）用作判断字，

当 i＝0 时，其值是 0 0 0 0 0 0 0 1，与字节 EquipByte 相"与"，以判断第 0 位是否为 1，

当 i＝1 时，0x01 左移 1 位，其值变为 0 0 0 0 0 0 1 0，与字节 EquipByte 相"与"，以判断第 1 位是否为 1。依此类推，

当 i＝7 时，0x01 左移 7 位，其值变为 1 0 0 0 0 0 0 0，与字节 EquipByte 相"与"，以判断第 7 位是否为 1。

如果 EquipByte 中某一位是 1，即 Equip Byte ＆（0x01≪i）！＝0，就进行对应的操作 EquipOperation（i）

这里 i 不仅是循环变量，而且标志与第 i 位对应的操作。

为了加快运算速度，定义了一个数组，它的各元素值为：

Equip［0］＝00000001B
Equip［1］＝00000010B
Equip［2］＝00000100B
Equip［3］＝00001000B
Equip［4］＝00010000B
Equip［5］＝00100000B
Equip［6］＝01000000B
Equip［7］＝10000000B

则以上代码可变为：

```
1  if ( EquipByte ！＝0 )
2   {
3    for ( i＝0；i＜8；i＋＋ )
```

```
4          {
5      if ( EquipByte & Equip ［i］！＝0 )
6            EquipOperation ( i );
7          }
8    }
```

第5行中，判断字改为 Equip ［i］，不通过移位改变，而是通过数组元素的下标 i 直接取值。

当 i＝0 时，Equip ［0］＝00000001B，与字节 EquipByte 相"与"，以判断第 0 位是否为 1。

当 i＝1 时，Equip ［1］＝00000010B，与字节 EquipByte 相"与"，以判断第 1 位是否为 1。依此类推，

当 i＝7 时，Equip ［1］＝10000000B，与字节 EquipByte 相"与"，以判断第 7 位是否为 1。

如果 Equip Byte 中某一位是 1，即 EquipByte & Equip ［i］！＝0，就进行对应的操作 EquipOperation （i）

2. 写"1"操作

写"1"操作既要保证把"1"写到指定的某一位上，又要保证除指定位外其他位应保持现状。

如把对某一位写"1"的字节称为源字节 SB，被写"1"的位称为目的位，写"1"之后除目的位变为"1"之外其他各位中原有之值不应改变。因此应先读出源字节 SB，以获取源字节内的数据，然后再将源字节与屏蔽字相"或"，即可完成写"1"操作。屏蔽字可以采用两种方法生成：

第1种方法是将 0x01 左移到目的位，生成屏蔽字。

第2种方法是利用数组作为屏蔽字。

下面举例说明写"1"操作

设 EquipByte 为要写"1"的字节。

unsigned char Inportb （int port）

为获得源字节 SB 的函数。

则 要将字第 3 位写"1"源代码如下（采用第 1 种方法）：

```
1    EquipByte＝Inportb （int port）;
2    EquipByte＝EquipByte（ 0x01 ≪ 3 ）;
```

第1行中函数 Inportb （int port） 在读接口数据时使用，从所指定的端口 port（例如 0x250）读取一个字节的数据，返回值为所读取到的数据，赋给变量 EquipByte。

第2行中（0x01≪3）是将 0x01 左移 3 位，其值为 00001000，将读取出的字节 Equip Byte 和（0x01≪3）相"或"即可将"1"写入第 3 位而其他位的值保持不变。

同样为了加快运算速度，可定义了一个数组，作为屏蔽字，它的各元素值为：

Equip ［0］＝00000001B
Equip ［1］＝00000010B
Equip ［2］＝00000100B
Equip ［3］＝00001000B
Equip ［4］＝00010000B
Equip ［5］＝00100000B

Equip［6］＝01000000B

Equip［7］＝10000000B

则以上代码可变为：

1 EquipByte＝Inportb（int port）；

2 EquipByte＝EquipByte Equip［3］；

第 2 行中屏蔽字改为 Equip［i］，不通过移位改变，而是通过数组元素的下标 i 直接取值。

6.4.2 用户线扫描监视

用户线扫描监视是输入处理软件的一部分。其主要任务是检测用户线的状态和识别用户线状态的变化。当识别出有状态变化时，即将扫描结果写入有关队列中，交其他程序处理。

对用户的扫描监视是在扫描程序的控制下进行的，用户扫描程序按一定周期被启动执行，即每隔一段时间对用户线状态检测一次。扫描周期过长会影响服务质量，会使用户有等待的感觉，过短则会使扫描动作过于频繁，增加处理机的负担，影响处理机在其他方面的处理能力，一般情况下用户扫描周期约为 100～200 ms。

1. 摘、挂机识别

用户话机有摘机和挂机两种状态，反映到用户回路上的现象是闭合（续）与断开（断），可以从第 3 章介绍的用户电路硬件中读出来。因用户回路只有两种状态，故可用一位二进制数字来表示，例如可用逻辑数字"0"代表回路的闭合，即摘机状态；用"1"代表回路的断开，即挂机状态。

仅读取反映用户回路当前状态的信息，还是不够的，例如，当通过扫描发现用户回路是闭合的话，说明用户处于摘机状态，但该用户是刚刚摘机，还是早已摘机则是不能确定的，因为只有刚摘机的事件才需要进行处理，而早已摘机的事件无需再次处理。鉴于上述原因，判断一个新的摘机事件的发生，除了需要本次扫描的回路状态之外，还需要上次扫描时的回路状态，只有前次扫描用户回路为断开状态，而本次扫描用户回路为闭合状态时，才判为用户摘机。因此在扫描存储器中应划出一部分区域存储上次扫描用户回路的状态信息。

当用"0"表示回路闭合，用"1"表示回路断开时，若用 SCN 表示本次扫描结果，LM 表示上次扫描结果，则根据判断条件，只有本次扫描结果为回路闭合，SCN＝0，上次扫描结果为回路断开，LM＝1，才可判断为用户摘机。

综上所述，判断用户摘机的逻辑判别式为 $\overline{\text{SCN}} \wedge \text{LM}$。如运算结果为 1，表示用户摘机。

用户摘机识别的原理如图 6.4 所示。

用户摘、挂机的识别则采用相反的逻辑判别式 $\text{SCN} \wedge \overline{\text{LM}}$。将用户线由"续"的状态变成"断"的状态检测出来。

如果用户线接口芯片监视点在用户摘机时为高电平"1"，则应首先将输入信号取反，然后再进行上述判断。如果对用户的监视扫描与摘机识别逐个用户进行的话，则由于用户数量大而会花费很长的时间，而且我们知道用户状态只要一位二进制数字（1 bit）代表就可以了，如果处理机每次只处理 1 bit 的话，这种工作效率也就太低了，并未能充分发挥处理机的处理能力。在实际应用中，对用户摘机的监视扫描与识别处理采用"群处理"的方式。所谓"群处理"是将某些同类设备作为一群同时进行处理的意思，此处是每次对一组（群）用户同时进行处理，每组的用户数量等于处理机的字长，这样既节省了处理机时，又提高了识别速度。对一群用户同时扫描也称为"群扫描"。

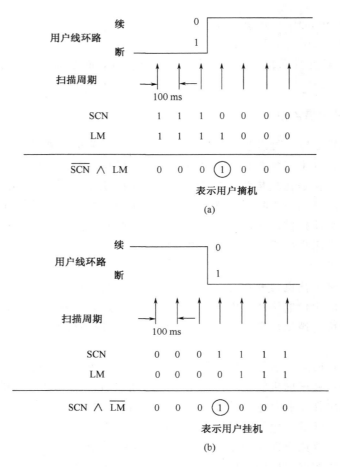

（a）

（b）

图 6.4   用户摘、挂机识别的原理

采用"群处理"方式时，用户摘机识别的判别式为

$$\overline{\text{SCN}} \land \text{LM} \neq 0$$

若处理机的字长为一个字节，即 8 位，让这一群 8 个用户的状态位依序各占这个字节中的一位，如图 6.5 所示，则扫描一群，即读出这个字节中的数据，便可同时取得 8 个用户的状态信息，通过判别式进行逻辑运算，以识别出摘机用户，当判别式结果不为 0 时，则说明该行用户中有摘机事件发生，究竟有几个用户摘机，以及具体是哪一个用户摘机，还要借助于"寻 1"操作对该行运算结果进行逐位寻 1 操作，寻到 1 时，便表明该位对应的用户摘机，然后将此摘机事件予以登记，在摘机事件登记表中要登记摘机用户的设备码，以作为内部处理时的依据，一群处理完毕之后，再扫描下一群并进行同样的处理，直至预定的群数扫完为止。

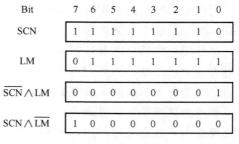

图 6.5   "群处理"的数据结构

例如处理机对某群（8 个用户）的扫描、运算结果如下：

$\overline{\text{SCN}}$　　　　　0 0 0 0 0 0 0 1

LM　　　　　0 1 1 1 1 1 1 1

$\overline{\text{SCN}} \wedge \text{LM}$　　　0 0 0 0 0 0 0 1

$\text{SCN} \wedge \overline{\text{LM}}$　　　1 0 0 0 0 0 0 0

根据运算结果可知检测出 0 号用户发生摘机事件，7 号用户发生挂机事件。

2. 摘机扫描程序

摘机扫描程序的流程图如图 6.6 所示，下面对其作简要分析如下：

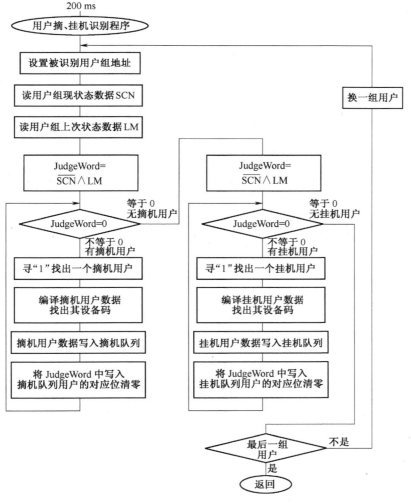

图 6.6　摘机扫描程序的流程图

（1）读取扫描信息

摘机扫描程序启动之后，从指定地址，读取上次扫描的用户状态数据 LM，从指定端口，读取这次扫描的用户状态数据 SCN，它们都是 8 位的数据变量。

（2）识别有无用户摘机

将本次扫描结果 SCN 与上次扫描结果 LM 进行逻辑运算，应注意此处是采用群处理方式进行判断，当 $SCN \wedge \overline{LM} \neq 0$ 时，表示这一组用户中至少有一个用户摘机。

（3）寻"1"操作

当判断出有用户摘机时，就要进行寻"1"操作，即找出摘机用户，这里使用逐位检测方法查出摘机用户。

（4）译成设备号码（坐标码）

当寻到"1"时，则根据本次扫描的行号及识别出的"1"所在的位号，确定出该摘机用户的设备号码，用户的设备号码通常可由机柜（架）号码、机框（单元）号码、电路板号码和电路号码等组成，它表明该用户电路设备的具体安装位置。

（5）编辑数据

对摘机用户的有关数据进行编辑，写入摘机队列。

（6）还有"1"可寻否

当处理完一个摘机事件之后，应继续进行寻"1"操作，看是否还有"1"可寻，若有，则重复 3、4、5、6 的工作，直至无"1"可寻为止。

（7）扫到末行否

判断是否已扫到最末一行，若是，则扫描行号清"0"，否则扫描行号加 1。结束此次扫描。

3. 摘、挂机扫描程序的源代码

摘、挂机扫描程序的源代码如下，为了重点说明摘、挂机识别的方法，这里假定处理机为 8 位处理机，下面给出的是通过扫描识别用户摘机的函数。

　　　　　　　函数名称　　　　void Off _ hook _ Det （　　　）

功能描述：识别用户摘机，检测出摘挂机用户后，将其数据写入队列

形参　　　　　　　　无

返回值　　　　　　　无

执行级别　　　　　　时钟级

执行周期　　　　　　200 ms

```
     void Off _ hook _ Det ( )
     {

1    unsigned char SCN，LM；
2    unsigned int JudgeWord；
3    int i；
4    Subs _ Bit ［0］ ＝0x01；
     Subs _ Bit ［1］ ＝0x02；
     Subs _ Bit ［2］ ＝0x04；
     Subs _ Bit ［3］ ＝0x08；
     Subs _ Bit ［4］ ＝0x10；
     Subs _ Bit ［5］ ＝0x20；
     Subs _ Bit ［6］ ＝0x40；
     Subs _ Bit ［7］ ＝0x80；
5    SCN＝inportb （int port）；
```

　　　　　　　　//检测摘机

6　　JudgeWord＝SCN＆LM；

7　　寻"1"操作语句

8　　LM＝SCN；

第1行为变量说明，说明有两个无符号字符型变量 SCN 与 LM。

SCN 为此次扫描结果，LM 为上次扫描结果。

第2行定义一个无符号整型变量 JudgeWord（识别字）。

第5行为从端口读取用户线状态，用户摘机为0，挂机为1。

第6行为判别有无用户摘机，即用户上次扫描时为挂机状态，这次扫描为摘机状态，令识别字 JudgeWord＝SCN&LM。表示取反，＆ 表示相"与"。

第7行寻"1"操作是找出哪些用户摘机，此处用 JudgeWord 代替本章寻"1"操作中的 EquipByte，Sub＿Bit［i］代替 Equip［i］。

6.4.3　按键话机双音多频 DTMF 号码的接收

双音多频话机送出的号码由两个音频组成。这两个音频分别属于高频组和低频组，每组各有4个频率。每一个号码取其中一个频率（四中取一）。具体话机的按键和相应频率的关系已在第1章介绍过。双音多频收号器的基本结构和芯片也在第4章说明了。这里只讲作为输入处理一部分的 DTMF 接收软件。

在第4章介绍双音多频收号器芯片 MT8870 时，曾经说明，当芯片状态输出端 STD 出现从0到1跳变时，说明它已接收到一个号码，已将数据置于数据输出端。为了掌握何时应从端口（参见第4章图 4.15）中读出收到的数据，应识别 STD 端是否出现从"0"到"1"的跳变，因此对 STD 的识别和用户摘机识别的原理一样，如图 6.7 所示。只是扫描周期不同，因每一位双音多频的信号时长与信号间隔规定等于或大于 40 ms，因此用 20 ms 扫描周期进行扫描。扫描周期过长会使信号丢失。

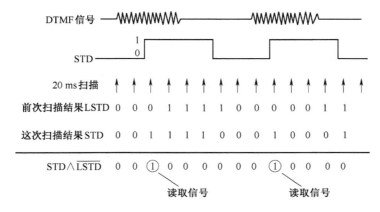

图 6.7　DTMF 收号器 STD 的识别原理

DTMF 收号程序流程图如图 6.8 所示，下面对其作简要分析如下：

DTMF 信号的接收是由任务调度程序启动，每隔 20 ms 执行一次，先读芯片的状态字 STD，并进行检测是否有跳变的运算。

$$\overline{\text{STD}} \wedge \text{LSTD}$$

其中 LSTD 为上次扫描结果。如运算结果为 1，则从芯片的数据输出端读出数据送入缓存器。并判断是否是首位号码，如果是，则根据首位号确定应收位数或是否需要进一步等第二位和第三位号码才能确定应收位数，并停送拨号音，缓存器指针加 1。如果不是，则记录已收位数，缓存器指针加 1，并检测号码是否已收齐。如已收齐，则结束收号。如果未收齐，则在下一 20 ms，再读状态字 STD……。

DTMF 信号接收器模块设计包括硬件电路设计与软件设计两部分，其设计思路与方法及 DTMF 收号程序的源代码详见第 15 章《程控交换各种模块的软、硬件设计》。

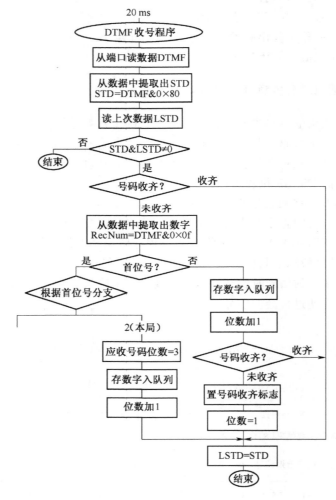

图 6.8   DTMF 收号程序流程图

6.5 分 析 处 理

分析处理就是对各种信息进行分析，从而决定下一步干什么。

分析处理可以分为：

·去话分析；
·号码分析；
·来话分析；
·状态分析。

各种分析功能如图 6.9 所示。

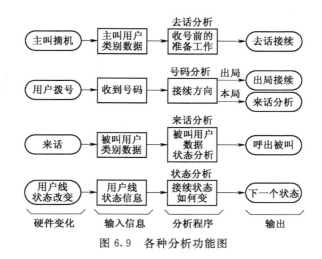

图 6.9 各种分析功能图

与呼叫处理有关的各种信息和数据通常是以表格形式存放在存储区内，因此可以说，分析程序的工作过程实际上就是查表的过程。鉴于上述原因，在介绍分析程序之前，先介绍查表的基本方法：

6.5.1 查   表

存放各种数据的表格可有多种结构形式，但大致可分为单级表和多级表两类，单级表就是表格仅有一级，通过一次查表即可得到最终结果；多级表是由若干级分表组成，要通过多次（逐级）查表后才能得到分析结果。

查表的方法通常有检索法和搜索法两种。

1. 检索法

检索法是通过源数据与表格首地址进行简单运算而得到地址指针，并据此进行查表，以得到目的数据的方法。

查表前，总是可从前面的处理结果中得到一个赖以查表的数据，这个数据称为源数据，也称为输入数据，从表中查得的数据称为目的数据，也称为输出数据。

单级表与多级表的检索法查表示意图分别如图 6.10（a）、（b）所示。

设图 6.10（a）的表格有 n 个记录，每个记录有 k 种数据，每种数据占用表格的一行（一个单元），表格的首地址为 a，若欲查找（输出）第 $i(i=1,\cdots,n)$ 个记录的第 $m(m=0,\cdots,k-1)$ 个数据时，则检索地址为

$$a+(i-1)k+m$$

图 6.10（b）为三级表格的检索法查表示意图。设有 α，β，γ 为三个已知数据（源数据），要求分析出下一步处理的目的数据来，设第一级表首地址为 Fa，查表时，先用 Fa+α 为地址查第一级表，对应单元的标志位为 0，说明该单元中的数据是第二级表的首地址 Sa，

再以 Sa＋β 为地址查第二级表，对应单元的标志位仍为 0，说明该单元中数据是第三级表的首地址 Ta，接着再以 Ta＋γ 为地址查第三级表，对应单元中的标志位为 1，该单元中的数据即为此次查表的目的数据。检索法查表比较适合数据量较大并连续存放的场合。应当说明，已知数据不论其原有含义如何，此处均视为索引值用以查表。

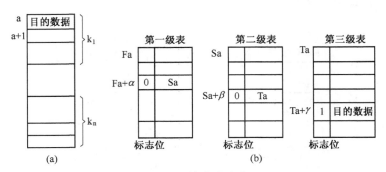

图 6.10   检索法查表

（a）检索法查单级表；（b）检索法查多级表

2. 搜索法

搜索法查表是从搜索表中查找目的数据。搜索表把源数据与目的数据（或目的数据的存放地址）放在一起，如图 6.11 所示，搜索时，把已知数据作为关键字，从表首开始自上而下地依次寻找，与表中的源数据逐一比较，当在表中找到与关键字一致的源数据时，停止搜索，从而得到相应的目的数据。

执行时，除了必须给出表格首地址作为搜索的起点外，一般还须给出表格的容量以限定搜索范围。

搜索法查表的优点是存储区使用紧凑，不要求源数据一定有连续性，缺点是从头到尾搜索要花费较多时间，尤其是被搜索的数据在表格末尾更是如此。

当源数据按一定规律有序排列时，也可从表格中间开始搜索或将表格分段进行搜索。

图 6.11   搜索表

搜索法适用于源数据变化范围较小或事先得不到检索地址的情况。

在程控交换机中，去话分析，数字分析和来话分析一般采用检索法查表，而状态分析一般采用搜索法查表。

3. 位拼装与位分离

在程控交换机中，为了有效地利用存储空间和传输通道，往往在一个字中存放不同性质的数据，此时就需要把这些数据拼装到一个字中，如图 6.12所示。这样就可以将其存放到一个存储单元之中和在一个通道中传送，并在需要的时候，把它们分离取出。前者是位拼装问题，后者是位分离问题。

在讲搜索表的时候，从图 6.11 可以看出若搜索数据位于一个字中间某一位，在对下一级读出要使用这个数据时，就必须把这个数据从字中取出来，这是位分离操作。在程控交

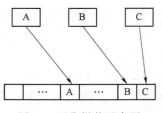

图 6.12   位拼装示意图

换机中，这样的例子是非常多的。

如何用通用快速的方法实现位拼装与位分离，是程控交换机必须解决的问题。

先谈位拼装，这里介绍的是一个通用的方法。为了说明方便，把被拼装的数据位（一位或几位）拼装前所在的字称为源字 S，拼装后所在的字称为目的字，目的字中的位置称为目的位。例如某个数据为 2 位数，在源字中处于 b1 位和 b0 位，拼装在目的字中的 b5 位和 b4 位，如图 6.13 所示。拼装后的目的字中除 b5 位和 b4 位外，其他各位中原有之值不应改变。为了有效地进行位拼装，通常采用的办法是设置一个源屏蔽字 SM 和一个目的屏蔽字 DM。在 SM 中，与源字 S 中被拼装位对应的位（上例中的 b1 和 b0）置"1"，其他位置"0"；而在 DM 中，与目的字中目的位对应的位（上例中为 b5 和 b4）置"0"，其他位置"1"，如图 6.13 所示。为了把源字 S 中被拼装位拼装在目的字的目的位中，而又不破坏目的字中除目的位之外的其余各位的内容，借助 SM 和 DM 指示被拼装位是否与目的位对齐，首先将源屏蔽字 SM 和目的屏蔽字 DM 相"与"来检查位是否对齐，如果被拼装位与目的位已对齐，则 SM 和 DM 相"与"的结果肯定是 0，否则，则将 SM 和 S 各左移一位，每移位一次，进行上述"与"运算一次，一直到位已对齐，相"与"的结果是 0 为止。当位已对齐之后，先将源字 S 和源屏蔽字 SM 相"与"，使除被拼装位保持原值外其余各位都为 0，结果放到 S 中，再将目的字 D 和目的屏蔽字 DM 相"与"使目的位变 0 而其余各位都保持原值不变，最后将源字 S 与目的字 D 进行异或运算，结果放 D 中，即可达到位拼装的目的，流程如图 6.13 所示。上述移位操作采用循环移位，移出的最高位填入最低位之中。

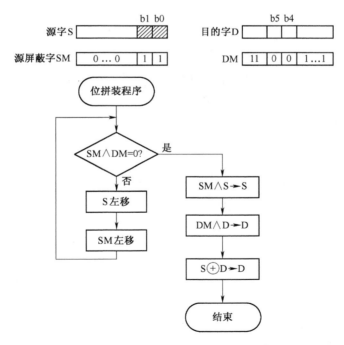

图 6.13 源字、目的字及屏蔽字位和拼装流程

对于位分离，与上述操作过程相似，只不过是将位于一个源字中的某几位数据移到另一个字中的最低几位，不存在保留目的字中其余位的问题，因此操作可以相对简单些。

6.5.2 去话分析

去话分析的源数据是主叫用户的设备号码，可以此为索引在用户数据表中查出其他相关数据。

与用户呼出有关的主要数据有：

· 用户状态；

· 用户类别；

· 呼叫权限；

· 话机类别；

· 是否热线用户；

· 用户对新业务使用权限；

· 用户计费类别；

· 用户各种号码，如电话簿号码、呼叫转移号码等。

去话分析程序流程如图 6.14 所示。

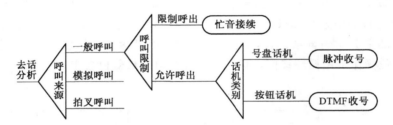

图 6.14 去话分析程序流程

去话分析主要是对上述主叫用户情况进行逐个分析，决定下一步的工作，例如通过去话分析，若摘机用户无权呼出或设备忙，则应向摘机用户送忙音；若用户有权呼出且设备具备接续条件，则应向摘机用户送拨号音，即由交换网络把拨号音电路接通用户。

6.5.3 号码分析

号码分析的数据来源是用户所拨的号码，它可能直接从用户话机接收下来，也可能通过局间信令传送过来，然后根据所拨号码查找译码表进行分析。译码表可以包括以下内容：

· 号码类型；

· 剩余号长，即还要收几位号；

· 局号；

· 计费方式；

· 重发号码；

· 特服号码索引；

· 用户业务号码等。

号码分析分析的结果是：对本局呼叫要识别被叫用户及其类别，启动来话分析程序；对特服呼叫要调用特服程序；对出局呼叫，则应调用出局接续有关程序。

采用查表法进行数字分析具有很大灵活性，可适应电话网及编号制度的变化。在实际应用中，号码分析通常采用逐级查表法，现以三位数字的分析为例，说明数字分析的查表过程。

因需分析三位数字，故采用三级表格，用所收到第 1 位数字查第 1 级表，用第 2 位数字去查第 2 级表，以此类推。第 1 级表仅有一张，第 2 级表最多可有 10 张，第 3 级表最多可有 100 张。表格形成了塔形结构，这是多级表的一般特点。图 6.15 为三位数字查表分析的示意图。图中以铁路电话网为例，设本局局号为 20，本地其他局局号为 21、22，长途号码为 0，故障申告号码为 112，公安电话为 110，查号台为 114，火警为 119。表中每个单元都有一个指示位，指示位为"0"表示分析还没有结论，指示位为"1"表示分析已有结论。

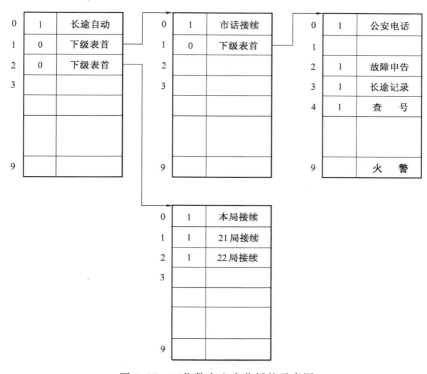

图 6.15 三位数字查表分析的示意图

6.5.4 来话分析

当数字分析的结果是判定为本局接续时，应进行来话分析，即对被叫用户的有关数据（被叫类别字）进行分析。与来话分析有关的被叫用户数据包括如下几种数据：

· 被叫用户的忙闲状态；
· 线路类别
　　包括独用线、同线、连选线等；
· 用户设备号；
· 恶意呼叫跟踪；
· 计费，包括计费类别、用户计次表，自动计费、人工计费等。

来话分析程序流程如图 6.16 所示。

若被叫用户是一个"合法"的受话用户且为空闲状态，则来话分析结果是执行通路选择任务，为主、被叫用户在交换网络中选择（预占）一对空闲时隙；若此次呼叫不允许或被叫用户忙且无话中来话性能，则要向主叫用户送忙音。

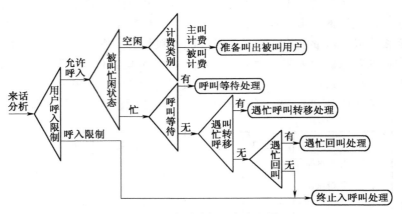

图 6.16　来话分析程序流程图

6.5.5　状态分析

前面所述的三个分析程序分别是针对主叫摘机、接收数字、号码分析为本局接续时三个特定的场合，而状态分析则贯穿整个呼叫接续之中，因为对于在整个呼叫过程中，所出现的任何事件都要做出响应，都要进行状态分析。

1. 状态分析

状态分析的数据来源是状态数据和输入信息，状态分析的依据是：

· 当前状态；

· 事件（输入信息）；

· 提出处理要求的设备或任务。

状态分析程序流程如图 6.17 所示。

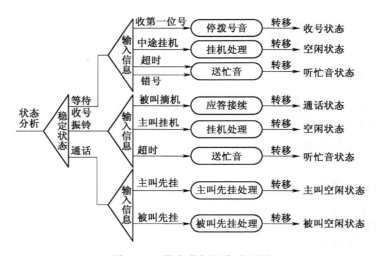

图 6.17　状态分析程序流程图

状态分析根据上述信息经过分析以后确定下一步任务。如出现摘机事件（从用户电路输入摘机信号），在空闲状态时，经过状态分析以后，知下一步是去话分析，即转向去话分析程序，如摘机信号来自处于振铃状态的用户，下一步是接通主、被叫用户之间的通路。

状态分析中出现的事件主要有：主叫摘机；主、被叫挂机；被叫应答；摘机久不拨号和振铃久叫不应等超时；话路测试遇忙，被叫用户测试遇忙，号码分析结果是空号等。

状态分析也可以采用查表方法来执行。表格的内容包括：

- 处理要求
- 输入信息的设备
- 下一个状态号
- 下一个任务号

前两项是输入信息，后两项是输出信息。

2. 状态分析程序

在程控交换机软件程序中，当出现某一事件时，进行状态分析一般采用 Switch-case 语句，Switch-case 语句是根据给定条件进行选择的多分支选择语句，进行状态分析，使用 Switch-case 语句，可以使程序非常清楚明确，可读性非常好。

下面以出现用户挂机事件为例，说明状态分析的实现方法。

读挂机队列语句；如有用户挂机则进行状态分析，按用户现状态分支，使用 Switch-case 语句。

```
switch（用户现状态号码）
{
case 1：      //等待收号，听拨号音状态
        停送拨号音语句；
        改写用户存储块 Smb［SmbNum］语句；
        清空呼叫状态存储块 Ccb［CcbNum］语句；
        释放呼叫状态存储块 Ccb［CcbNum］语句；
        拆除连接语句；
          break；
case 3：      // 振铃状态
        停振铃语句；
        改写用户存储块 Smb［SmbNum］语句；
        清空呼叫状态存储块 Ccb［CcbNum］语句；
        释放呼叫状态存储块 Ccb［CcbNum］语句；
        拆除连接语句；
          break；
case 5：      //通话  状态
        向未挂机方送忙音语句；
        改写用户存储块 Smb［SmbNum］语句；
        清空呼叫状态存储块 Ccb［CcbNum］语句；
        释放呼叫状态存储块 Ccb［CcbNum］语句；
        拆除连接语句；
          break；
case 6：      //听忙音
        停送忙音语句；
```

改写用户存储块 Smb〔SmbNum〕语句；

　　　break；

　　　　}

6.6　任务执行和输出处理

在进行分析处理后，给出结果，并决定下一步要执行的任务。任务的信息来源于输入处理，任务的执行就是要完成一个呼叫处理操作。

6.6.1　任务执行

任务执行分为三个步骤：

1．动作准备：首先要找出要启动的硬件和要复原的硬件，并在启动以前将该硬件的忙闲位示忙。

2．输出命令：根据编好的命令进行输出。

3．后处理：硬件动作转移至新状态后，软件要检测命令的执行结果。

6.6.2　输出处理

输出处理包括：

· 通话话路的驱动、复原；

· 发送控制信号；

· 转发号码信号；

· 发公共信道信号；

· 发计费脉冲；

· 发处理机间通信信息；

· 发测试码等。

6.7　通路选择

通路选择也称链路选择，它是程控交换机中的一项非常重要的工作，属于内部处理中任务执行程序的范畴。

在呼叫接续中，从交换网络中选出一条通路的方式可有自由寻线和强迫寻线两种。自由寻线是某一条指定入线在一群出线中任选一条，完成接续而构成通路，一般用于对出中继线的选择（也称路由选择）。强迫寻线是在某一指定入线与指定出线之间完成接续而构成通路，一般用于主、被叫之间的通话电路选择。显然，自由寻线比强迫寻线可选用的通路数要多，灵活性较大。

通路选择是在来话分析确定任务后执行的。

1．通路选择的任务

通路选择的任务是根据已定的入端和出端在交换网络上的位置，选择一条空闲的通路（即一个空闲的网络内部时隙）一条通路往往由若干级链路串接而成，只有相接的各级链路都空闲时才是空闲通路，在选择通路时，通常采用条件选试。即要全盘考虑所有的通路，从中选择一条各级链路都空闲的通路。

为了进行通路选试，在内存中设有网络各级链路的忙闲表，称为网络映像图。所谓网络映像图，实际上是各级链路（时隙）忙闲状态的一个专用存储区，集中存放各链路的状态信息，以便于采用群处理方式进行通路选择。

当数字交换机采用单级 T 形无阻塞交换网络，进行自由寻线时，只要选择到一个空闲的出端就可以了，而进行强迫寻线时，实际上不存在通路选择的问题。对于 N 级交换网络，其链路级数为 N—1，网络级数越多，复用度越高，其工作时选择灵活性越大，则通路选择工作也越复杂。下面以 TST 三级交换网络的通路选择为例来介绍通路选择基本原理。

2. TST 交换网络的链路忙闲表

某 TST 交换网络的结构示意图如图 6.18 所示，每个 T 形接线器的出入线时隙数为 1 024，输入 T 级和输出 T 级各有 m 个 T 形接线器，故 S 级接线器为 mxm 的交叉矩阵，输入 T 级称为初级 T 形接线器（PTSW），输出 T 级称为次级 T 形接线器（STSW），对应的 PTSW、STSW 和 S 级组成一个模块，则整个交换网络包括 m 个模块。

每个网络模块都有两个忙闲表，一个表示初级链路（即 PTSW 输出时隙）的忙闲状态，称为初级忙闲表。另一个表示次级链路（即 STSW 输入时隙）的忙闲状态，称为次级忙闲表。每张忙闲表包括 32 行，每行有 32 bit，每 1 bit 代表一条链路（1 个内部时隙）的忙闲状态，1 表示链路空闲，0 表示链路忙。在 32 行信息中，0 行的 32 bit 代表 0～31 时隙，1 行的 32 bit 代表 32～63 时隙……31 行的 32 bit 代表 992～1 023 时隙。链路（内部时隙）忙闲表如图 6.19 所示。

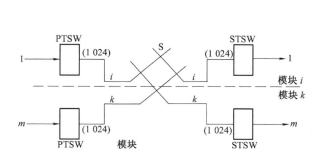

图 6.18 TST 网络结构示意图

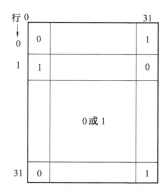

图 6.19 链路（内部时隙）忙闲表

3. 通路选择

通路选择时，出入端的位置早已确定。例如，入线（主叫）在第 i 个网络模块，出线（被叫）在第 k 个模块，由此可知，要选择空闲通路的话，需要检查第 i 个模块的初级忙闲表和第 k 个模块的次级忙闲表（i 也可以等于 k）。

通路选择的具体做法是，在第 i 个初级忙闲表和第 k 个次级忙闲表中，逐次读出相同行号的信息，并对从两表中取出的同一行的信息进行逻辑乘运算，若运算结果等于 0，说明该行对应的 32 条链路（32 个时隙）均不空闲，则选取下一行继续进行运算；若运算结果不为 0 时，则在运算结果中进行寻 1 操作，选择一条空闲链路。只有对应的初级链路和次级链路都空闲时，相应的通路才算空闲。在链路选定之后，应将两张忙闲表中相应比特改忙（将 1 改成 0）。

被叫至主叫的空闲链路（或空闲内部时隙）可由第 k 个初级忙闲表和第 i 个次级忙闲表

采用逐行相乘寻找空闲通路的方法求得，也可采用反相法原理，即选用与主叫至被叫所占内部时隙相差半帧的另一内部时隙。通路选试程序的流程图如图 6.20 所示。通路选择的结果暂存于存储器中，只是完成软件上的选择预占用，故也称预占，因为实际通路是在被叫应答之后才真正接通。

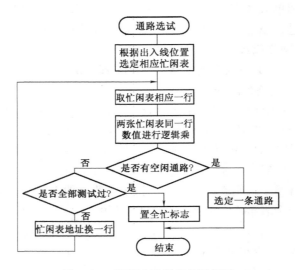

图 6.20　通路选试程序的流程图

6.8　状态迁移与状态管理

6.8.1　状态迁移的原则

从图 6.2 中可以看出有关状态迁移的原则：

1. 状态转移的时间

状态在何时转移，是由事件（外来信号）出现的时刻确定的。在一个稳定状态下，如果没有输入信号，即如果没有处理要求，则处理机是不会进行任何处理的，状态也不会转移。例如在空闲状态时，只有当处理机检测到摘机信号以后，才开始处理，并进行状态转移。

2. 状态转移的方向

在事件出现时，执行何种程序、向哪一个稳定状态转移，则是由处理机执行分析程序，根据接续进展情况（即现时状态）、事件的性质（即输入信号的类型）和外部条件来确定，分别说明如下：

（1）同样的输入信号，在不同状态时会进行不同处理，并会转移至不同的新状态。例如同样检测到摘机信号，如果现行状态是"空闲"，则认为是主叫摘机呼出，如有条件进行接续，则接收号器和送拨号音，转向"等待收号"状态，而如果现行状态是"振铃"，则被认为是被叫用户摘机应答，要进行通话接续处理，向"通话"状态转移。

（2）在同一状态下，出现不同的事件，处理也不同，例如在"振铃"状态下，收到主叫挂机信号，要做中途挂机处理，转向"空闲"状态；收到被叫摘机信号，则要做通话接续处理，转向"通话"状态；而如果被叫用户久叫不应，超过规定时间，则做送忙音处理，转向"听忙音"状态。

（3）在同一状态下，出现同样的事件，也可能因设备情况不同，需要进行不同的处理，如在"空闲"状态下，主叫用户摘机，要进行收号器接续处理，如果不具备接续条件，即无空闲的收号器，或者无空闲路由（主叫用户接收号器的路由或送拨号音的路由）则就要进行送忙音处理，转向"听忙音"状态。如果有空闲的收号器和空闲路由，则进行接收号器和送拨号音处理，转向"等待收号"状态。

一个呼叫过程应具有多少个状态，是由交换机的规模大小与功能多少确定的。

6.8.2　状态存储块

事件、现状态、硬件条件是决定状态转移的三要素。它们是在呼叫过程中产生和变化的。其中的状态更是确定向何处转移的主要因素。为此必须设置状态存储块和状态管理程序，以记录当前状态和处理状态的转移。这里简要说明主要的状态存储块的结构并介绍状态管理程序在各个接续阶段的工作。在程控交换机中，主要的状态存储块有两个，分述如下：

1. 用户状态存储块

用户状态管理主要任务是根据事件的性质和用户的现状态来管理用户状态的迁移，每个用户都设有一个用户状态（数据）存储块，除了记录用户的当前状态外，还记录其他和用户及接续有关的信息，例如呼叫状态存储块号码，用户占用的时隙号码和母线号码等。如图6.21所示。

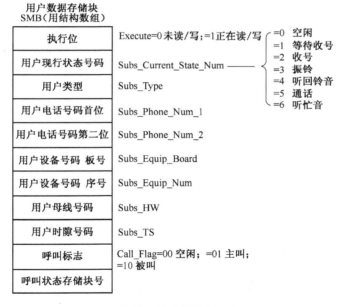

图 6.21　用户状态存储块

用户状态（数据）存储块记录用户的所有数据（属性），其中既有静态数据（半永久性数据），也有动态数据（在呼叫中产生的暂时数据）。

2. 呼叫状态存储块 CCB

为了对各个呼叫进行状态管理，系统软件中安排了若干个呼叫状态存储块 CCB，供各个呼叫使用，即对于每一个呼叫，都要占用一个呼叫状态存储块，以记录在呼叫过程中产生的各种数据，因为呼叫的数量是随话务量的多少而改变的，故实际占用的呼叫状态存储块数量也随话务量的变化而变化，因此呼叫状态存储块就可以像其他公共资源一样，为众多呼叫所公用，在出现呼叫时，从空闲的呼叫状态存储块中选用一个，而不像用户状态存储块那样与设备一一对应。在找到 DTMF 收号器，有接续条件之后，就应寻找一个空闲的呼叫状态存储块，以记录这个呼叫的有关信息。

呼叫状态存储块记录的内容较多，所有和这次呼叫有关的数据，都要记录下来。因此要占用较多的存储空间，记录的数据有呼叫类型、呼叫状态信息、用户信息和时间信息等。此外还包括呼叫状态存储块本身的信息：忙/闲、执行/未执行以及呼叫状态存储块本身的号码。以便程序能正确的对这个呼叫状态存储块进行读/写操作。如图 6.22 所示。

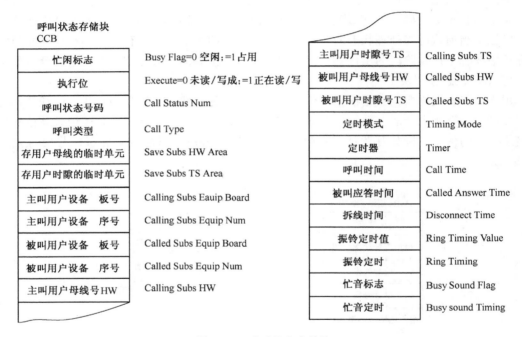

图 6.22　呼叫状态存储块

6.8.3　状态迁移小结与状态迁移的处理模式

在程控交换机中，将一个呼叫划分为许多不同的状态之后，就可以把一个呼叫过程视为一系列状态有序迁移的过程，而呼叫处理就变为执行呼叫处理程序，控制状态有序迁移的操作。

因为状态向何处转移，是根据事件的性质和现行状态确定的。在同一状态下输入信号（事件）不同或不同状态下输入同类信号（事件）均将导致不同的转移。即状态向何处转移不仅和事件的性质有关，而且和当前状态有关。这样状态管理程序在收到引起状态转移的信号（事件）之后，就必须先查阅状态存储块，从中找出状态号码，才能以现行状态为基础，按照事件的性质确定下一步迁移的方向。在查阅状态存储块时，要先检查一下这个存储块的执行位，确认这个状态存储块是可查阅之后，才能从这个状态存储块读取数据，这是程控交换系统软件中数据表格管理采用的一种措施，称为"排他控制"。

因此状态管理程序对状态转移的控制采用图 6.23 的处理模式，在收到引起状态转移的事件通知之后，首先访问状态存储块，先检查执行位，确认可以对它进行存取操作之后，就立即将执行位置"1"表示占用，以防止其他程序使用这个存储块和对这个存储块的内容进行修改（因为中断程序可能中断当前正在运行的程序并要求使用状态存储块）。然后再查阅现行状态，根据现行状态启动相应的任务。在任务执行时，再根据事件的性质，确定进行何种处理。

因为各呼叫状态存储块在存储器中占用固定的存储空间位置，为了便于在呼叫出现时，能迅速地找出一个空闲存储块，所以把空闲的存储块按链式结构链接在一起，当一个呼叫状态存储块被占用后，它将一直为这个呼叫服务，一直到呼叫结束，然后归队排列到链队的末尾，准备为以后的呼叫服务。占用空闲呼叫存储块之后，首先将其中的忙/闲指示位置"1"，呼叫状态号位填入状态号码1（启动状态），然后根据事件与现状态确定应执行的任务—呼叫处理。

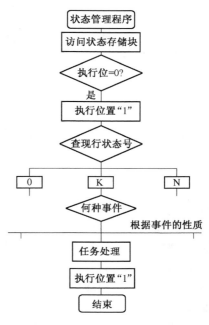

图 6.23　状态迁移的处理模式

6.1　简述程控交换机局内呼叫处理的过程。

6.2　呼叫处理的一般模式是怎样的？

6.3　输入处理分为哪几类？

6.4　为什么对用户的扫描监视程序要按一定周期执行，且周期不能过长或过短？

6.5　叙述摘机与挂机判别式。

6.6　在群扫描中，各用户状态如下图，试判断哪个用户是挂机用户？

　　SCN　　00110101
　　LM　　　10101111

6.7　搜索法和检索法查表的优缺点各是什么？它们分别用于何种场合？

6.8　在7位号码的本地电话网中，若程控交换机收到的被叫号码为3834677，这些数字在数字分析和来话分析中起什么作用？

6.9　比较去话分析和来话分析的异同点。

6.10　去话分析、来话分析、数字分析的目的各是什么？其源数据与目的数据各是什么？

6.11　在TST网络中，如何进行通路选择？

6.12　为什么要进行状态分析？

6.13　呼叫状态存储块的作用是什么？

6.14　状态存储块的主要内容是什么？

7

程序的执行管理与实时操作系统

7.1 电话交换的特点与处理机的特性

程控交换机的呼叫接续，都是由处理机控制的，对于有高速处理能力（执行一条指令仅需几个微秒）的处理机来说，这似乎是没有问题的。但是一个交换机连接着许多用户及中继线，在同一时刻，会有许多用户同时进行呼叫，这些呼叫的产生都是随机的，而对于每一个呼叫，从摘机呼出到通话结束，要做许多不同的工作。有些工作又有一定的实时性要求，如不能及时处理，便会造成接续错误或降低服务质量，即使是对于多处理机并采用分散控制的程控交换机来说，每个处理机按照分工也担负着大量的处理任务，也会出现多个处理请求，而每一个处理机在同一时间只能干一件事，这样就产生了矛盾。要使处理机能很好地对整个交换机进行控制。就必须解决下述两个问题：

第一，必须解决多个呼叫同时要求一个处理机进行处理和处理机在同一时间只能干一件事的矛盾。

第二，采用什么办法把要处理的各种工作都互不影响地加以处理，而对有时间要求的还能不加延误地及时处理。

具体地说，处理机必须在每秒内处理一定数量的呼叫，而其中有些呼叫处理还必须在小于要求的时间内处理完。

为了解决这些问题，首先必须弄清楚电话交换有哪些特点、处理机有哪些长处，然后才能针对电话交换的特点，采取一些相应的措施，做到扬长避短，事半功倍。

7.1.1 电话交换的特点

电话交换大体上有以下几个特点：

1. 整个接续过程从摘机呼出到话终拆线，处理机要做许多工作，例如识别用户摘机呼叫请求，接收和分析用户的拨号数字，选择主、被叫用户之间的通路，命令话路设备向被叫振铃，监视被叫摘机应答，监视通话和计费，以及话终拆线等等。上述各种工作对处理的要求在时间上是不一样的，有的必须马上处理，处理慢了会造成接续错误（如错号）或降低服务质量（如让用户有等待的感觉），即某些处理具有实时性。但是大多数的工作可以延缓处理，有的可延缓几十毫秒，有的可延缓几百毫秒，有的还可以延缓1秒甚至更长的时间。例如对于用户摘机呼出的响应，只要不大于1秒，用户是不会有等待感觉的。因为用户从拿起送受话器到受话器贴近耳边最快也要半秒，可延迟的时间与处理机的处理速度比较起来，可以看作是相当长的时间，因此可以说电话交换接续的某些处理具有可延缓性。

综上所述可知，在电话交换接续中，各种处理对时间要求是不一样的，有的必须尽快处理，有的可以延缓处理，即呼叫处理既具有实时性，又具有可延缓性。

2. 呼叫是随机的，存在着大量同时摘机、同时拨号或同时挂机的可能性，忙时可能有大量的用户处于通话或建立接续的过程中，也就是说，呼叫是随机的，而且有时是非常集中的。但是这种随机现象，也可以通过实际调查，找出其中的规律，即使在最忙的时刻，也并不是所有的用户都同时摘机呼出、拨号或通话，同时要求交换机为之服务的只占总用户数的百分之十左右或更少一些。也就是说，既是随机的，又是有规律的，这也是电话交换的一个特点。

7.1.2 处理机控制系统的结构与特点

处理机有极高的工作速度和极大的存储容量，而且随着科学技术的发展还在不断提高。工作速度的提高与存储容量的扩大，直接提高了数字程控交换系统的处理能力，并为增加新功能、新业务提供了条件。

处理机的长处除了工作速度极快和存储容量特别大之外，处理机控制系统的另一特点是信息输入、输出与信息处理的相对分离，处理机控制系统的一般逻辑结构如图 7.1 所示。

输入接口的作用是将外来信息转变为适合于处理器处理的数据形式，输出接口则进行相反的转换。外部被控设备来的信息并不直接送入处理器，而是暂时存在输入缓存器中，由处理器根据程序安排在适当时刻读出和处理。对于输出的状态信息和控制信息，也不是直接送往外部被控设备，而是暂时存入输出缓存器，在适当时刻送出。对输入（输出）缓存器的写入（读出），通常是由硬件专门设置通信处理机完成。

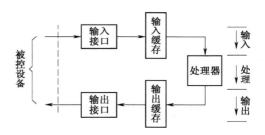

图 7.1 处理机控制系统的一般逻辑结构

因此只要接口数据写入输入缓存器的速度能够跟上外部信号变化的速度，而信息的处理和送出的延迟时间只要能够满足期望值，在规定的时间之内把处理结果送到外部设备就可以了。这种输入、输出与处理的相对分离，等于对信息处理的实时性要求下降了，而实时性要求的下降和微处理机速度的不断提高，使处理机的控制功能变得十分强大、程控交换系统的系统设计应结合呼叫处理的可延缓性，充分利用这个特点，以增强处理能力。

处理机以何种方式从输入缓存器中读出数据，是关系处理机响应速度的一个主要问题，通常可采用查询和中断两种方式。查询方式由操作系统周期调用扫描程序从缓存器中读数据；而中断方式，则由接口和缓存器在输入数据存入缓存器之后，向处理机发出要求处理的请求。图 7.2 给出这两种方式对外界信号响应的差别。查询方式的最大优点是可以在操作系统控制下进行，因而管理简单，缺点是有一延时（见图 7.2）。此外，无论外界信号是否发生变化，查询系统必须定期地执行扫描程序，因而需占用较多的 CPU 时间，效率较低。中断方式的响应

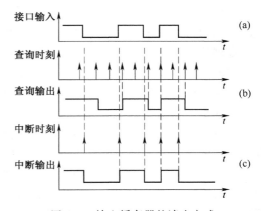

图 7.2 输入缓存器的读出方式

速度较快，且仅在外界信号到达时启动 CPU，因而效率较高。但中断的随机性很大，被中断进程的环境必须得到妥善的保护，因此中断方式相对复杂，实际应用中可根据要求决定取舍。

处理机控制系统的实际结构如图 7.3 所示。图中所有的电路都跨接在同一总线上，但由 CPU 控制，在同一时刻只能在某两个电路之间传送信息，即分时传送信息，因此可通过软件设计控制电路之间的信息传送。由于各种不同的 CPU 可能使用不同的总线标准，故接口设计应参照 CPU 的总线标准进行。目前，很多公司为了增强适用性，把接口电路设计成可适应多种总线，在具体使用时，可根据总线标准通过编程选择，这给使用带来很大便利。

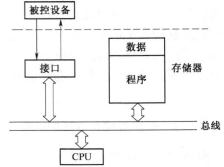

图 7.3　处理机控制系统的实际结构

7.2　多　重　处　理

所谓多重处理，就是许多工作"同时"进行的意思。多重处理有两种：一是多道程序"同时"运行，二是群处理，都是针对处理机"同时"做多项工作的意思。

7.2.1　多道程序"同时"运行

多道程序在计算机技术中，是为解决处理机速度（快）与外设速度（慢）差异太大，而采用的一种提高处理机处理能力（吞吐量）的方法，当处理机执行完一道程序，需要外设给出结果时，为了不浪费处理机资源，就不再等待，而让另一道程序投入运行占用 CPU，通过适当的调度策略，可以使系统中的多道程序相互穿插地运行，在一段时间内，可以认为是"同时"运行，这里所说的"同时"运行，是宏观的，而实际上各个程序之间是交替运行的，每个程序都是走走停停的。

在程控交换机中，与计算机技术中采用多道程序的原因相似，一个呼叫接续从开始到结束，要处理机多次进行控制，但因处理机工作速度极快，每次处理只需要很短的时间，如果让处理机连续地为一个呼叫服务，即等到外部设备动作之后或等用户进行下一步操作时再接着进行这个呼叫所需要的下一个处理，则处理机大部分时间将处于等待状态而不进行任何工作。与此同时，由于呼叫的随机性，可能有很多呼叫要求处理机为它们服务，这样就会出现极不合理的现象，一方面处理机无事可干，另一方面又有许多工作等着它去做。为克服这种不合理的现象，就要令处理机以多道程序方式工作，在电话交换中，所谓多道程序，就是说几个呼叫的处理任务"同时"进行处理的意思，这里的"同时"是从宏观的角度或者说从用户感觉的角度来衡量的。实际的工作方式是，在某一个很短的时间间隔内（例如 20 ms），几个呼叫（A、B 和 C）都要求处理机为它们服务，执行它们所要求执行的程序，进行接续所需要的处理工作，处理机对呼叫 A 所要求执行的程序（例如处理摘机呼出）做完后，就立即与这个呼叫脱离关系，转而为另一个呼叫 B 服务，而当把呼叫 B 要求执行的程序（例如收号处理）做完，再去执行呼叫 C 所要求执行的程序（例如处理摘机应答）。也就是说，不连续为一个呼叫服务，等到呼叫 A 再提出呼叫请求（通过监视得到）时，再回过头来为它服务。这样安排处理机的工作，就可以避免一个呼叫长期持续占用处理机的情况，而形成许多呼叫靠时间分割使用处理机，多个呼叫处理穿插进行的局面，使处理机的能力得以充分发挥，多个呼叫的要求都得到满足。因为 20 ms 对用户来说是非常短暂的一瞬间，因此可以说处理是"同时"进行的。如图 7.4 所示。

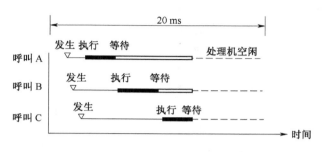

图 7.4　多道程序"同时"运行

7.2.2　群　处　理

提高处理机效率的另一个措施是群处理。所谓群处理，就是利用处理机具有并行运算的特点，对同样性质的任务进行并行的同时处理，例如对 N（处理机字长）个用户同时识别摘机呼出等，使处理的效率提高 N 倍。应当说明，这里所说的同时和多道程序的"同时"不一样，是不分先后的真正的同时，例如在第 6 章识别用户摘、挂机的例子。

至此，问题似乎都解决了，但是如果对于各种处理不分缓急，一视同仁，仍有可能出现不合理的现象：可以延缓处理的问题提前处理了，要求及时处理的任务却延误了。因此还要采用实时处理技术，所谓实时处理，简单地说，就是区别缓急，分别对待，使处理机合理地工作。

采用上述处理技术之后，处理机的高速度和电话交换的特点就有机地结合起来了，处理机的处理能力得以充分发挥，一个处理机即可控制几千门的接续，并且可以添加许多新的服务性能。

程序控制设计的总的指导思想是千方百计地发挥处理机的能力，上面只简要谈到各种软件技术的基本概念，具体落实还要解决一系列技术问题，本章从实用角度出发，讨论某些具体问题。

7.3　实时处理技术

对呼叫过程中的各种处理请求，在满足用户要求（不错不漏，不感觉等待）的条件下，能及时处理完的处理叫实时处理。注意这里所说的及时处理，并不都是马上或立刻处理，而是使"使用者"不感觉有等待的及时处理。如果说多重处理提高了处理机的利用率，那么实时处理可使处理机工作得更合理。

交换机中的各种处理，不仅种类多，工作量大，而且还有时间要求，有些处理如不及时，就会造成错误或降低服务质量。例如对用户所拨 DTMF 号码的接收，必须在下一位号码到来之前把前一位号码识别出并记录下来，否则就会错号；对于用户的摘、挂机等行动，也要及时响应，不能延缓太长时间，交换机的故障，各种外部设备（键盘、打印机、磁带机）的状态变化等，也都必须及时识别和处理。

各种处理的实时要求是不同的，障碍处理具有最严格的实时要求，一旦发生故障，必须立即处理，检测用户或线路上信号变化的输入处理程序，向话路子系统输出信息的输出程序也都具有不同的实时要求，而分析处理程序大多数可以延缓一段时间（大约 1 秒左右）。因此必须对各种处理分别对待，分别给以不同的实时响应。

用户的摘、挂机和中继线的占用都是随机发生的，但若对每个用户和每条中继线都连续不断地监视，也是不必要的。可以像对话音取样一样，采用定期检测，或者说定期访问的方法，按各种处理实时要求的不同而确定不同的监视周期，实时要求严格的监视周期短，不严格的周期长，处理机按规定的周期监视各种硬件设备，发现处理请求，立即受理。例如对于用户的所拨 DTMF 信号，可以每隔 20 ms 采样一次，而对于用户的摘、挂机识别，则因其实时要求不严格而可以采用较长的检测周期，每隔 200 ms 采样一次。

根据上述电话交换接续的特点，在程控交换机中，采用下述实时处理技术来满足使用者的要求。

7.3.1　划分程序执行等级并采用多级中断

为了区别对待各种不同的处理，将整个程序划分为几个不同的执行等级，较高级的程序可以中断正在执行中的较低级的程序。等级的划分原则是根据各种处理的不同实时要求安排的，实时要求严格的级别高，反之则级别低。程序执行的控制采用多级中断的方法，即较高级的程序可以中断正在执行中的较低级的程序，这样就保证了处理的实时性。

一般将整个程序划分为三级，级别从高到低是：故障处理级、时钟级、基本级。

· 故障处理级

由故障检测电路发出中断请求启动，其任务是识别故障源，隔离故障设备并将系统恢复到正常状态。它的优先级别最高，可以中断其他程序，平时不执行，而在出现故障时立即执行。

· 时钟级

时钟级程序处理那些有实时性要求的工作，每隔一定时间由时钟定时启动，故称时钟级。两次时钟中断之间的时间间隔叫做时钟周期。根据使用要求又可分为高级（H 级）和低级（L 级）两级。H 级程序执行实时要求严格的周期性处理，例如对用户拨号的识别与计数，向其他局发送号码的处理程序等；L 级程序执行实时要求不太严格的周期性处理，如用户的摘、挂机识别。因此可以说，呼叫处理程序中的输入程序和输出程序是在时钟级执行的。

· 基本级（B 级）

除了故障级和时钟级之外的其他程序，都属于基本级程序。基本级不以任何中断的方式启动，而是在故障级和时钟级两级程序的不执行时才启动。基本级程序执行无实时要求的处理工作，即可以延迟处理的工作，例如号码分析和通路选择等处理机内部处理和运转管理程序等。

图 7.5 表示以上三级程序的执行情况。从图上可见，每当 10 ms 时钟中断时，当本时钟周期的时钟级程序执行完之后，便转到基本级执行无实时要求的程序。基本级执行完还未到下一个时钟周期时，处理机就停机等待下一个时钟中断到来，如图 7.5（a）所示。如由于某些原因（出现中断或工作太多）基本级在本周期内未执行完，如图 7.5（b）所示。当下

一个时钟周期到来时，基本级程序就中断，将断点的状态保护起来，然后转去执行时钟级程序，待时钟级程序执行完后，再从原断点继续执行基本级程序。

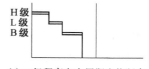

(a) 三级程序在本周期内执行完

从图 7.5（c）中还可看出，当 F 级故障发生时，一个属于时钟低级（L 级）的程序将被中断而去执行 F 级程序，在 F 级程序执行完后，才回到发生故障之前的 L 级程序，从断点继续执行。

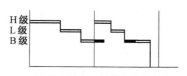

(b) 基本级在本周期内未执行完

从图 7.5 可以看出，在正常情况下基本级程序执行完到下一个时钟周期到来之前，有一段空闲时间，可以利用，执行"空闲"任务或统计任务。

7.3.2 排　　队

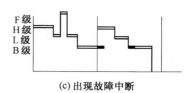

(c) 出现故障中断

图 7.5　三级程序的执行情况

排队也是实现实时处理的一种方法。处理机对于呼叫接续的控制，是通过执行输入程序从用户线或中继线输入状态数据，执行内部处理程序对输入数据进行分析，并根据接续进展情况，给出处理结果。然后执行输出程序，根据处理结果发出信号至有关设备。这种工作方式，和一般的微机控制是完全一样的。但是在程控电话交换机中，为了使处理机工作得更合理和更有效率，上述 3 种处理程序的执行是间隔开的，根据其缓急程度，分别处于不同的执行级别，有的在时钟级执行，有的在基本级执行。输入处理程序是周期性（时钟级）的处理程序，由输入程序检测到的一些处理请求，有的不必马上处理，为了减少时钟级程序的处理时间，就采用受理而不立即处理的方法，将大量的处理工作留待基本级的内部处理程序去完成。在受理下来的工作当中，也有缓急之分，需要按照缓急程度进行分类。输入处理程序只执行简单的监视和受理任务，而内部处理程序则执行较复杂的处理任务。

这样，就出现了在输入程序与内部处理之间如何交接的问题，一方面要求交接合理，先来先办，另一方面还要求效率高，交接既快又准。常用的办法是用排队来衔接输入程序与内部处理程序。

输入处理程序发现处理请求后，经简单处理后就将该请求的有关信息送到相应的队列（存储器的一个暂存区）去排队，然后再由基本级的内部处理程序按排队的先后顺序从队列中逐个取出进行处理。

内部处理程序执行后，会产生对有关设备的动作命令，这些命令也不是立即发出的，而是送到相应的队列中去存放，由时钟级的输出处理程序逐个从队列中取出，送往话路子系统或外部设备，并在下一时钟周期检查命令的执行结果，以确认命令是否正确执行。发送与检查相隔一定时间，这样做的原因是因为要给外部设备一段动作的时间。

7.4　任务调度程序

上面讨论了程序控制原理的基本设计思想，但是如何具体实现这些设想，即如何管理各种程序使之有条不紊地交叉执行，还需要由一些程序来进行调度。依照习惯叫法，通常把前一部分程序称为"任务"，则调度它们的程序就称为任务调度程序。图7.6表示任务调度程序启动各级程序的顺序。

任务调度程序可分为时钟级高级（H级）控制程序、时钟级低级（L级）控制程序和基本级控制程序三部分。每当10 ms时钟中断出现时，系统就执行任务调度程序，首先执行的是时钟级高级控制程序，这个程序顺序地启动H级的任务。而当每一个任务执行完之后，都要回到H级控制程序，去查找和启动下一个任务，直到把H级的所有任务都执行完，才转入时钟L级的控制程序。L级的控制程序按照同样方式去启动属于L级的各项任务，当把所有L级的任务都执行完之后，再转去执行基本级控制程序。由基本级控制程序顺序启动基本级任务。当基本级任务也执行完之后，处理机就处于空闲状态，等待下一个10 ms时钟中断到来。

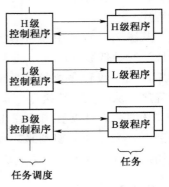

图 7.6　任务调度程序

实现任务调度的具体方法有两种，分别用于不同级别的程序控制。

7.4.1　时钟级任务调度方法—时间表

时钟中断出现后，首先进入时钟级任务调度管理程序，其任务是确定本次时钟中断应执行哪些时钟级任务，以满足各种时钟级任务对执行周期的不同要求。通常的做法是以一种时钟中断为时基，采用时间表作为程序调度执行的依据。

时间表用于对时钟级程序的控制，由时间计数器、屏蔽表、时间表和转移表组成。见图7.7所示：

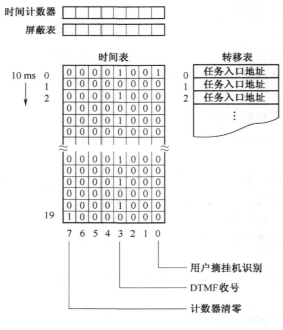

图 7.7　时间表

时间表中每一行对应一次时钟中断，时间表中每一位对应一项时钟级任务，该位置"1"，表示执行对应程序，置"0"表示不执行对应程序，而任务（程序）本身的地址存放在转移表中。

时间表的第0位和第7位在整个20个单元中只有一个"1"说明这二个任务（一个用户摘挂机识别、一个计数器清零）在20次10 ms中断期间只执行一次，即它们的执行周期为10 ms×20＝200 ms。时间表的第3位，两个字中有1个1，对应任务（DTMF收号）的执行周期为10 ms×2＝20 ms。

图中屏蔽字的内容用来确定某项任务是否执行，如不启动某项任务，则令其对应位等于"0"，如启动某项任务，则令对应位等于"1"。这样将时间表中各个字的内容与屏蔽表的内容相"与"，就可把时间表中为1的任务去掉。当任务出现超负荷时，通常就是将屏蔽表中识别某一部分用户摘机呼出的对应位置"0"，来限制某一部分用户呼出的。

用时间表来启动时钟级任务的流程图7.8所示。每次10 ms时钟中断时，开始执行H级控制程序，由计数器作为索引地址

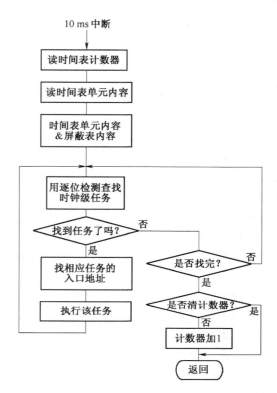

图7.8　用时间表来启动时钟级任务的流程图

来确定从时间表中那一个存储单元（字）中读出，把读出的内容与屏蔽字相"与"，由其结果确定哪些任务应当被启动，找出任务的入口地址在转移表中的位置，执行该任务。计数器在每发生一次时钟中断时就自动增1，每隔20次时钟中断就清"0"一次，以保证时间表周期读出。

7.4.2　时钟级任务调度的程序

用时间表来启动时钟级任务的程序，由时钟级初始化函数 Task _ Init（）和时钟级任务调度函数 Task（）两部分组成，分别位于初始化模块与时钟级模块之中，详见第15章《程控交换系统功能模块的软、硬件实现方法》。

时钟L级控制程序也有类似的时间表，用来启动L级的各个任务，但L级任务的执行周期一般都比H级长，可使用表嵌套的方法，产生从100 ms至24 h各种不同的周期，以产生不同的周期控制。

整个时钟级的任务调度程序如图7.9

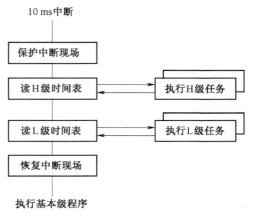

图7.9　时钟级调度程序

所示。

当每次 10 ms 时钟中断产生的 H 级和 L 级任务被执行之后，便会有很多需要启动的 B 级任务，每一种任务都有一个队列，在存储器中有若干存储单元存放等待处理的任务。

7.4.3　基本级任务的调度方法—队列

因为基本级的任务只在需要时才启动，所以要采用另一种适合这种启动方式的调度方法使用队列。

1. 队列

使用队列是第二种启动程序的方法，只用于基本级任务的启动。因为基本级的任务只在需要时才启动，例如用户号码分析程序仅在收号程序收到足够的用户号码之后才需要启动，在这种情况下，收号程序将用户号码放在一个专门的存储区（即用户号码分析队列）中去等待处理，也就是说收号程序与分析程序之间的交接是靠队列进行的。

当每次 10 ms 时钟中断产生的 H 级和 L 级任务被执行之后，便会有很多需要启动的 B 级任务，每一种任务都有一个队列，在存储器中有若干存储单元存放等待处理的任务。例如时钟级的摘、挂机检测程序检测到某一用户摘机后，就将该摘机用户的数据写入如图 7.10 所示的摘机队列中。

基本级的任务大多数对时间限制不十分严格，但也有轻重缓急之分，因此也分为若干级别。每一级都包括若干项具体任务。

基本级的任务也按级别高低顺序执行。先从级别高的队列中取出记录，根据记录中给出的程序入口地址去执行相应的任务，当这个任务执行完之后，再执行这一队列中的下一项，直到把这个队列中等待处理的任务全部完成之后，才去执行下一队列中的任务，一直到把所有需要启动的基本级任务都完成为止。

采用队列启动程序的示意图 7.10 所示。这里假定基本级任务分为 3 个级别，即 BQ1、BQ2 和 BQ3，分别存放在 3 个队列中。

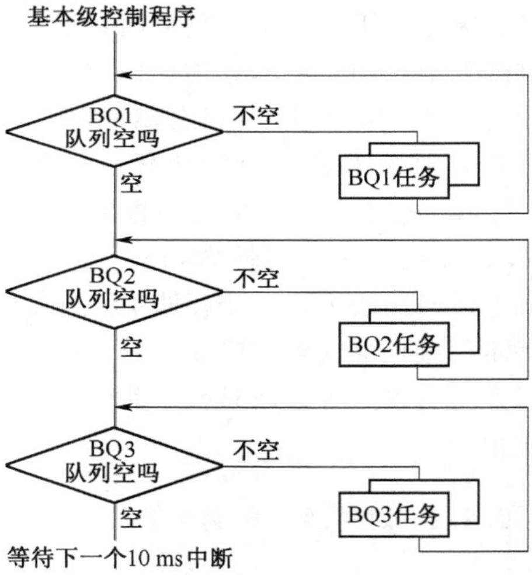

图 7.10　采用队列启动程序

应该说明，时钟级的程序不管话务负荷如何都必须在规定时间执行，即使在话务负荷为零时也要执行。基本级程序仅在有话务负载时执行。

2. 基本级任务调度的程序结构

基本级完成的是实时性要求不高的任务，基本级通常是一个无限循环的程序，在循环中按优先级别调用相应的函数，实现相应的操作。详见第 15 章。

7.5　各级程序调用小结与系统程序结构

基本级完成的是实时性要求不高的任务，时间要求强的关键操作靠中断，执行时钟级任务来保证。

7.5.1 各级程序调用的基本原则

各级程序按下述原则调用：

1.基本级按级别依次执行

（1）高级别的基本级执行完毕，才能进入低级别的基本级程序

（2）在同一级别中的多个任务，按先到先服务的原则，排成先进先出的队列依次处理。

2.基本级执行中，可被中断插入

在基本级执行过程中，可被各种中断（故障中断或时钟中断）插入，在保护现场后，转去执行相应的中断处理程序，中断处理程序执行完毕，一般应返回中断点，执行被中断的基本级程序。

3.中断处理程序在执行中，只允许高级别中断插入

7.5.2 初始化程序

对于一个交换系统来说，除了上述三种程序之外，还要有一个初始化程序用于设置程序的运行环境。一个系统在启动运行时，都需要进行初始化。

对硬件来说，需要复位，以便系统中的部件都处于某一确定的初始状态，并从这个状态开始工作。

对于软件来说，对使用的变量、数组、指针和结构都要赋初值，以便使这些数据都具有确定的初始值，并在这个初始值的基础上开始工作。

7.5.3 系统程序结构

从上面关于程控交换机呼叫接续控制的说明中可以看出，程控交换机的软件实质上是一个实时系统。因此我们可以运用在计算机操作系统课程中学到的知识，来讨论程控交换机的系统程序结构问题。

1.实时系统

实时系统分为三种，分别称为前/后台系统、非占先式内核和占先式内核。

为了简化，这里我们选用前/后台系统来实现实时处理，它的程序运行情况如图 7.11 所示。前/后台系统又称为超循环系统。

在前/后台系统中，应用程序是一个无限的循环，循环中调用相应的函数，完成相应的操作，这部分可以看成后台行为，也可以叫做任务级。中断服务程序处理异步事件，这部分可以看成前台行为，也可以叫做中断级。时间相关性很强的关键操作一定是靠中断服务来保证的。中断服务程序提出的要求，一直要等到任务级运行到处理这个要求的程序时，才能得到处理。处理要求的及时性，称作任务级的响应时间。这种系统在最坏情况下，任务级的响应时间取决于整个循环的执行时间。

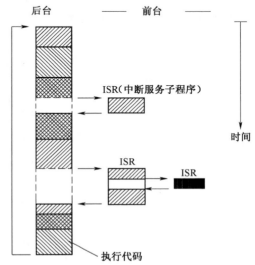

图 7.11 前/后台系统程序运行情况

2. 系统程序结构

系统程序结构，应能保证系统按照图 7.12 所示的模式运行。

参照前/后台系统程序结构，也把应用程序作为一个无限的循环，如图 7.12 所示，循环中调用基本级要执行的函数，例如摘机处理函数 OffHook（），挂机处理函数 OnHook（），DTMF 收号处理函数 DTMF（）等，完成基本级要做的工作。中断服务程序安排实时性要求高时钟级程序和故障中断处理程序，完成时钟级要做的工作，而在系统出现故障时，进行故障处理工作，使系统恢复正常。

为了设置系统的运行环境，在无限循环之外，添加了初始化程序，其中包括硬件芯片工作模式设定函数，10 ms 时钟中断函数等初始化函数。

3. 程序的运行控制

为了使系统按我们需要的方式运行，在每次时钟中断周期内基本级程序只执行一次，而在空闲时间运行空闲程序，等待下一次时钟中断，在无限循环中添加了一个状态变量 Task_State。

为了说明方便，这里采用程控交换机习惯的画法表述程序的运行控制，如图 7.13 所示。

如何让交换机按照图 7.13 所示工作模式运行，执行多道程序和实时处理呢？这是一个实时系统的问题，可以参照实时系统软件设计的方法编写程序。对于要周期性处理的工作，采

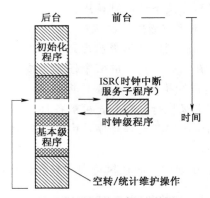

(a) 正常运行时的程序运行情况

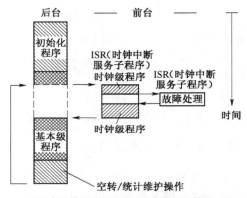

(b) 在时钟级出现故障时的程序运行情况

图 7.12　系统的运行模式

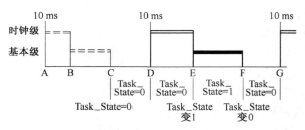

(a) 2 级程序在本周期内执行完

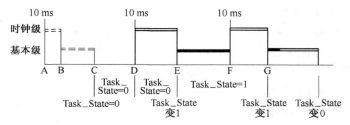

(b) 基本级在本周期内未执行完

图 7.13　程序的运行控制

用时钟中断定期执行，而对于基本级的任务则放在主程序中，任务之间的信息传送与交接靠队列实现。

在实时系统中，主程序通常是一个无限的循环。

为了调试方便，一般要在循环中加入按某一键（例如 Esc）退出无限循环语句。而为了使基本级任务不重复执行而设置任务状态标志（Task_State），说明基本级任务的执行情况。

初始化时令 Task_State=0，不执行基本级程序，处理机从图 7.13（a）的 C 点开始循环空转，等待时钟中断。而当出现时钟中断时，处理机从 D 点开始执行中断服务子程序 ISR，如有事件出现要求处理，就将事件写入队列，转交基本级处理，而在中断服务子程序 ISR 执行完之后，将任务状态标志置 1（Task_State=1），满足基本级执行条件，处理机从图 7.13（a）的中的 E 点开始执行基本级程序，在执行完基本级程序之后，将任务状态标志置 0（Task_State=0），处理机从图 7.13（a）中的 F 点又开始循环空转或进行维护操作，而等待下一次时钟中断……如此循环不已。程序的执行情况见图 7.12（a）和图 7.13（a）。

对于图 7.13（b）所示程序的执行情况，当基本级程序在一个时钟周期内未执行完而要留到下一时钟周期内执行时，虽然 Task_State=1 未变 0，但并不影响时钟级程序的执行，因为时钟级程序既可在处理机循环空转出现时钟中断时，开始执行，也可在处理机执行基本级程序，出现时钟中断时，中断基本级程序而开始执行时钟级程序。实时处理流程图如图 7.14 所示。

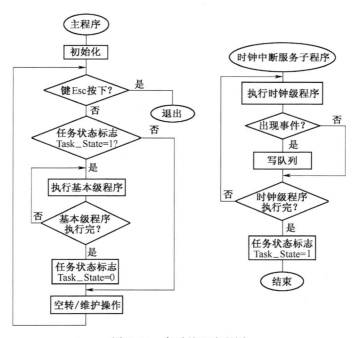

图 7.14 实时处理流程图

实时处理的程序结构如下：

    包含文件

    函数声明语句及函数体

        //时钟级任务调度程序

```
        Task（）
          {
            ——————————
            Task_State=1;
          }
```

变量声明，数组声明语句

结构声明语句

//主程序

```
main（）
{
    定义局部变量语句；
    //初始化函数
      Init（）；
    //设时钟中断函数
      Set_20 ms（）；
      ——————————
    //建立无限循环
    for（;;）
    {
        按键退出循环语句；        //按键跳出 for（;;）循环
        while（Task_State==1）    //  时钟级任务执行完，启动基本级程序
        {
            //基本级程序
            OffHook（）；        //摘机处理程序
            OnHook（）；        //挂机处理程序
            DTMF1（）；        //DTMF 收号处理程序
            ——————————
            Task_State=0      //基本级程序执行完
                Idle（）；        //空闲或统计任务
        }
    }
}
```

主程序开始，先进行系统初始化，再设 20 ms 中断以便在时钟级执行中断子程序，关闭交换，设 Task_State=0，此时因 Task_State=0，不满足 while（）循环条件，for（;;）循环内部只执行等待按键退出循环与检查 while（）循环条件，基本上是空转，直到出现时钟中断，执行时钟级任务后，令 Task_State=1，再执行基本级程序。

完整的程序源代码可在 SPC 教学实验系统中找到。

7.5.4　程序的执行管理小结与呼叫处理举例

在程控交换机中，将一个呼叫划分为许多不同的状态之后，就可以把一个呼叫过程视为

一系列状态有序迁移的过程，而呼叫处理就变执行呼叫处理程序，控制状态有序迁移的操作。下面举例说明呼叫处理的全过程。

1. 从"空闲"到"等待收号"

用户摘机呼出，在正常情况下，用户的状态由"空闲"转移到"等待收号"，而当接续条件不具备时，例如 DTMF 收号器忙或无空闲的呼叫状态存储块时，则转移到"听忙音"状态。

"空闲"到"等待收号"的状态详细状态转移如图 7.15 所示。

在这个状态迁移图中，说明了引起状态转移的是摘机事件，根据现状态（空闲）和事件性质（摘机）以及资源（收号器呼叫状态存储块）的条件，确定做什么，和向什么状态转移，根据资源的条件，使状态由空闲向等待收号或听忙音状态转移，同时改写用户状态存储块和呼叫状态存储块内的有关数据。

占用空闲呼叫存储块之后，首先将其中的忙/闲指示位置"1"，然后在被占用的呼叫状态存储块中填入后续处理所需要的信息：主叫用户设备号码以及呼叫时间等，然后向主叫用户送拨号音，并将主叫用户与 DTMF 收号器接通，主叫用户状态迁移到"等待收号"状态，等待主叫用户拨号。

2. 从"等待收号"到"主叫听回铃音"（"被叫振铃"）

当用户拨号时，由 DTMF 收号器接收下来，处理机在读取 DTMF 收号器接收下来的数据后，写入队列。而在基本级进行号码分析，根据分析结果进行状态转移。

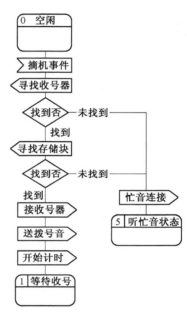

图 7.15 从"空闲"到"等待收号"

(1) 地址信号的接受

· 号盘话机拨号号码的接收

在程控交换系统中，当用户使用号盘话机时，对用户拨号脉冲的识别、计数和位间隔识别等，是由程序和一些存储单元实现的。程序告诉处理机进行何种运算而存储单元用来暂存用户线状态、中间运算结果，记录运算进展到什么阶段和运算最终结果。

因为使用号盘拨号的话机逐渐减少，基本上已由发双音多频的话机取代，故不再说明。

· 双音多频话机拨号号码的接收

双音多频信号的接收由芯片实现滤波、译码、锁存等功能。当芯片状态输出端 std 出现从 0 到 1 跳变时，说明它已接收到一个号码，已将数据置于数据输出端。为此对 std 的识别和用户摘机识别的原理一样，只是扫描周期不同，因每一位双音多频传送时间都不小于 40 ms，因此需用 20 ms 扫描周期进行扫描。

DTMF 双音多频信号的接收原理、流程和程序已在第 5 章详细说明这里不再重述。

(2) 号码分析

因为呼叫接续有多种，如本局接续、出局接续、长途自动接续、特种业务接续等等，其编号方式和号码位数也各不相同，因此交换系统在收号过程中应对用户所拨的号码进行分析，以确定应收号码位数和下一步应执行的任务。此种分析处理是针对主叫所拨号码，故称号码分析。号码分析的方法已在第6章介绍过，这里只举例说明号码分析执行过程。

（3）DTMF双音多频信号处理

时钟级把所收到DTMF信号转换成相应的数字写入DTMF队列之后，剩下的工作由基本级完成。基本级从DTMF队列中，逐个读出数据，一位一位进行号码分析，如图7.16所示，每读出一位数字，就进行一次号码分析，以确定下一步的程序走向。

图7.16为主叫用户侧状态迁移，图7.17为被叫用户侧状态迁移。

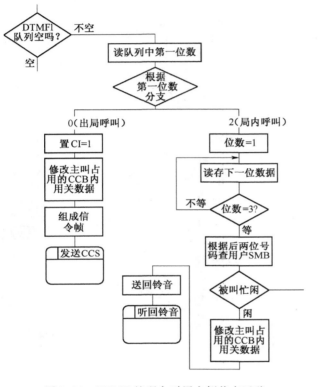

图7.16　DTMF处理主叫用户侧状态迁移

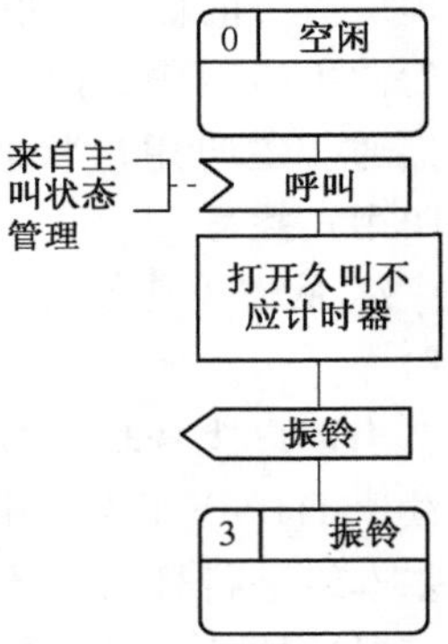

图7.17　DTMF处理被叫
用户侧状态迁移

（4）状态迁移

综上所述，可将正常呼叫时从"等待收号"到"主叫听回铃音"（"被叫振铃"）的操作与状态迁移，归纳如下：

从"等待收号"到"振铃"的状态迁移如图7.18。在收到用户发出的第一位号后，就立即停送拨号音，存储号码，并进性翻译（分析），如用第一位即可找出需要的数据——"应收位数"，则说明"翻译结束"，继续接收剩余码，直到号码收齐，写入DTMF队列，交基本级处理进行全号码分析与来话分析，前者用于决定下一步要执行的任务，后者分析被叫用户的适用情况：如是否来话拒绝；忙/闲；是否登记了呼叫转移和免打扰，以确定不同的工作方式，如用户不属上述情况，而且不忙，就执行"任务执行"程序，编制控制硬件的各种命令，首先找出主叫至被叫端的一条通路即路由选择，实施方法随交换网络结构而异。当选出通路之后，"任务执行"程序首先将与该通路有关的硬件"示忙"，做出启动硬件的数据，其中包括向被叫振铃和向主叫送回铃音的控制数据，然后执行输出处理，控制硬件动作向主叫用户送回铃音，主叫用户状态转移到"听回铃音"状态。向被叫用户送铃流，被叫用户状态转移到"振铃"状态。

如用第一位找不出需要的数据，则应继续收号和翻译，直到"翻译结束"，继续接收剩余号码，到号码收齐，写入 DTMF 队列，交基本级处理，，最后转移到"听回铃音"状态。如图 7.18 所示。

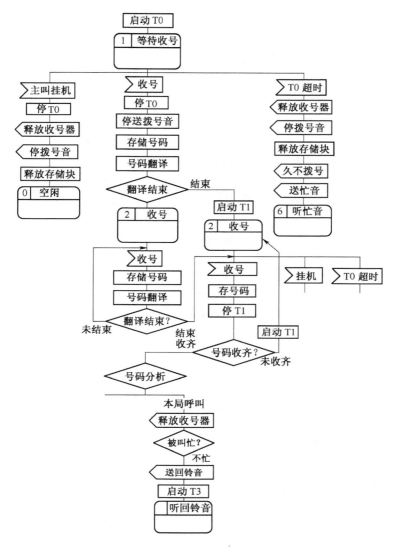

图 7.18   从"等待收号"到"听回铃音"的状态迁移图

上面介绍了正常呼叫时的状态迁移过程，实际上在呼叫过程中的某一状态，可能出现多种情况，即可能出现多种事件，对每个事件，都应予以处理。

在呼叫状态进入"等待收号"时，则有效的事件如下：

·用户拨号

·用户久不拨号，超过规定时间

·用户中途挂机

除用户拨号进行正常呼叫外，在用户久不拨号，超过规定时间时，应释放收号器，停送拨号音，释放存储块，并向用户送忙音，使状态迁移到听忙音状态。如用户中途挂机，则释放收号器，停送拨号音，释放存储块，使状态回到空闲状态。

3. 从"主叫听回铃音"和"被叫振铃"到"通话"

从"主叫听回铃音"和"被叫振铃"到"通话"的状态迁移，是通过执行"听回铃音状态处理"程序实现的。状态迁移图如图 7.19 和图 7.20 所示。

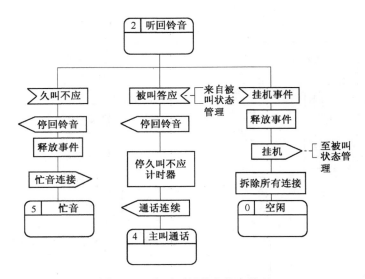

图 7.19　主叫听回铃音状态处理

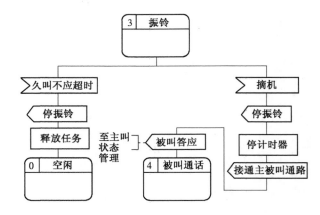

图 7.20　被叫振铃状态处理

4. 从"通话"到"话终释放"

从"通话"到"话终释放"的状态迁移，是通过执行"主叫通话状态处理"和"被叫通话状态处理"程序实现的。

"主叫通话状态处理"的状态迁移图如图 7.21 所示。"被叫通话状态处理"的状态迁移图如图 7.22 所示

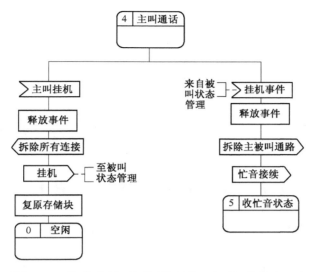

图 7.21 从"通话"到"话终释放"主叫侧的状态迁移

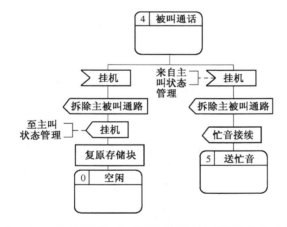

图 7.22 从"通话"到"话终释放"被叫侧的状态迁移

7.1 处理机系统输入接口和输出接口的作用是什么？

7.2 多重处理的含义是什么，多重处理是如何实现的？

7.3 实时处理的含义是什么的含义是什么？

7.4 一般将整个程序划分为哪几级，级别从高到低排列顺序是怎样的？

7.5 时间表由哪几部分组成？

7.6 呼叫状态进入"等待收号"时，有效的事件是什么？

7.7 结合图 7.20，解释被叫振铃状态处理的过程。

8

程控交换机的软件

8.1 程序的组成与软件结构

程控交换机的工作是由软件控制的。其软件系统非常庞大和复杂，故编制软件的工作量很大，需要多人共同配合才能完成。

程控交换机的软件系统由程序和数据两大部分组成，本节主要对程序的种类及组成予以介绍。根据运行情况，程序可以分为联机程序和脱机程序两大类。联机程序是程控交换机运行时完成呼叫接续和维护管理所必须的程序。脱机程序是软件中心的服务程序，用来开发、生成和修改交换机的软件和数据，并提供在修改、生成和安装、开通时的测试程序。

8.1.1 联机程序

不同种类的交换机，其软件系统的结构也是不同的，其联机程序也有很大差异，但总的来讲，联机程序从结构上可分系统程序和应用程序两部分，这和一般的计算机软件系统基本相同。

系统程序包括操作系统（或称执行管理程序）、系统监视和故障处理程序、故障诊断程序等；应用程序主要包括呼叫处理程序和维护管理程序。从程序的存放情况来看，联机程序又可分为常驻程序和非常驻程序。常驻程序存放在内存中，以便经常地、随时运行。非常驻程序存放在外存中，需要时才调入内存运行。操作系统、呼叫处理程序、系统监视和故障处理程序及维护管理程序的一小部分是常驻程序，因为这些程序的运行频度很高或要求实时性很强。故障诊断程序和大部分维护管理程序属于非常驻程序，它们存放在磁盘或磁带等外存中。

为了安全起见，实际上所有常驻程序也都复制在外存中，有时甚至同时复制在磁带与磁盘中，当内存中的联机程序遭到破坏时，可以重新装入。为了提高存储器效率，常在内存中划出一块存储区，作为所有非常驻程序的公用区，称为覆盖存储区。常驻程序也称为在线程序，非常驻程序也称为离线程序。

1. 操作系统

操作系统具有以下主要功能。

（1）程序的执行管理

程控交换机是一种并发执行的系统，同时会有多个呼叫等待处理，这些呼叫可能处于相同的或不同的接续阶段，都需要在呼叫处理程序的控制下完成一定的接续任务。而且，程控交换机运行的软件除呼叫处理程序之外，还有监视与故障处理、维护管理等程序，也随时可能发生要求这些程序处理的任务，因此，交换机的操作系统必须具有程序的执行管理功能，按轻重缓急来调度各种程序的执行。为了便于程序的执行管理，程序要按照其实时要求和紧急情况分为不同的优先级。

程序的执行管理实际上就是对处理机的管理，即根据实际需要把任务进行排队并分配给处理机去执行，程序的执行管理也称为任务调度。

（2）存储器管理

随着呼叫的发生和接续工作的进展，有许多动态数据需要暂时记存下来，以便于呼叫过程的控制。

存储器可按用途划分为各种类型的存储块，例如可有呼叫控制存储块，为每个呼叫分配一个，专门用于存储与本次呼叫有关的数据，这些数据包括呼叫接续的状态、用户号码与设备码及用户状态、占用的通路（网络时隙）号码等信息。此外，还可有时限控制、覆盖控制等存储块。

为了提高存储器的使用效率，存放上述动态数据的存储器可作为公共资源，由操作系统进行统一管理，使其适时地分配与释放，这就是存储器管理的任务。

（3）时间管理

时间管理也叫时限服务，其任务是处理与时间有关的各种功能，主要是在一定的时限基础上调度进程或任务的执行，以及为用户提供时限服务。

各种时限要求主要来自呼叫处理。呼叫处理中出现的时限要求有两种类型，即绝对时限和相对时限。绝对时限用来监视某个未来的绝对时刻，例如叫醒服务要监视用户所要求的叫醒时间。相对时限用来监视某个未来的相对时刻，即以提出要求的时间作为参考点来计算时间，例如久不拨号的监视，是从用户听到拨号音开始计时，久不应答是从向被叫用户初振铃开始计时，预定的时限一到，系统就要做出相应的处理。交换机的时钟级程序的执行，也是时间管理的重要内容。

（4）处理机间通信控制和管理

程控交换机常采用分散控制的多处理机系统，处理机之间经常需要传送、交换各种信息，以便相互配合，完成呼叫处理任务。目前，各处理机之间通常不再采用设置公共存储器的紧耦合方法，而采用松耦合方式，机间通信途径采用总线相连或通过 PCM 信道这两种方式。操作系统应对处理机之间的通信进行控制和管理，例如判断信息应由哪个处理机接收。

有些程控交换机将松耦合方式也应用在同一处理机的各个软件模块之间，即各个软件模块不具有公共存储区，而用消息作为软件通信的唯一方法，以提高可靠性，有利于软件模块化。当通信时，操作系统也应对此进行控制与管理。

（5）I/O 设备的管理和控制

为了进行人机对话，完成交换机的维护管理功能，每个程控交换机都配备 I/O 设备，这些设备包括电传打字机（或打印机和键盘）、显示器、磁带机和磁盘机等。操作系统负责对这些 I/O 设备进行管理和控制。

2. 呼叫处理程序

呼叫处理程序主要用于各类呼叫的处理，控制交换系统的接续。呼叫处理程序主要由输入处理、内部处理和输出处理三种程序组成，其基本工作原理已于第 6 章介绍，概括起来其主要功能可归纳为状态、交换资源和交换业务的管理及负荷控制。

（1）状态管理

交换机在呼叫处理过程中会有许多不同的稳定状态，例如空闲、收号、数字分析、振铃、通话等，完成一次通话接续的过程就是呼叫处理程序控制交换机状态转移的结果，状态管理的任务就是负责状态的转移及管理，它包括扫描（监视）程序，各种分析（管理）程序和执行程序。

（2）交换资源管理

交换机有很多话路设备，如用户电路、中继电路、收/发码器、交换网络等，这些都是交换机的资源，在呼叫处理过程中，要对这些资源进行必要的测试与合理调用。

（3）交换业务管理

对缩位拨号、热线服务、叫醒服务和呼叫转移等新业务进行管理。

（4）负荷控制

交换机的负荷情况是不断变化的，当交换业务量达到规定的负荷时，就应对负荷进行控制，通常的做法是根据用户的等级情况，临时限制某些级别较低的用户的发话或出局呼叫。

3. 系统监视和故障处理程序

系统监视和故障处理程序的主要任务是负责监视整个系统的工作情况，保证系统各部分安全可靠地工作。当遇到故障时，进行紧急处理，隔离故障设备，启动备用设备，自动组成新的系统，对新系统进行数据恢复和再启动，恢复正常运行，并自动启动故障诊断程序和通知维护人员，其功能如下。

（1）系统监视和故障识别

对交换机的各部分设备进行经常性的监视，可以对各种设备的输出数据进行核对，也可以通过周期性扫描进行测试，以便及时发现和识别故障，进行紧急处理。

（2）故障分析与处理

当发现故障以后，就要对故障进行分析，如果确定为偶然性差错，则应对系统进行恢复处理。若为固定性故障，则要进行主/备用设备的倒换。

系统监视和故障处理程序有时称为可靠性软件。

（3）系统重新组织

在故障发生后，进行主/备用设备的倒换，使故障设备退出系统，备用设备加入系统投入运行，从而组成新的系统。

（4）恢复与启动处理

对新系统要进行再启动，必要时进行系统的初始化，并进行数据恢复，使系统能够恢复正常工作。

4. 故障诊断程序

故障诊断程序可由故障监视和处理程序以及维护管理人员启动，用以对有故障的设备进行故障诊断测试，来确定故障的部位，例如：故障设备所处的机架（柜）号码，机框号码和电路板号码等。打印出诊断结果，便于维护人员根据结果更换有关部件或采取必要措施。

5. 维护和管理程序

维护和管理程序用于维护人员存取和修改有关用户和交换局的各种数据，完成话务量统计和打印计费清单等任务，它主要具有以下功能。

（1）话务数据统计和分析

交换机的话务量需要进行观察、统计和分析，其结果可以送入数据库保存，也可以打印输出。

（2）测试

对用户线和中继线定期进行例行维护测试。

（3）业务质量监查

它监视用户通话业务的情况和质量，如监视呼叫信号、通话接续是否完成、有无异常情况等。

（4）计费统计及打印计费清单

对用户的通话时间，主被叫用户号码等进行记录，并按一定计费方法，进行话费统计及清单打印。

（5）用户管理

通过人机命令创建或删除一个用户，改变用户号码和用户类型、用户等级及用户性能等。

（6）路由管理

程控交换机与其他交换机联网时，会有很多路由和中继线，路由管理的任务就是根据电话网或交换机的负荷情况改变路由选择顺序和中继线数量，以达到设备的合理利用。

（7）负荷控制及服务电路管理

对交换机的负荷控制包括改变时限值、限荷参数等，还可根据情况增减调整多频接收与发送器及会议电路的数量与配置。

（8）人机通信

对维护人员输入的命令进行编辑和执行，并及时做出响应。

8.1.2　脱机程序

脱机程序也叫支援程序，它主要用来简化程控交换机软件开发设计过程，使之便于扩充、调试和修改，是软件的支援系统。通常可设置软件中心，软件中心除具备通用计算机和专用计算机及相关交换系统的硬件之外，主要是可以提供一个强有力的支援系统。软件中心的业务主要是系统程序的制作、调试和修改，局数据的制作和修改，为各交换局提供系统程序和局数据。

脱机程序主要包括开发支援、安装测试和文件生成三方面的程序。

1. 开发支援程序

开发支援程序用以建立源文件和目标文件，它包括源文件的生成与编译程序、连接编辑程序、调试程序等。

2. 安装测试程序

主要用于交换网及交换局的工程设计，它可包括交换局选址程序、安装工程及安装测试程序等。

3. 文件生成程序

文件生成程序可以按照交换局的要求生成并装入各种特定程序和数据，它包括用户数据生成、局数据生成、交换程序组合（系统程序与各种数据的结合）。

8.1.3　软件的结构

软件结构的设计应以可靠、便于修改、便于扩充和维护，并易于学习为原则，目前程控交换机软件结构的基本特点有如下几个方面。

1. 分层

程控交换机的软件大都采用分层结构，把软件需要完成的工作自上而下地划分为若干个等级，即若干个层次，例如可把整个软件系统分为若干个子系统（操作、应用）、每个子系统包含若干个功能块，每个功能块又由若干组件组成，每个组件又分为若干个单元，每个单元完成特定（具体）的一项任务。不同交换系统对于软件层次划分的方法也不尽相同。

2. 模块化

所谓模块化，是指把软件某一层次上的程序按功能进一步分解为若干个模块，每一模块具有确定的、相对完整的和独立的功能，各模块之间又具有必要的联系。

模块化结构的主要优点是各模块具有相对的独立性，因而各模块可被单独地设计、调试与修改，局部软件的更新变得简单易行，因而提高了程序的可靠性和可维护性。

3. 参数化

程控交换机的软件中包括大量数据，这些数据随系统容量、硬件配置和运行环境等方面的不同而有很大差异，因此在软件结构中常采用参数化技术。

所谓参数化，是指在编写程序时对所用到的数据暂不赋值，而是以参数来代替它们，仅在安装时才根据实际需要确定这些参数的具体数值，从而增强交换系统软件的适应性和灵活性。

8.2　数据及表格

8.2.1　数　　据

数据为程序的执行提供必要的环境与依据。程控交换系统中的数据按时间特性划分可有动态数据和半固定数据两类。

1. 动态数据

动态数据也叫暂时性数据，它主要包括如下三方面的信息。

（1）各种资源的状态信息

程控交换机是拥有大量资源的数据处理系统，这些资源包括硬件和软件两种。用户电路、中继电路、信号收发器、交换网络的链路及维护管理设备等均为硬件资源，而公用数据、公用程序模块（如数字分析程序）等则属于软件资源。描述资源状态的数据要根据资源状态变化经常改变，以供有关程序正确、合理地调用。

（2）表示资源连接关系的信息

在呼叫处理的各个阶段中，对所需要的各种资源要建立暂时性的链接，这些链接只是为了实现各呼叫阶段中暂时的、特定的任务而建立的，一旦任务完成，则相应的资源链接关系即予以解除。

（3）呼叫处理过程中用到的暂时性数据

呼叫处理过程中要用到某些临时性的数据，如用户的拨号数字，已收号码位数等，为满足呼叫处理的需要，这些数据也要暂存于相应的存储器中。

动态数据的特点是具有随机性，它随呼叫处理过程的进展而发生变化，这种变化相对来讲也比较频繁。

2. 半固定数据

半固定数据也称半永久性数据，它用来描述静态信息，如交换机的硬件配置和运行环境等。这些数据一经确定，一般很少改动。半固定数据主要是指局数据和用户数据。

（1）局数据

局数据用来说明交换机的硬件组成情况，如各种话路设备的数量、路由的组织方案、中继线的信号方式与类别、编号方式、计费和复原控制方式等，它反映了一个交换局在交换网中的地位及联网环境和特征。

（2）用户数据

用户数据是反映用户特征的数据，它包括用户类型、话机类型、服务等级、新功能使用情况、用户号码与设备号码对应关系等。

半固定数据也可根据交换机运行环境和硬件配置的变化以及某种需要（如用户服务等级、号码的更改等）而改变。这类数据的改变一般是由维护人员在维护终端上输入相应命令进行，其中的一小部分用户数据如用户服务等级、呼叫转移和叫醒服务等也可由用户自己来进行修改。

8.2.2 表　格

为了使数据有序地编排，便于存取及有效地利用存储器空间，应该使其按一定规则存放，这种数据存放的直接表现形式就是数据结构。数据结构不仅要描述数据本身，而且还要描述数据之间的相互关系和存储方式（即所谓数据的逻辑结构和物理结构）。

在程控交换机中，数据通常以表格形式存放在存储区中。

1. 常用的表格结构

线性表是最简单、最常用的一种数据结构，其逻辑结构表现为一条直线的形状，不出现分支。线性表在程控交换机中得到了广泛应用。按照数据元素在存储器中的接续关系，可有不同的表格结构。

（1）顺序表

顺序表的特点是把要写入表中的各数据元素依次顺序地存放在一片连续的存储单元内，存储单元的相邻关系也反映了数据元素之间的顺序关系。每一数据元素的存储位置只与该元素的序号及表格存储区的首地址有关，因而存取非常方便。

为了便于顺序存取，表中还应设有写入指针和读出指针，写入指针指出下一个数据元素写入时应在哪一个存储单元写入，读出指针指出要从表中读出数据时应从哪一个存储单元读出。每当写入或读出一个数据元素时都要修改相应的指针。顺序表的示意图如图 8.1 所示。

在图 8.1 中，写入指针为 e，表明下一数据元素的写入地址为 e；读出指针为 a，表明下一读出数据元素的地址为 a。

随着数据的不断写入与读出，写入与读出指针会越来越靠近表格的后部，但因表格的容量（存储单元数量）总是有限的，所以最后必然会出现新来的数据元素无法写入，而前面的某些单元空闲的状况，为了解决这个问题，通常把表格循环使用，即把表格的最后一个单元的下一单元视为第一个单元，首尾相接。实现表格的循环使用并不复杂，只要每次操作时对指针判别是否已指向最后一个单元。若是，则修改指针时下一个地址指针就直接指向第一个单元。

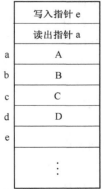

图 8.1 顺序表的示意图

顺序表一般采用循环方式使用。程控交换机中存放故障信息记录的表格一般就是采用循环方式的顺序表，它是预先划出一块固定的存储区专门用于存储故障信息，采用记新抹旧的方式。此外，呼叫事件登记表也常采用顺序表。

顺序表的优点是结构紧凑、存储空间利用率高、使用简单。但顺序表一般仅适用于在表的两端按序操作，如在表的中间插入或删除元素则往往要引起大量的数据移动，而且表的容量也难以修改。

（2）链表

链表可用一组任意的存储单元来存放数据元素，这些存储单元可以是连续的，也可以是不连续的。为了正确地描述链表中各数据元素间的相互联系，链表中的每一数据元素由两部分组成，一部分是数据元素本身的数值，另一部分是与该数据元素相邻的数据元素的存储地址，这两部分分别称为数据域和指针域，它们是链表中的基本单元，也称节点。

由于链表中各数据元素的顺序可由节点中的指针表明，故各数据元素的存放地址既不要求连续也不要求有序，因此可以随意利用存储空间。

链表可分为单向、双向、循环链表等几种结构方式，如图 8.2 所示。

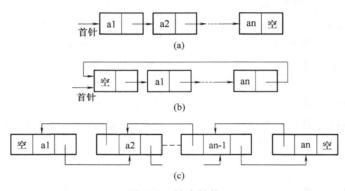

图 8.2　链表结构

（a）单向链表；（b）循环链表；（c）双向链表

单向链表中，每个节点只有一个指向后继元素的指针域，由于其最后一个节点没有后继元素，故该节点的指针域为"空"，为了指出第一个数据元素的存放地址，需要设一个特殊指针，称为首针。

单向链表只能按指针顺序查询各节点的数据元素，当要查询某节点的前趋数据时，也需要从首针开始，因而很不方便。鉴于这一缺点，可采用双向链表。双向链表中设有两个指针域，其中一个指向其直接前趋元素，另一个指向直接后继元素。如果前向指针为"空"，则表示该节点是链表中第一个节点；若后向指针为"空"，则表示该节点为链表中最后一个节点。

循环链表与单向链表的区别是其最后一个节点的指针域不为"空"，而是指向表中的第一个节点，从而使整个链表形成一个首尾相连的环形结构。从表中任何一个节点出发，都可以找到表中其他节点。

在程控交换机中，对于中继电路和收号器等公用设备，常采用链表将这些设备链接起来，以供选用。时限服务（监视）通常也采用链表。

链表的优点是从链中插入或删除一个节点很容易，只要改变相应节点的指针即可，而无需移动其他节点。但是，若要访问链表中某个节点，必须按链行进，逐个节点查找，一般比较麻烦。

（3）栈

栈是一种特殊的线性表，它也有表首和表尾，但它只能在表尾进行存取操作，这里的表尾称为栈顶，表首称为栈底。

最先进入栈表的数据总是被放在栈底，而每次取出的数据总是最后一个进入栈顶的数据。因此，栈表的数据存取操作是按照后进先出的原则进行处理，所以栈表又称后进先出表。

栈的概念可用一个简单的例子来说明，例如可把放在碗架上的一摞碗看作一个栈，一般情况下，最先洗净的碗总是放在最底下，最后洗净的碗总是放在最顶上。而在使用时，总是从顶上拿取，即后放入的先取用，最早放入的最后才能取用。随着数据的存取操作，栈顶的位置要经常发生变动，故也要有一个栈顶指针来指示栈顶的当前位置，以便于存取。

栈的结构也可有顺序和链式两种结构，顺序结构占一片连续的存储单元，链式结构可由一些不连续的存储单元组成。

栈表的示意图如图 8.3 所示。

栈对存放中断返回地址和保存现场数据十分有用，尤其在中断嵌套时十分方便。例如一个程序执行过程中被中断 1 所中断，于是将返回（被中断程序）地址和现场数据放入栈。然后中断 1 程序执行过程中又被高一级的中断 2 所中断，于是又将中断 1 程序的返回地址和数据放入栈。当返回时先取走后放入的有关中断 1 程序的返回地址和数据，继续执行中断 1 程序，等其执行完毕，然后再取走最先放入栈中的数据，执行原来的程序。

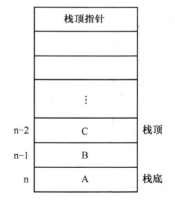

图 8.3　栈表的示意图

（4）队列

队列也是线性表的一种特殊情况，其所有的插入均限定在表的一端进行，而所有的删除则限定在表的另一端进行，允许插入的一端称队尾，允许删除的一端称队首。队列的结构特点是先入队的元素先出队，故队列也称为先进先出表。

在呼叫处理过程中，经常会遇到队列的概念，队列可由顺序表和链表构成，前者称为顺序队列，后者称为链形队列。

队列常用于程序之间的衔接。例如，当输入处理程序将交换机监视点的启动信息（输入信号）进行识别并处理后，不能立即启动分析程序对该信息进行分析以确定应执行的任务，这时就只能把该信息送到某个队列中去排队等待，当轮到分析程序执行时，从队列中逐一取出排队等待的信息进行分析处理。同样，内部处理程序将有关信息处理完之后也往往要将信息排入相应队列而等待输出处理程序处理。

为了操作上的方便，队列也应设有队首指针和队尾指针，以指明取出数据与排入数据的地址。

2．动态数据的表格结构

各种动态数据要按照其性质组织成紧凑的表格结构。各种交换系统的表格结构，因容量、性能、内存容量、存取方法等因素而异。为获得较具体的概念，下面说明一个小容量程控用户交换机的表格类型，以及与新服务性能有关的表格。

（1）小容量交换机的表格类型

1）忙闲表：反映用户和话路设备的忙闲状态，可包括用户忙闲表，各级键路忙闲表，中继器忙闲表等。

2）事件登记表：在输入处理中发现的各种事件应记录在事件登记表中，以作为内部处理的依据。

3）呼叫记录或设备信息表：呼叫建立过程中有关数据（如收到的被叫号码）可存放在呼叫记录表中。呼叫记录表是着眼于呼叫，每个呼叫分配一张，也可以着眼于各种公用的话路设备，设置设备信息表。每个公用的话路设备（如中继器、收号器等）各有一张信息表，当该设备占用后可陆续存入相关数据。

4）各种分析、译码表：如数字分析表，将用户号码译成设备码的译码表等。

5）各种监视表：用来暂存扫描输入的有关信息。

6）输出登记表：作为输出排队的缓冲区，用来暂存驱动输出信息或其他输出信息。

7）新服务性能登记表：用来存放登记新服务性能的有关信息，下面详细介绍。

（2）新服务性能登记表

第7章只说明了一般呼叫的程控原理，对于使用新服务性能的呼叫，还有一些特殊处理。程序离不开数据，只要了解新服务性能有关的表格结构，就可推想程序的处理过程。以下说明几种较简单的新服务性能的表格及有关处理。

1）缩位拨号登记表

缩位拨号是指用较少号码位数来代替原有的一串号码。需要缩位拨号时要先进行登记，登记应按规定的拨号方式，通常包括以下内容：

· 前缀和缩位拨号登记的代码。

· 缩位代码：1位或2位，相当于每个用户最多可登记10个或100个缩位代码（当首位不能用0或1时，数量要减少）。

· 所代表的号码。

· 后缀。

通常应使用按键话机，话机上的＊和♯要用于前缀和后缀中或各段内容的分隔。程控交换机收到用户的登记要求后，在该用户的缩位拨号登记表对应于缩位代码的单元内写入所代表的整个号码，如图8.4所示。

设以45代替2352769七位号码，交换机收到使用缩位拨号的前缀及代码45后，用45检索缩位拨号登记表，即可得到2352769。下一步处理如同用户拨完整个号码一样，进行数字分析和路由选择工作。

2）热线登记表

热线是指用户摘机后可不拨号而直接接通所需的某一用户。用户所登记的热线号码存放在热线登记中。当用户摘机呼出，查明已登记热线，即直接接通所登记的热线用户。通常使用延迟热线，即主叫在摘机后几秒内不拨号，即认为要求热线接续。故在处理后，应进行时限监视，只有在规定时间内未拨号才接至热

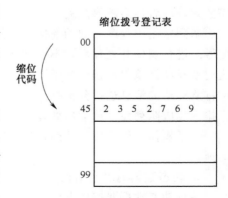

缩位拨号登记表

00							
45	2	3	5	2	7	6	9
99							

缩位代码

图 8.4　缩位拨号登记表

线用户。

3) 呼叫转移登记表

呼叫转移是指呼入的电话自动转移到用户目前临时所在处的电话。如图8.5所示，每个用户有其登记区，登记时以主叫用户坐标（即设备码）检索转移登记表，写入欲转移去的用户坐标码。如已登记转移，即接到表中所登记的转移用户坐标码。为便于程序判别，登记表每行的最高位可用作标志位，表示是否已进行转移登记。

图 8.5　呼叫转移登记表

4) 叫醒服务登记表

叫醒服务是指在某一指定时刻对用户话机振铃。用户在叫醒登记时，应送出表示叫醒时间的代码如 0430 表示 4 点 30 分，2350 表示晚上 11 点 50 分。交换机应将叫醒时间及主叫身份写入叫醒登记表。如采用时限控制块（TCB），则 TCB 就相当于一张叫醒登记表。对 TCB 不断进行监视，如到达叫醒时间就对用户振铃。

其他如会议电话、代答、遇忙或久不应答的转移都可以使用相应的登记表。有些性能只要一个比特指示位，如免干扰服务、呼出限制等。

8.3　程序的执行管理与程控交换语言

程序的执行管理也就是任务调度，它是指当交换系统产生许多并发处理要求时，要对处理机资源进行合理安排，使少量计算机能为数千或数万个用户服务，处理在同一时刻可能出现很多用户同时进行的呼叫，而又不使用户有等待感觉的实时处理技术，是实时系统软件的具体应用，是程控交换软件的核心技术之一，内容包括多重处理、实时处理、程序的级别的划分与任务调度，是软件学习的重点，已在第 7 章以详细介绍，这里不再重述。

在程控交换机软件的开发设计与应用过程中，一般要用到三类语言，即规格描述语言 SDL（Specification and Description Language）、汇编语言 AL（Assembly Language）和高级语言 HLL（High Level Language）、人机对话语言 MML（Man-Machine Language）。

SDL 用于系统设计阶段，它用来对整个程控交换系统的各种功能要求及技术规范进行说明，并描述系统功能和状态的变化情况。此外 SDL 也可为订购与投标提供明确的功能规格。

汇编语言 AL 和高级语言 HLL 是直接用来编写软件程序的语言，用来进行具体程序设计。MML 是用于系统调试和维护管理工作的语言，主要供有关工作人员与系统进行对话，实现人机通信目的的。

8.3.1　SDL 语言

SDL 语言是 ITU-T（CCITT）建议采用的语言，它可对实时系统行为方面的规格进行描述，可用于对下列过程的详细描述。

（1）交换系统中的呼叫处理过程（例如呼叫处理、电话信号、计费）。

（2）一般电信系统中的维护和故障处理（如自动告警，自动故障处理、例行测试）。

（3）系统控制（如过载控制、更改或扩充）。

（4）管理与维护功能。

（5）数据通信协议。

当描述一个系统的时候，SDL 提供了两种不同的语言形式供使用者选择：一种是正文短语表示法（SDL/PR），这是一种很像程序的文字描述方法，适合于送入计算机进行处理；另一种是图形表示法（SDL/GR），用图形对系统进行描述，易于学习、阅读及使用，比较直观。上述两种表示方法均为同一 SDL 语义的具体表示，所以它们是等价的。

程控交换机执行的任务是很复杂的，其整个呼叫接续过程可分为若干个小的阶段。如果用传统的记述方法描述程控交换机的接续过程就非常烦琐，逻辑上也容易混乱和不够完整，不能满足详细的过程及规范说明的需要。采用 SDL 语言，使得对过程的描述有了统一的规则，逻辑严密，一旦弄清少量的基本概念和符号，就可以方便地理解交换机的基本功能，这对于缩短软件的开发时间，便于人员的培训和设备的维护管理、增加设计生产部门和设备使用管理部门间的交流都具有重要意义。

在第 6 章对 SDL 的应用已作了较详细的介绍，这里就不再重述了。更详细的资料可参阅 ITU-T 的建议。

8.3.2　汇编语言与高级语言

1. 汇编语言与高级语言

采用汇编语言编写程序的优点是代码效率高，可节省程序所占用的存储空间和提高程序运行速度。因而用汇编语言编写程序能较好地满足交换系统对软件的实时性要求。在早期的程控交换机和小容量的交换机中，常采用汇编语言来编写程序。

尽管汇编语言在编程方面有上述一些优点，但是不同的处理器使用的汇编语言各不相同，且编制或了解这种程序需要熟悉处理器的指令系统，助记符的记忆也比较枯燥，因此汇编语言程序存在着编写效率低、通用性与可读性差和易于出错等缺点。

高级语言是一种面向程序的软件设计语言，它不依处理器的类型而变，用其编写程序具有结构简明、接近日常语言的特点，因而具有易读、易于编写、通用性强、功能的增加与修改比较容易等优点，但其代码效率不及汇编语言。

由于用高级语言编写软件具有很多优点，所以它在程控交换机编程技术中得到了广泛的应用。

目前大多数程控交换机的软件都采用高级语言编写，但需要说明的是，采用高级语言编写的软件系统中，往往也存在少量用汇编语言编写的程序，以解决某些程序所执行的任务对实时性要求比较严格、对处理速度要求较高的问题，因而一般也不是纯粹采用高级语言编写。

采用高级语言编写软件的程控交换机有很多种，不同厂家生产的交换机采用的高级语言也往往不同，例如 FETEX-150 采用 FSL 语言，AXE10 采用 PLEX 语言，5ESS 采用 C 语言，DX200 采用 PL/M 语言、S1240 和 EWSD 等采用 CHILL 语言。ITU-T 建议程控交换机采用 CHILL（CCITT High Level Language）编写程序。

2. CHILL 简介

（1）CHILL 的特点

CHILL 是用于程控交换机程序设计的高级语言，它考虑了程控交换机对编程语言的如下要求：

1）可以生成效率较高的目标代码。

2）应用范围广，具有较灵活和较强的功能。

3）不依赖于处理器。

4）有利于程序的模块化和结构化设计。

5）有利于提高程序的可靠性，程序设计中的许多错误可在早期检测出来得到纠正。

6）易于学习和使用。

CHILL 是于 1980 年作为建议正式提出的。CHILL 吸收了 PASCAL、PL/1、ADA 等高级语言的优点，并弥补了它们应用于程控交换系统的不足。CHILL 不仅适用于程控电路交换，而且也适用于报文交换和分组交换等。它具有丰富完备的数据模式、清晰明了的通用语句和模块结构、书写格式自由、功能强、运用灵活、简明易学等优点。此外它还具有进程并发执行机构和灵活的异常处理功能，以及严格的模式和类别检查功能，从而使程序的运行效率高、速度快；编译阶段即可发现许多软件差错，提高了软件的可靠性。

CHILL 与一般的高级语言明显的不同点大致有如下几个方面：

1）它的 CASE 语句可以具有多个选择表达式，从而可获得多个选择条件下的更多的组合，大大增加了程序的灵活性。

2）提供了只读模式，可用以保护程序中某些特定单元的内容。

3）提供了供用户自定义模式的手段——同义模式定义语句和新模式定义语句。前者给变量赋予与定义模式同义的模式，后者给变量赋予与定义模式不同义的模式。合理使用模式定义可简化一致性检查，改善程序的可读性，使程序易写、易改、少出错。

4）提供了并发执行机构，可满足程控交换系统对实时性的要求。

5）提供了多赋值语句，一条赋值语句可以对多个单元（对应多个变量）赋予相同的值。

（2）CHILL 简介

1）CHILL 程序的组成

一个由 CHILL 编写的程序由三部分组成：

①对数据对象的描述，简称数据描述。

②在数据对象上执行的动作的描述，简称动作描述。

③程序结构描述。

数据描述是对程序中所使用的数据对象进行说明与定义，数据对象是值或存放值的单元。动作描述是由动作语句描述在数据对象上的操作。程序结构描述由各种结构要素确定程序的结构及通过程序结构确定程序中数据对象的生存期和可见性。

为提高程序的可读性，便于程序的开发、维护和修改，提高程序质量，CHILL 构造程序的主要结构通常是采用模块、区和分程序三种形式及一些特殊的控制语句。模块的一般结构形式如下：

EXMAPLE：MODULE

说明语句

动作语句

END EXMAPLE；

第一行是程序头，其中 MODULE 作为程序模块的标志符，而 EXMAPLE 是该程序模块的名字，模块名由用户自行定义，名字可根据程序段的内容起，以增加可读性，当然也可以随便取。模块名后跟一个冒号"："和标志符 MODULE，最后一行是程序模块结束标志，语法规定以 END 后加模块名结束程序。模块中间的程序体包括说明语句和动作语句。

　　CHILL 程序的书写格式比较自由，非常灵活，允许一行写几条语句，也允许一条语句写成几行。此外，CHILL 的赋值符号是"：＝"，语句结束符是"；"。

　　2）CHILL 的模式与类别

　　CHILL 中的基本数据对象—值和单元分别附有类别与模式，即类别和模式确定了单元和值的性质（模式类似于其他程序设计语言如 PASCAL 的类型）。这些性质由编译程序来检验，值的类别确定了可包含（存放）这个值的单元的模式；单元的模式确定了被存放在其中的值的集合以及大小、内部结构和访问方式等相关的性质。

　　CHILL 提供下列几种模式：

　　①离散模式　包括整数模式、字符模式、布尔模式、集合模式以及基于这些模式的范围模式。

　　②幂集模式　某些离散模式的元素的集合。

　　③引用模式　用于引用单元的受限、自由引用模式及行模式。

　　④组合模式　串模式、数组模式和结构模式。

　　⑤过程模式　过程被看作可处理的数据对象。

　　⑥实例模式　用于进程的标识。

　　⑦同步模式　用于进程间同步和通信的事件模式和缓冲区模式。

　　⑧输入输出模式　用于输入输出操作的结合模式、访问模式及文本模式。

　　⑨计时模式　用于时钟监控的时延模式和绝对时钟模式。

　　3. 举例

　　在电话交换处理程序中，需测试线路状态，若空闲则可接通；否则必须送遇忙信号，编写程序如下：

```
(1)  PHONLINE：MODULE
(2)       DCL BUSY, CONNECT BOOL：＝FALSE,
(3)              LINEIDLE BOOL；
(4)  / * THE VALUE OF LINEIDLE IS INTRODUCED
(5)  BY MEANS OF AN INPUT ROUTINE * /
(6)       IF LINEIDLE
(7)             THEN
(8)             CONNECT：＝TRUE；
(9)             ELSE
(10)              BUSY：＝TRUE；
(11)      FI；
(12)  END PHONLINE；
```

　　程序中首行和末行是程序模块的开始和结束标志，模块名为 PHONLINE。

　　第 2～3 行对变量 BUSY、CONNECT 和 LINEIDLE 进行说明与定义，这三个变量均为布尔模式（布尔模式的变量可有 TRUE 和 FALSE 即真和假两种取值），且 BUSY 和 CON-NECT 被赋初值为 FALSE。

　　第 4～5 行是注释行，说明 LINEIDLE 的值是由输入子程序引入的。

　　第 6～11 行是由第 6 行和第 11 行的 IF 和 FI 括起来的条件动作语句。如果线路空闲为真（TRUE），则接续（CONNECT）被执行，否则忙音接续（BUSY）被执行。

需要深入了解 CHILL 的读者，可参阅专门的书籍。

8.3.3 MML

MML 是交互式人机对话语言，它不仅用于程控交换机的维护管理，也可用于设备的安装调试。另外，它的应用也可扩展到数据交换、ISDN 管理维护及软件开发等领域。

对 MML 的一般要求是：

（1）提供一个统一的接口，易于学习和使用，即输入命令简单易行，输出命令较详尽，接近日常语言、易于理解。

（2）适用于各种人员，可用不同国家的语言书写，并能适应各种机构的需要，不仅适合于本局管理维护，也适合管理维护中心使用。

（3）语言是结构化的，根据命令的重要程度和特点可规定不同的等级，供不同水平的技术人员使用。

（4）便于系统安全使用，在控制活动或命令中的错误不应使系统瘫痪，一般在输入发生错误时应能迅速纠正，对较重要和影响严重的输入命令要加以确认后方可执行。

（5）能与各种类型的终端配合工作。

1. MML 简介

MML 应遵循一定的语法规则，以保证 MML 命令或消息在基本原理上是正确的，语法还限定了命令的结构及所需要的字符、记号和其他元素。由语法所定义的符号、关键字等各种语言基本成分的含义称为语意，使用语意的规则可对输入信息进行错误检测，以便能将 MML 正确地译成可识别的机器指令。

MML 可分为输入语言与输出语言两类。输入语言用于工作人员对交换机下达命令，输出语言是交换机的输出信息，分为非对话输出与对话输出信息两种。

不同交换机的输入、输出信息一般是不同的，但它们大都遵守 ITU－T 制定的 MML 语法规则。

（1）输入语言—命令

1）命令组成

一条命令从命令码开始，命令码规定了系统应执行的任务。如果需要进一步的信息，命令码后应跟以参数部分，并用"："将命令码与参数部分隔开。参数部分由一个或几个参数块组成。

2）命令码

命令码最多由三个标识符组成，它们之间用"-"（连字号）分隔开。使用较多的命令码有动作—资源型和单个缩写词两种类型。动作资源型的命令码由两部分组成，前一部分是表示某种动作如显示（DIS）、修改（CHA）等动词的缩写或字首。后一部分是表示资源（动作对象）的名词的缩写如用户（SUB）、状态（STA）等。基本动作一般有显示、修改、增加（创建）、删除、启动、锁闭等，动词和名词的搭配可组合成数百乃至上千种命令码。

单个缩写词是将命令码由一个缩写词（有若干个字符的助记符）来表示，每个缩写词具有特定的含义，指示系统完成特定的功能。

3）参数块及参数

参数块含有执行命令码中指定功能所必须的信息。参数块中的信息根据具体的命令由特定的一些参数来表示。当有一个以上参数块时，参数块之间也应以冒号相分隔。如果参数块中包含两个或多个参数，应该用"，"将它们隔开。任一参数块中的参数均应属于同一类型，即都是按位置定义的参数或都是按名字定义的参数、参数标识并含有信息。

用位置定义的参数包括一个参数值，在参数块内必须按预先规定的次序给出参数。在不准备给出某个参数值的地方，可以省略该参数值，但要保留其分隔符或用来终止命令的指示符，以指出该参数在参数块中的正确位置。省略参数的地方由系统指定缺省值。

用参数名（由一个标识符表示）定义的参数包括一个参数名，其后跟以一个参数值，它们之间用一个"＝"分隔开。在参数块内可以按任意的顺序给出这些参数。若不准备给出参数值，那么相应的参数名和等号以及跟随该参数的分隔符"，"也要省略掉。这种省略意味着缺省值已被指定。

参数大致可分为两类。第一类是必要参数，它是输入命令中必须给出的参数，若漏掉或缺少了这类参数，系统不能执行该命令并予以提示。第二类是可选或任选参数，可根据需要在指定的参数范围中任意选择一个或多个参数，也可不选。

参数值是参数所取的值，当赋给参数的值是若干个离散的值时，则各参数值要用"&"（与号）分开，如 2&4&6 表示 2 与 4 与 6，当参数值为某一范围的连续数值时，用"&&"（与号与号）将参数值的下限与上限连接起来，如 200&&300，表示从 200 到 300。

4）执行符号

MML 命令的结尾输入一个分号"；"表示要求系统执行该命令，命令送往应用程序执行之前，由对话软件对输入的数据进行翻译和语法检查。

5）连续执行符号

在命令结尾输入一个感叹号"！"而不是普通的执行符号分号，这可以使操作员不必重新输入命令而直接输入新的参数执行原来输入的命令。软件检查前一个输入、执行的命令，并等待同一命令下的下一个参数输入。

6）提示与帮助符号

借助于提示与帮助符号"?"，操作人员可要求系统提示与帮助。例如可查询命令的使用及相关参数的配合、参数的可选范围等。

7）系统提示符

系统提示符"＜"表示系统已做好接收命令的准备工作，等待操作员输入命令。

（2）输出语言

输出语言是指系统输出的信息，它可以显示在屏幕上，也可以在打印机上输出。非对话输出是指对特定事件的自动输出，例如告警，或者是执行了一段较长时间的任务（例如话务量统计）结束后的自动输出。非对话输出包括具有日期和时刻及其他附加信息的标题、告警信息、输出标识、正文和输出结束标志等。

对话输出是对操作人员输入命令的响应。在操作人员输入命令后，若命令正确且合法，维护终端屏幕上会显示出命令已被接受并执行的信息。若命令中有错误，或命令虽正确但操作人员权限不够（由通行字来标识），则系统拒绝执行该命令并给出出错信息或拒绝执行的原因。

2. 人机对话过程

人机对话过程可分为如下几个步骤：

（1）工作人员向系统请求输入信息。

（2）系统确认请求后给出提示。

（3）工作人员输入通行字（口令）。

（4）系统确认通行字的合法性后给出接收命令准备就绪的显示。

（5）工作人员输入有关命令。

（6）系统对命令的正确性与合法性进行检查，给出接受并执行、拒绝接受、请求进一步输入等信息。

（7）系统执行命令后，将命令执行结果在屏幕或打印机上输出。

在一些系统中，系统接受请求并给出提示符之后，先由工作人员输入有关命令，然后系统再给出要求输入通行字的提示，系统检查后根据通行字的合法性决定是否执行该输入命令，并给出已执行或拒绝执行的信息。

复习思考题

8.1　简述联机程序中主要程序的基本功能。

8.2　操作系统的主要功能是什么？

8.3　程控交换机软件结构的基本特点是什么？

8.4　程控交换机内部数据分为哪几类？

8.5　路由管理的任务是什么？

8.6　局数据和用户数据分别是反映什么特征的数据？

8.7　表、栈、队列的概念是什么？它们之间的区别与联系是什么？

8.8　链表有哪几种结构方式，分别有何特征？

8.9　SDL、CHILL 和 MML 分别适用于何种场合？

8.10　为什么很多程控交换机都采用汇编语言与高级语言两种语言编程？

8.11　CHILL 编写的程序由哪部分组成？

数字程控交换系统

至此，我们已将数字程控交换系统的各组成部分作了较详细的介绍，下面将分别介绍两种容量不同的数字程控交换系统，以深入了解数字程控交换系统的组成、功能和功能的实现方法。

9.1 数字程控交换最小系统

数字程控交换最小系统是指能完成数字程控交换机必备功能（交换功能、接口功能和控制功能）所构建的相对简单的应用系统，它包括了模块划分和软、硬件功能的划分。在硬件方面，通过对芯片的选择和外围电路设计，最大限度地满足系统对硬件资源的要求。对软件来说，合理划分模块，确定实时系统类型，选择编程语言，编写与调试程序，来满足系统对软件的要求：有较高的实时效率，能多道程序运行，处理大量呼叫。

任何一个复杂的应用系统都是以最小系统为基础，通过扩展外部功能模块的方法实现的。而数字程控交换最小系统又集中了数字程控交换的核心技术，因此，只有通过对数字程控交换最小系统的学习，打好基础，才能在此基础上进一步学好数字程控交换技术。

这里以一个数字程控交换最小系统为例，结合实际设备，说明数字程控交换系统的组成与呼叫处理过程，这个小系统基本上包括了数字程控交换机的所有功能，除无用户集中级，数字交换网路容量较小之外，其他部分与大交换机基本一样。

9.1.1 系统组成

数字程控交换系统是由硬件分系统与软件分系统两部分组成的。如图 9.1 所示，为了把软件与硬件明显区分开来，这里用方框来表示硬件，而用云形图来表示软件，并把软件画于其驻存的硬件方框内。

1. 硬件分系统

硬件分系统由数字交换网络、模拟用户线终端、数字中继线终端、模拟中继线终端、信令设备与控制系统等组成，见图 9.1 的硬件部分。

（1）数字交换网络

所有的交换任务均由数字交换网络完成，而各种终端设备则负责把外部线路或设备与数字交换网连接起来。

这个数字程控交换最小系统采用 256×256 单 T 型数字交换网络芯片 MT8980（新型号为 ZL50000），其结构、工作原理、硬件设计与软件程序已在第 2 章介绍，这里不再重述。硬件设计与软件编程将在第 15 章讲述。

由单片 MT8980 组成的这种单 T 型数字交换网络,可以完成 256 个时隙×256 个时隙的全利用度数字交换任务,因为这种单 T 型数字交换网络是单向的,一对通话要占用 2 个时隙,故可接续的通话对数为 128 对。从交换的角度看它等效于一个 128×128 的模拟纵横接线器网络,对于一个 400 线左右的小型数字交换机来说,一个这样的单 T 型数字交换网络已能无阻塞地承担起交换接续任务。

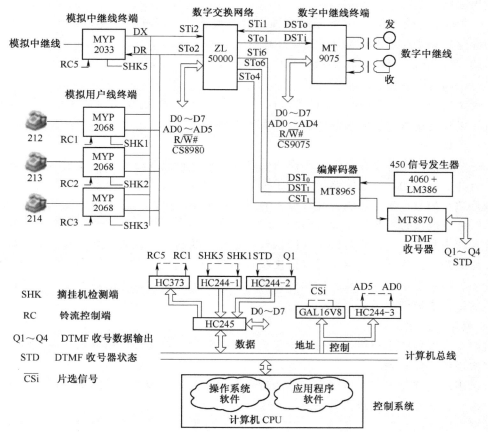

图 9.1　数字程控交换最小系统

在这个小系统中,使用了数字交换网络的 8 条 2 Mbit/s 串行 PCM 输入母线(HW)STi0～STi7 中的 3 条:

STi1　连接数字中继线接口用芯片 MT9075 的数据串行母线 ST-BUS 输出端 DST0。

STi2　连接模拟用户线终端用芯片 MYP2068CS 的 PCM 编码输出端 DX 和模拟中继线终端用芯片 MYP2033CS 的 PCM 编码输出端 DX。

STi6　连接编解码芯片 MT8965 的数据串行母线 ST-BUS 输出端 DSTo。使用了数字交换网络 8 条 2 Mbit/s 串行 PCM 输出母线(HW)STo0～STo7 中的 4 条:

STo1　连接数字中继线终端用芯片 MT9075 的数据串行母线 ST-BUS 输入端 DSTi。

STo2　连接模拟用户线终端用芯片 MYP2068CS 的 PCM 信号输入 DR 和模拟中继线终端用芯片 MYP2033CS 的 PCM 信号输入端 DR。

Sto4　连接编解码芯片 MT8965 的控制序列总线输入端 CSTi,用于控制芯片滤波器和编码器的性能。

STo6　连接编解码芯片 MT8965 的数据串行母线 ST-BUS 输入端 DSTi。

除了上述 8 条 2 Mbit/s 串行 PCM 输入母线（HW）STi0～STi7 和 8 条 2 Mbit/s 串行 PCM 输出母线（HW）STo0～STo7 之外，主要是连接处理机接口的信号线，其中包括：

·8 位双向数据总线 D0～D7 连接处理机的数据总线，用于处理机向芯片发送数据和从芯片读出数据。

·6 位地址总线 AD0～AD5 连接处理机接口地址总线缓冲器的输出，用于处理机对芯片内的存储器和寄存器进行读-写的地址码线。

·读/写控制信号线 R/$\overline{W}$ 连接处理机接口控制总线，用以控制进行读/写操作，表示低电平为写，高电平为读。

·片选信号线 $\overline{CS8980}$ 连接处理机接口译码器 GAL16V8 的输出，表示低电平有效，是处理机用以指定这次操作所涉及的芯片是 MT8980。

（2）接口设备

在一个通信网中，存在着各种各样的线路或设备，这些线路或设备传送的信号有些是数字的，有些是模拟的，外部线路每条上承担的话务量也有大有小。而数字交换网络所能交换的信号是数字信号，每条母线上允许进入的话务量也是固定的，这就需要设置不同的接口作为外部线路（或设备）与数字交换网络之间的桥梁。其主要作用是把外部线路（或设备）发出的信号变为数字交换网络能够交换的信号，进入交换网；并把数字交换网输出的数字信号变为外部线路（或设备）能够传送（或接收）的信号。有的终端还要承担话务集中的任务，把大量的、话务量小的用户线上的话务收敛集中到一定数量的数字链路上去，并把数字交换网输出的话务扩展到大量的用户线上去。

1）模拟用户线接口

目前绝大多数的用户线是二线的模拟信号线，模拟用户线接口用以把这些模拟用户线与数字交换网络连接起来。

分析用户线路与数字交换网络在传送信号类别、话务量等各方面的特点，可以帮助我们明确模拟用户线接口所应承担的任务。

数字交换网络只能传送低电平（TTL 电平）的数字信号，而不能通过它向用户馈电、振铃、监视用户摘挂机和对用户线进行测试，因此必须为每个用户设置专用的电路，模拟用户线接口来解决上述问题。

普通模拟用户线是二线线路，传输的是模拟信号，为此用户接口还要承担 2/4 线转换和模/数转换任务，方能把二线用户与数字交换网络连接起来。

用户线路连接千家万户，线路条件比较复杂，雷电、电气化铁道高压干扰，电力线侵入等等都在所难免，而数字程控交换系统使用的集成电路芯片，都是低压器件，为此在与用户线路连接的用户线接口中提供过压保护功能。

一般用户线的话务量较低（0.1～0.2 Erl），而数字交换网络是无阻塞或阻塞概率很低的交换网，每条链路均可承担较大的话务量（0.6～0.8 Erl），故在用户接口需要话务集中。

此外，为对每个用户的内、外线进行测试，通常要求用户接口内具有相应的测试电路。

模拟用户线接口由芯片 MYP2068 和外围电路组成。

2）模拟中继线接口

这里的模拟中继线接口用于连接上级局的模拟用户线，本机作为用户交换机，上级局把用户交换机视为它的一个用户,使用用户线信号与用户交换机传送建立接续的各种控制信号。

这个数字程控交换最小系统的模拟中继线接口,采用带有编解码功能的组件 MYP2033CS,加上外围电路组成,MYP2033CS 模拟中继线接口电路,具有铃流检测、模拟摘机和超强抗干扰的来电显示透传功能,它的引脚与 MYP2068CS 用户线接口电路兼容,使用非常方便,可广泛应用于数字程控用户交换机 PABX,交互式语音应答设备 IVR,语音卡等。

MYP2033CS 的功能框图如图 9.2 所示,引脚说明见表 9.1

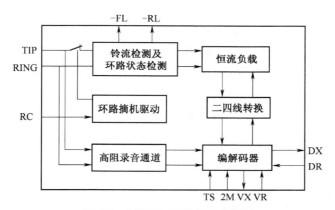

图 9.2　MYP2033CS 的功能框图

表 9.1　MYP2033CS 引脚说明

引脚号	符　号	功　能　描　述
1	TIP	电话线 TIP 端
2	NC	空脚
3	VX	模拟信号输出端
4	RING	电话线 RING 端
5	NC	空脚
6	NC	空脚
7	NC	空脚
8	RC	摘机控制输入脚,高电平有效
9	-FL	静态时:-FL 和-RL 均为高电平振铃时:-FL
10	-RL	和-RL 均为低电平
11	V_{CC}	＋5 V 电源输入端
12	V_{EE}	－5 V 电源输入端
13	NC	空脚
14	T2	中继线识别,高电平
15	T1	中继线识别,低电平
16	DX	PCM 信号输出端
17	2MC	2.048 MHz 输入端
18	GND	信号地
19	DR	PCM 信号输入端
20	8K	8 kHZ 信号输入端

MYP2033CS 的典型应用电路如图 9.3 所示。

图中外部保护电路用于保护接口电路，典型用法是用自复熔丝 RTC1 和 RTC2，以及三端平衡对称瞬态过电压保护器 SDT。

此接口芯片的二/四变换功能，把两根平衡的电话线 TR 上的信号转换成对地的输出信号 VX，相反方向的对地的输出信号 VR 转换成平衡的两线信号。四线侧的输出、输入信号在芯片内部分别接至编解码器 CODEC（TP3057）的音频输入、输出端，输出信号 VX 由编码器进行编码，变为数字信号，从 DX 端输出。由 DR 端进入

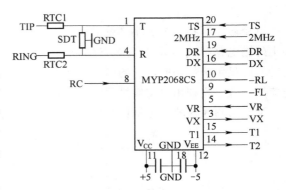

图 9.3　MYP2033CS 的典型应用电路

的数字信号，则由解码器进行解码，变为音频信号，送到 VR 端。应用电路的发送增益为平衡的两线信号至四线侧的输出 VX 端的增益，MYP2033 的发送增益为 0dB。接收增益为四线侧的输入 VR 端至平衡的两线信号的增益，MYP2068 的接收增益为 -3.5 dB。MYP2033有一个挂机传输通道用于挂机时接收来电显示 Caller ID 信号。

为保护接口电路，在 1 秒振铃期间，即-FL 和-RL 均为低电平时，不要给摘机信号，在编写软件时，应在-FL 和-RL 脱离低电平后，才给摘机信号，令 RC＝1。

这个数字程控交换最小系统的模拟中继线接口的过流保护和过压保护分别由外接的自复熔丝 RTC 和防雷限压元件 P6KexxCA 实现。其余功能完全由组件 MYP2033CS 实现。

铃流检测功能，由 MYP2033CS 内的"铃流检测"功能块实现，它把对铃流的检测结果通过－FL 和－RL 端送出，振铃时－FL 和－RL 端均为低电平，把－FL 和－RL 端连接到处理机接口缓冲器 HC244 的输入端，处理机即可通过读 HC244 检测铃流。

摘机功能是通过向组件的摘机控制端 RC 输入高电平实现的，把 RC 端连接到处理机接口锁存器 HC373 的输出端，处理机即可通过写 HC373 控制摘机。

编解码功能由装于组件上的编解码芯片 TP3057 实现，TP3057 的编码输出端，即组件的 PCM 信号输出端 DX 连接到数字交换网络的 2 Mbit/s 串行 PCM 输入母线（HW）STi2，TP3057 的解码输入端，即组件的 PCM 信号输入端 DR 连接到数字交换网络的 2 Mbit/s 串行 PCM 输出母线（HW）STo2，TP3057 所需的时钟信号 2 MHz 和帧同步信号，分别接到时钟电路的 2 MHz 和时隙分配电路的 TSI。

二/四线转换功能由组件内的"二/四线转换"功能块实现，将两线电路转换为四线电路或进行相反的转换。

MYP2033CS 需要两种直流电源：＋5 V、－5 V，均应接入滤波电容。

3）数字中继线接口

当数字交换局与对方局之间采用数字线路时，在数字线路与数字交换网之间要接入数字线路接口。

表面上看，数字线路上传输的信号与局内信号一样，都是 PCM 信号，数字线路上的话务量也比较集中，不需模数转换与话务集中，似乎无设接口的必要。但实际上由于各种因素影响，对方局送来的信号很难与本局的时钟节拍既同步又同相，为在本局进行交换，必须令外来信号和本局时钟同步同相，纳入本局的"时间轨道"。另外线路上传输的码型（双极性 HDB3

码）与本局局内使用的码型（单极性 NRZ 码）也不一致，必须进行变换。基于上述两个主要原因，必需设置相应接口，即数字线路终端，而对端必须为数字交换局或数字设备。

这个数字程控交换最小系统的数字中继线接口，采用带有 HDLC 协议控制器功能的芯片 MT9075B，加上外围电路组成，MT9075B 的结构和工作原理已在第 3 章和第 4 章介绍，这里不再重述。硬件设计与软件编程将在第 15 章讲述。

这个小型数字程控交换机的局间信令，采用 No.7 信令。由于 MT9075A/B 是具有多种功能的高集成度数字接口专用芯片，它把实现数字中继功能的电路和 HDLC 协议控制器集成到一个芯片之中，故可用 MT9075 实现 No.7 信令的第 1 级和第 2 级的部分功能。

MT9075 可以通过软件设置，把 MT9075 内部数字链路的 TS16 时隙和 HDLC1 连接起来，这样 No.7 信令第一级信令数据链路功能就是数字中继线和 HDLC1 控制器在 MT9075 内部半永久连接的一个时隙，即一个 64 kbit/s 的数据通道 TS16。

No.7 信令第二级信令链路功能中，标记符 F 的产生和检测，插 0 和删 0，循环冗余校验码（CRC）的生成和校验由硬件 HDLC1 控制器实现，而发送控制、接收控制、链路状态控制、差错控制等由软件实现，软件驻存在计算机中。

第三级信令网功能，由驻存在计算机中的软件实现。

第四级电话用户（TUP）功能，也由驻存在计算机中的软件实现。

数字中继线接口用芯片 MT9075 的 ST-BUS 输出端 DSTo 连接数字交换网络 2Mbit/s 串行 PCM 输入母线（HW）STi1，ST-BUS 输入端 DSTi 连接数字交换网络 2 Mbit/s 串行 PCM 输出母线（HW）STo1.

在这个数字程控交换小系统中，位于上级局的交换机的 MT9075 工作于在自由运行模式，它所需的时钟信号 20 MHz，由 20 MHz 晶体振荡器产生，接到 MT9075 的 OSC1 端，作为基准信号，MT9075 内部的"时钟控制"功能块，受基准信号控制，生成系统所需的 4 MHz 时钟信号 $\overline{C4b}$ 和帧同步信号 $\overline{Fob}$，分别由 $\overline{C4b}$ 端和 $\overline{Fob}$ 端输出，供系统内其他芯片使用。

位于下级局的交换机的 MT9075 工作于线路同步模式，从接收数据中提取的时钟信号，由内部抖动衰减器 JA 消除抖动，用作为基准信号，MT9075 内部的"时钟控制"功能块，受基准信号控制，生成系统所需的 4 MHz 时钟信号 $\overline{C4b}$ 和帧同步信号 $\overline{Fob}$，分别由 $\overline{C4b}$ 端和 $\overline{Fob}$ 端输出，供系统内其他芯片使用。

MT9075 与处理机之间的接口，包括：

·8 位双向数据总线 D0～D7 连接处理机的数据总线，用于处理机向芯片发送数据和从芯片读出数据。

·5 位地址总线 AD0～AD4 连接处理机接口地址总线缓冲器的输出，用于处理机对芯片内的寄存器进行读写的地址码线。

·读/写控制信号线 R/$\overline{W}$ 连接处理机接口控制总线，用以控制进行读/写操作，低电平表示写，高电平表示读。

·片选信号线 CS9075 连接处理机接口译码器 GAL16V8 的输出，低电平有效。

（3）时钟电路与时隙分配

时钟电路的主要功能是提供同步用的各种时钟信号，包括交换网络芯片 MT8980 所需的 4 MHz 时钟信号 $\overline{C4b}$ 和帧同步信号 $\overline{Fob}$，模拟用户线接口芯片 2068CS、模拟中继线接口芯片 2033CS 和编解码芯片 MT8965 所需的时钟信号 2 Mbit/s 和时隙同步信号 TS。

时钟信号$\overline{C4b}$和帧同步信号$\overline{Fob}$由数字中继接口用芯片 MT9075 产生，时隙同步信号 TS 由时隙分配电路生成。

时隙分配电路的主要任务是受系统时钟送来的 2.048 6 MHz 时钟信号（由$\overline{C4b}$分频得出）和重复频率为 8 kHz 帧同步脉冲$\overline{Fob}$控制，产生时隙同步信号 TS 和半帧信号 CA，时隙分配可采用图 9.4 的电路实现，它将系统时钟送来的 2.048 6 MHz 时钟信号分频和译码，生成所需信号。其中 2.048 MHz 信号经 74HC4060 分频和 74HC138 译码后产生 16 个时隙同步脉冲信号 TSi（图中只画出 8 个）和半帧信号 CA。帧同步脉冲$\overline{Fob}$作为 HC4060 的复位信号，使时隙同步脉冲信号 TSi 按序排列，保持帧同步。

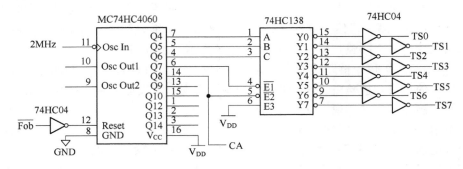

图 9.4　时隙分配电路图

16 种时隙同步脉冲和半频信号进行简单逻辑组合就可以产生对应 32 个 PCM 时隙同步脉冲 TS，供编解码器使用。

（4）信令设备

除上述接口设备外，数字交换网络还接有信令设备，实现各种信令功能。

这个数字程控交换最小系统的信令设备可分为三类：

· 向用户发送各种信号的设备，这里包括各种信号音，以及振铃信号。

· 接收用户发来的双音多频 DTMF 的收号器。

· 局间 No.7 信令设备。

1）音频信号发生器

向用户发的信号都是以单频 450 Hz 信号为基础，发送时长与间隔不同的周期信号。由 450 Hz 信号发生器产生 450 Hz 连续信号用软件控制交换网络的"开、关"来控制发送时长与间隔。

这个小系统采用模拟音频信号发生器加编解码器的方法，产生数字单频 450 Hz 信号送往数字交换网络。模拟 450 Hz 信号发生器由芯片 74HC4060 对 3.579 MHz 信号进行 13 次分频，生成 3 579 000 Hz/8 192＝436.8 Hz 的方波信号再经滤波放大，生成 436.8 Hz 的正弦波。

2）振铃信号

25 Hz 75 V 的振铃信号由电源模块（厚膜电路）MYP5－52 465 产生，这个模块还产生－24 V 的直流馈电电源。

3）DTMF 信号接收器

DTMF 信号接收也是采用模拟方法，使用芯片 MT8870 对模拟 DTMF 信号进行滤波和译码。在第 4 章已做详细介绍，这里不再重述。

4）No.7 信令发送与接收

No. 7 信号的发送与接收，在这个小系统中，使用 MT9075 实现第一级和第二级的部分功能。其余第二级、第三级和第四级功能由软件实现。详情已在第 4 章介绍过，这里不再重述了。

（5）控制子系统

控制子系统是"存储程序控制"交换机的核心，由处理机、存储器和处理机接口构成。在这个子系统的存储器中，存有为交换和维护所需的全部程序和数据。处理机读出这些程序和数据，按程序要求对话路子系统进行监视和控制，完成交换和维护任务，这里重点介绍处理机接口。

为了便于说明，这里把系统中的模块作为 PC 机的外设，通过总线与 PC 机的 CPU 通信，处理机通过处理机接口，访问系统中的模块，从模块收集数据，并实现对模块的控制。处理机接口电路按 I/O 端口技术设计。

处理机接口电路，包括译码电路和总线发送器/接收器，前者用于产生片选信号 CS（Chip Select CS），后者用于连接总线和提高总线的驱动能力。分述如下：

1）译码电路

PC 机的端口地址寻址方式，I/O 端口和存储器分开编址，其 I/O 编址没有使用全部的 I/O 地址线，只使用了其中的低 10 位（A0～A9），有 1 024 个端口地址，地址空间是 0000H～3FFH。一部分分配给系统板上 I/O 接口芯片和扩展槽上的 I/O 接口控制卡，一部分是留给用户使用的，在设计译码电路时只能使用留给用户的那一部分。这里利用可编程逻辑器件 GAL16V8 进行译码。要注意的是 MT8980 要用地址线的 A0～A5 进行内部寻址，片选信号的译码只能使用 A9～A6 进行译码，即 MT8980 要占用 64 个字节的地址空间。MT9075 要用地址线的 A0～A4 进行内部寻址，片选信号的译码只能使用 A9～A5 进行译码，即 MT9075B 要占用 32 个字节的地址空间。

2）总线缓冲器/驱动器

为了与总线连接，必须要使用具有三态输出的器件。考虑到功能的扩充，还要提高总线的驱动能力。

为从模拟用户线接口和模拟中继线接口收集数据，而这些接口又不具备三态输出性能，故要选用具有三态输出的单向数据总线缓冲器 74HC244 插接在数据总线与接口之间。

为实现对模拟用户线接口和模拟中继线接口模块的控制，但这些接口又不具备数据锁存功能，为此选用具有数据锁存功能的芯片 74HC373 加在数据总线与接口之间，如图 9.1 所示。

对于数字中继芯片 MT9075B，因它的数据总线具有三态输出性能，而且工作速度较快，可以与数据总线连接，但对交换网络芯片 MT8980，虽然它的数据总线具有三态输出性能，但由于它的工作速度较慢，在总线不能产生等待状态延长总线周期时，也需要对地址、数据和控制信号进行锁存（图 9.1 未画出）。

为提高驱动能力，在数据总线上，使用双向数据总线缓冲器 74HC245，插在处理机数据总线与系统数据总线 D0～D7 之间，见图 9.1 和图 9.5。

74HC245 的门控信号 $\overline{E}$ 由各外设芯片（MT9075B，MT8980、74HC244 和 74HC373 等）的片选信号（低电位有效）来决定，当其中任何一个片选信号为低电位（有效）时，$\overline{E}=0$，将 74HC245 连接到数据总线上。数据的进出方向由 $\overline{IOR}$ 信号来控制，当 $\overline{IOR}=0$，从外设芯片读取数据，而当 $\overline{IOR}=1$，向外设芯片写入数据。

在地址总线上,选用单向 8 位缓冲器/驱动器 74HC244 加在 MT9075B 和 MT8980 的地址线 A5～A0 与处理机地址总线之间,以提高总线的驱动能力,如图 9.5 所示。

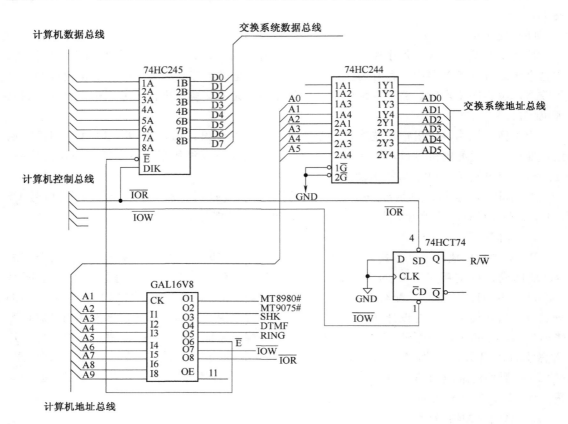

图 9.5　处理机接口电路

由于 MT9075B 和 MT8980 的读、写使用一根控制线 R/$\overline{\text{W}}$,当 R/$\overline{\text{W}}$＝0,对 MT9075B 或 MT8980 进行写操作,而当 R/$\overline{\text{W}}$＝1,对 MT9075B 或 MT8980 进行读操作,为此,选用双上升沿 D 触发器 74HC74 进行从双到单的转换,当 $\overline{\text{IOR}}$＝1、$\overline{\text{IOW}}$＝0 时,R/$\overline{\text{W}}$＝1。而当 $\overline{\text{IOR}}$＝0、$\overline{\text{IOW}}$＝1 时,R/$\overline{\text{W}}$＝0,见图 9.5。

2. 软件分系统

软件分系统由运行软件与数据两部分构成。

(1) 运行软件

运行软件驻存在计算机的存储器内,按其功能与操作特点可分为操作系统与应用程序两大类,而操作系统与应用程序又包括若干个软件子系统,如图 9.6 所示。

操作系统统一管理整个系统中的所有软、硬件资源。

应用程序是用于呼叫处理和维护管理的,这里只介绍呼叫处理。呼叫处理包括下列几部分:

图 9.6　运行软件组成

1）系统初始化模块

系统在启动运行时，需要进行初始化。对硬件来说，需要复位，以便系统中的部件都处于某一确定的初始状态，并从这个状态开始工作。对于软件来说，对使用的变量、数组、指针和结构都要赋初值，以便使这些数据都具有确定的初始值，并在这个初始值的基础上开始工作。

2）任务调度模块

调度模块的功能是调动和启动运行软件中的各项任务。

3）时钟级任务模块

时钟级任务模块的主要任务是执行时钟级任务，主要包括：

· DTMF 信号接收任务

· 用户摘、挂机检测任务

· No.7 信令接收

如图 9.7（a）所示。

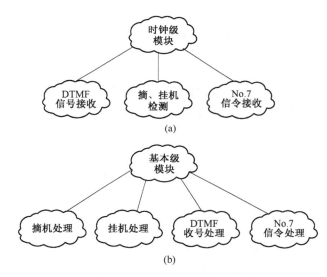

图 9.7 时钟级任务模块与基本级模块

（a）时钟级模块；（b）基本级模块

时钟级任务属于要实时处理的工作，例如对于上述 DTMF 信号的接收，必须要在下一位号码到来之前把前一位号码识别出并记录下来，否则就要错号。

对于用户摘、挂机等随机出现的动作，也要及时响应，不能延缓太长时间，使用户有等待的感觉。

而用户拨号和摘、挂机，在交换机中都是随机发生的，但若对 DTMF 收号器和每个用户都进行连续不断的监视，处理机根本做不到，也没有必要。理想的办法是采用采样的方法，在保证信息不丢，用户无等待感觉的前提下，采用不同的监视周期，每隔一定时间对 DTMF 收号器和每个用户进行周期的监视，发现状态有变化时，及时受理，把收到的数据记录下来，写入有关队列，交基本级处理。

4）基本级模块

基本级模块的主要任务是执行基本级任务，主要包括：

· 摘机处理

· 挂机处理程序
· DTMF 收号处理程序
· No. 7 信令处理

如图 9.7（b）所示。

基本级任务大多数对时间限制不十分严格，而且只在需要时才启动。例如："摘机处理程序"仅在"用户扫描程序"（属于时钟级）检测到有用户摘机之后才需要启动。用户扫描程序在检测到有用户摘机之后，将摘机用户号码放在一个专门的存储区（摘机用户队列）中去等待处理，也就是说"用户扫描程序"与"摘机处理程序"之间的交接是靠队列进行的。"摘机处理程序"访问摘机队列，根据事件性质（用户摘机）和当前状态进行分析判断，确定下一步的任务，根据分析结果，进行相应的处理。

同样"挂机处理程序"仅在"用户扫描程序"检测到有用户挂机之后才需要启动，进行相应的处理。

又例如："DTMF 收号处理程序"仅在"DTMF 收号程序"（属于时钟级）收到足够的用户号码之后才需要启动。DTMF 收号程序在收完号码后，将用户号码放在一个专门的存储区（DTMF 收号队列）中去等待处理，也就是说"DTMF 收号程序"与"DTMF 收号处理程序"之间的交接是靠队列进行的。

DTMF 收号处理程序访问 DTMF 收号队列根据事件性质（号码收齐）和当前状态进行分析判断，确定下一步的任务，根据分析结果，进行相应的处理。

公共信道信令程序的主要功能是：

· 控制 E1 接口芯片 MT9075 的 HDLC 通道，收、发 No. 7 信令
· 对要发送的 No. 7 信令，加上一些必要的传输控制字段，编组为一个完整的信息单元，写入 HDLC 的 T×FIFO
· 接收来自 PCM 线路的 No. 7 信令帧，进行"翻译"，根据帧的内容，控制有关设备进行相应操作。

公共信道信令程序由初始化函数在初始化模块执行、No. 7 信令发送函数、No. 7 信令接收函数和 No. 7 信令处理函数组成。除 No. 7 信令接收函数在时钟级执行外，发送函数与处理函数均在基本级执行。

（2）数据

由运行程序处理的数据有两种：一种是描述交换机硬件结构及其运行条件的半永久性数据，另一种是说明用户呼叫和通话过程中使用的资源的状态及资源之间连接关系的暂时性数据。

1）半永久性数据

半永久性数据就是一般所说的局数据和用户数据，它是根据设备性能、结构和用户的使用条件而事先编好送入交换机存储器的，一般来说很少修改，但其中有一部分也可通过人机命令更改。极少一部分可由用户通过话机输入或修改，这一部分是开展新的业务时产生的，例如登记呼叫转移、缩位拨号和叫醒服务时，用户数据就跟着改变，以实现用户所要求的性能。

局数据用来说明交换机的硬件的构成，例如各种设备的数量、路由、迂回方案和访问地址。用户数据用来说明用户类别、话机类别、电话号码和设备号码等。

2）暂时性数据

这些数据都是在呼叫处理时发生的，数据存储的地点既有固定分配的，又有动态分配的。暂时性数据有以下几类：

· 说明资源动态的数据

资源既包括硬件也包括软件，说明资源动态的数据是说明硬件（用户线、内部时隙等）和软件（存储区、程序和数据等）的状态的忙、闲或停用。这些数据大都是固定分配存放到指定的存储区的。

· 说明资源之间动态连接的数据

建立一个呼叫时，需要在系统的资源之间建立暂时性的连接，这次呼叫所使用的设备号码，内部时隙号码以及使用有关记录的号码或地址，都必须记录下来。这些数据就是动态连接数据。这些暂时性连接，在相应的呼叫或呼叫阶段结束时都要断开，而描述这一类暂时性连接的数据也要随之清除。

9.1.2 呼叫处理过程与话路硬件连接

下面以本局呼叫为例，简要说明呼叫处理过程与话路硬件连接。

1. 用户呼出阶段

在用户呼出阶段，交换机按照一定的周期检查每一条用户线的状态。当发现用户摘机时，交换机就根据用户线在交换机上的安装位置找到该用户的用户数据，并对其进行分析。如该用户有权发起呼叫，交换机就寻找一个空闲的收号器并通过交换网络将该用户电路与收号器连接，如图 9.8 中的②，并向用户送拨号音，如图 9.8 中的①，进入收号状态。

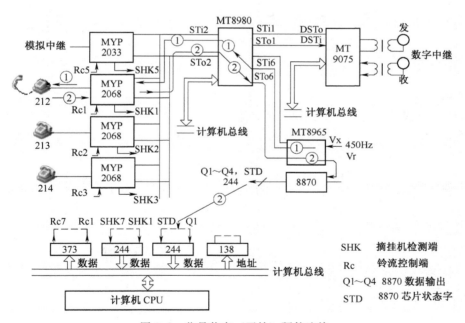

图 9.8 收号状态（开始）硬件连接

2. 数字接收及分析阶段

该阶段是处理任务最繁重的一个阶段。在此阶段，交换机接收用户拨号。目前都采用双音多频 DTMF 信号，每次收到的是一位数字。当交换机收到一定位数的号码后将进行数字分析，从而确定呼叫的类型、路由等。当数字分析的结果是本局呼叫时，就通知信令接收程序继续接收剩余号码。

3. 通话建立阶段

当被叫号码收齐后，交换机根据被叫号码查询被叫的用户数据。若被叫空闲且未登记与被叫有关的新业务（如呼叫前转），交换机就在交换网络中寻找一条能将主叫用户和被叫用户连接的通路，并预先占用该通路，同时向被叫用户振铃，如图9.9中的③，向主叫用户送回铃音，如图9.9中的④，进入振铃状态。

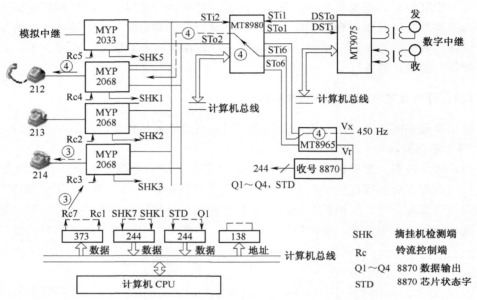

图9.9　振铃状态（开始）硬件连接

4. 通话阶段

当被叫用户摘机应答后，交换机停止向被叫用户振铃，停止向主叫用户送回铃音，将交换网络中连接主、被叫用户的链路接通，同时启动计费，如图9.10，呼叫处理进入通话阶

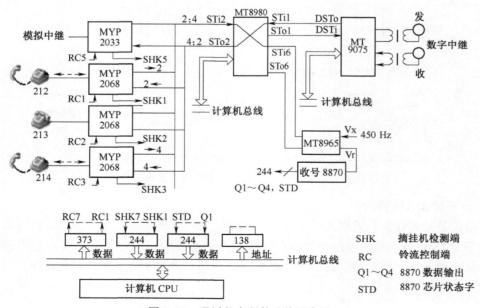

图9.10　通话状态硬件连接示意图

段。图中的用户 212 占用 STi2（发话）和 STo2（收话）上的时隙 TS2 用户 214 占用 STi2（发话）和 STo2（收话）上的时隙 TS4，由交换网络将它们接通。

上述最小系统的系统组成和呼叫处理过程，在《SPC 数学实验系统》的课件中，以多媒体方式详细讲述。

9.2 C&C08 程控数字交换机系统简介

9.2.1 概   述

C&C08 程控数字交换机为国产大容量数字交换机，是将光通信和计算机网络技术集成于一体的开放系统平台，具有光电一体化、交换传输一体化、有线接入与无线接入一体化、窄带宽带一体化、基本业务与智能业务一体化和网络管理一体化等特点。C&C08 交换机提供的业务及性能符合我国和国际电信联盟的相关技术规范。

1. C&C08 程控交换系统的特点

（1）分散控制体系、平滑扩容

采用分布式结构体系，可积木式叠加模块实现平滑扩容；独立局容量可从 256 用户/60DT 平滑扩容 6 688 用户或 1920DT。并可进一步扩充到 80 万用户线或 18 万中继线，C&C08 采用话务分散控制结构，交换模块内部采用分级分散群机控制技术，处理能力可线性叠加，模块内部通信采用内存映射技术，加上大量使用大容量内存和高性能 CPU，使 C&C08 系统的 BHCA 值达 6 000 k。

C&C08 交换机采用新型用户框，每框最多 608 用户，集成度高，减少交换机所占机房面积。用户框支持可变收敛比，满足部分话务不均衡用户的需求。从兼容性上看，用户框可兼容 32 路模拟用户板、16 路模拟用户板、8 路数字用户板、DIU、HSL 等单板。

可根据用户容量及接口类型利用 C&C08 提供的多种远端模块及 SDH，实现多级模块组网。可组成环形、链形、树形、星形等网络拓扑结构，快速提供业务。

（2）丰富的业务和持续网络优化能力

C&C08 可提供完整的 PSTN 业务、ISDN 业务，丰富的 Centrex 业务和其他集团用户网业务。能在网络的各个层面上提供建设及优化的全方位解决方案。

（3）完善的信令处理系统

适配国际标准（包括中国标准）7 号信令系统（TUP、ISUP、INAP 等），随路信号系统（中国一号信令系统等），DSS1/PRA 等。同一局向中国一号可与 7 号信令并存。所有信令板槽位兼容。7 号信令处理分散在各交换模块中，可靠性高，处理能力强。内置 7 号信令监视仪，方便局方维护。7 号信令链路处理能力达 0.85 Erl，500 MSU/S，最大支持 3 072 条链路。

（4）综合化的一体化模块

C&C08 交换机的一体化模块是一种将用户框、传输框、配线架、蓄电池、一次电源、监控设施等配套设备全部集成在一个机柜的远端模块。一体化模块具有组网灵活、降低成本、缩短施工期、减少占地面积、安全可靠等显著优点。

（5）INTERNET 数据旁路

当 INTERNET 用户增多时，将会造成电话网的阻塞，影响正常的电话业务。造成这种现像的原因是 ISP 的接入服务器接在某一交换机上，上网用户均要通过与该交换机相接的接入服务器访问此 ISP，使得整个网络的负荷无法均匀分配。当 ISP 服务器在上级局、端局需要把 INTERNET 拨入按照普通中继方式采用话路进行信息传递时，因为 INTERNET 拨入传送的数据量大、持续的时间长，会造成端局到该上级局的长途中继拥塞。C&C08 交换机采用 INTERNET 数据旁路的方法很好地解决了这一问题。

（6）通用性硬件设计

充分考虑了硬件通用性，减少单板种类，降低维护开销，提高系统可靠性。C&C08 集成度高，系统功耗小。每万门功耗闲时 3 065 W，忙时 5 240 W。

（7）先进的软件体系

采用 C 语言和 SDL 语言，并采用稳定性、可靠性及可扩展性好的实时操作系统。软件的更改和升级管理采用了软件工程的配置管理方法，保证升级版本的一致性和测试的规范性。

（8）维护网管方便，计费话统功能强大

提供全中文多窗口界面，维护设定方便。支持 MML 方式。

提供灵活适用的话务统计功能、完善的话务控制功能。

2.C&C08 程控交换机系统的基本组成

C&C08 数字程控交换机具有模块化的层次结构，整个交换系统主要由一个管理/通信模块（AM/CM）和多个交换模块（SM）组成，如图 9.11 所示。其中：FAM 为前管理模块、BAM 为后管理模块、CM 为通信模块、SM 为交换模块。FAM/CM 与 RAM 合称为 AM/CM。

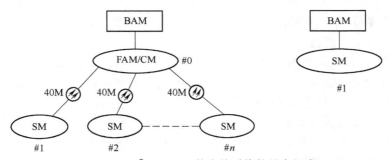

图 9.11　C&C08 机程控交换系统的基本组成

9.2.2　C&C08 程控交换机系统结构

1.C&C08 程控数字交换机硬件结构和模块简介

（1）C&C08 程控交换机硬件系统结构

C&C08 机采用了模块化设计，其硬件分层与总体结构如图 9.12 所示。

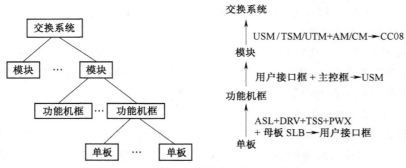

图 9.12　模块化的硬件系统基本结构

硬件系统由四个等级组成。最低层是各种电路板。第二层是由若干电路板组成的完成特定功能的功能机框单元层。第三层是由各种功能机框组合构成的各种模块，模块可以独立地实现交换机的某项功能。最高层为交换系统，它由不同模块按需组合而成，具有丰富的功能和接口。

这种模块化的设计使得交换系统的安装、扩容或增加新设备变得既方便又灵活，并有利于今后通过增减功能框引入新功能、新技术、扩展应用领域。

在同一功能机框中插入不同的电路板即可适合不同信令系统的要求。大多数功能机框按照基本配置装配，可构成小容量的交换机。交换容量的增长，可通过增加功能机框满足新的要求。在交换机的电路设计中采用了大规模集成电路技术，使系统的硬件结构更加紧凑，功耗更低，运行更可靠。

C&C08 程控数字交换机硬件结构有下述四个特点：

1）各种功能的电路板组成特定功能的机框单元，例如：控制框、接口框、时钟框、用户框、中继框、RSA 框等。每个机框可容纳 26 个标准槽位，槽位编号为 0～25。

2）不同功能的机框单元组合在一起构成机架，一个机架包含 6 个机框。机框编号从 0 开始，由下向上、由近向远，在同一模块内统一编号。

3）不同的机架构成不同类别的模块。例如：AM/CM 模块由一个机架构成，SM 模块由 1～8 个机架构成。

4）不同的模块（AM/CM、SM）按需要组合在一起就构成了具有丰富功能和接口的交换系统，各模块可以独立实现特定功能。

（2）C&C08 程控数字交换机硬件系统组成

C&C08 交换机主要由一个管理/通信模块（AM/CM）和多个交换模块（SM）组成，如图 9.13 所示。

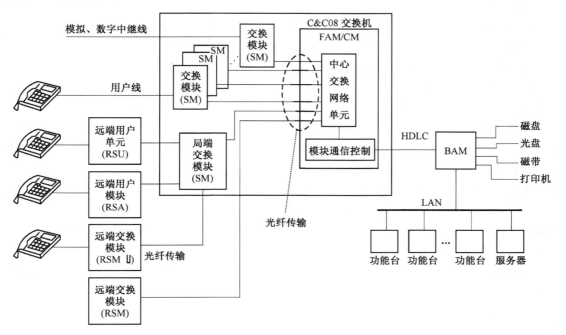

图 9.13　C&C08 交换机的基本组成

图中：

FAM——前管理模块；BAM——后管理模块；CM——通信模块；SM——交换模块。其中，FAM/CM 与 BAM 合称为 AM/CM。

（3）模块简介

1）模块组成

管理模块（AM）由前管理模块（FAM）和后管理模块（BAM）构成，FAM 常简称为前台，BAM 常简称为后台。通信模块（CM）与 FAM 在硬件上合在一起。

根据交换模块 SM 的多少，AM 可分为 AM32（能带 32 个 SM）和 AM128（能带 128 个 SM）等。SM 具有独立的交换功能，可以独立构成单模块局，多个 SM 和 AM 构成多模块局。

2）模块间通信

AM/CM 和 SM 之间的接口包括：40 Mbit/s 光纤、SDH 接口（155 Mbit/s 和 622 Mbit/s）、E1（2 M）接口。

SM 通过两对光纤链路与 AM/CM 相连，完成 SM 与 AM/CM、SM 与 SM 之间的通信，同时为与 BAM 之间的维护测试信号提供传输通道。

前管理模块（FAM）和后管理模块（BAM）之间由两条 HDLC 高速数据链路连接完成通信。

在 C&C08 机中，HDLC 的物理通路是交换网络的母线 HW，其带宽为 2 Mbit/s（含 32 个 TS），用来传送如话音、信令等所有需要交换的信息。模块间通信的信息主要有：管理数据、呼叫处理信息、维护测试信息、计费和话务统计信息等。

3）模块功能

C&C08 机各个模块的功能如下：

①管理模块 AM

管理模块 AM 主要负责模块间呼叫接续管理，并提供交换机主机系统与计算机网络的开放式管理结构。AM 由前管理模块（FAM）和后管理模块（BAM）构成。

前管理模块　前管理模块负责整个交换系统的模块间呼叫接续管理，各交换模块 SM 之间的接续都需要经过其转发消息。FAM 还提供交换机主处理机与维护操作终端的接口。该管理功能除执行系统软件外，主要涉及资源的分配、数据存储/备份和输入/输出功能。

后管理模块　后管理模块一方面提供与 FAM 的接口，另一方面采用客户机/服务器方式实现交换机与开放式网络系统的互连，并且通过 Ethernet 接口/HDLC 链路与 FAM 直接相连，是 C&C08 数字程控交换机与计算机网相连的枢纽。它提供以太网接口，可接入大量的工作站（WS），并提供 X.25/X.35 接口与网管中心相连。

BAM 以 LAN 的形式将维护台、特服台、计费台、服务器等组成后台终端系统，其系统软件基于 Windows NT Server4.0 操作平台，界面友好，是全中文多窗口的操作界面。

②通信模块 CM

通信模块 CM 主要由通信控制单元、中心交换网络单元、光纤接口单元和时钟同步单元组成。

通信控制单元　该单元管理分散的 SM 控制系统，完成模块间话路和信令的接续、转换，以及维护测试、前后台通信。

中心交换网络单元　该单元是 64 K×64 K 大容量数字交换网络的核心部分，完成模块间话路信息的交换。

光纤接口单元　该单元完成光/电、电/光信号之间的转换，并通过光纤链路将 AM/CM 与各 SM 连接在一起。

时钟同步单元　该单元主要用于同步，并产生供系统内部使用的时钟基准，可为交换机提供二级、三级基准时钟信号。

③交换模块 SM

交换模块 SM 是 C&C08 机的核心，90％的呼叫处理功能和电路维护功能由 SM 完成。SM 是具有独立交换功能的模块，可实现模块内用户呼叫接续及交换的全部功能，并配合 AM/CM 中的中心交换网完成 SM 间的交换功能。

SM 按照接口单元的不同可分为用户交换模块（USM）、中继交换模块（TSM）和用户中继交换模块（UTM）。

根据 SM 完成功能的不同以及功 AM/CM 距离的不同，SM 可分为本地（局端）交换模块和远端交换模块 RSM（Remote Switching Module）。远端交换模块（RSM）装于距局端 50 km 的地方。

本地 SM 与 AM/CM 通常采用 40 Mbit/s 光纤连接；远端 RSM 与 AM/CM 可采用 40 Mbit/s光纤、SDH（55 Mbit/s 和 El（2 Mbit/s）三种接口连接。光纤上传输的信息包含 32 Mbit/s 的话音信号、2 Mbit/s 的信令信号、2 Mbit/s 的同步信号、4 Mbit/s 的误码校验，总计 40 Mbit/s。

2. 模块的功能结构

（1）管理/通信模块（AM/CM）的功能结构

在整个交换系统的工作过程中，AM/CM 负责控制信息的生成和传递，负责 SM 模块间信令和话路的交换，控制和指挥其他模块的工作，收集各模块送来的信息，分析其工作状态。

AM/CM 采用了双机双总线对称双平面的控制结构。管理/通信模块占 1 个机架，包含 5 个机框，分别为通信控制机框、传输接口机框、时钟机框。其中传输接口机框占两个机框，时钟机框有新旧时钟机框两种配置，若采用内置式 BAM，还包括 BAM 机框。AM/CM 满配置如图 9.14 所示。

由于模块化的结构，使得各功能模块间需要有信号接口。功能模块间的信号接口划分为三类：时钟信号接口、控制信号接口和话路信号接口。三种信号接口相互独立，分别在不同的信号通路上传输。

①时钟信号通路

C&C08 机交换系统的时钟信号通路是交换机工作的基础。系统从外部输入参考时钟，一般是从中继电路提取时钟信号，因此外部参考时钟信号要经过 SM 传送到 AM，再由 AM 广播式地发送到其他功能模块。

②控制信号通路

C&C08 交换系统运行时，各功能模块之间需要相互协调配合，因此功能模块间始终进行着控制信号的相互传递。上级模块向下级模块发送命令、程序、数据等，下级模块问上级模块发送报告。即使在没有信号需要发送的时候，功能模块间也要相互发送握手信号。

③话音信号通路

在 C&C08 交换系统中，话音信号通路存在于交换模块与管理通信模块之间、近端交换模块与远端交换模块之间、交换模块与远端用户单元之间。

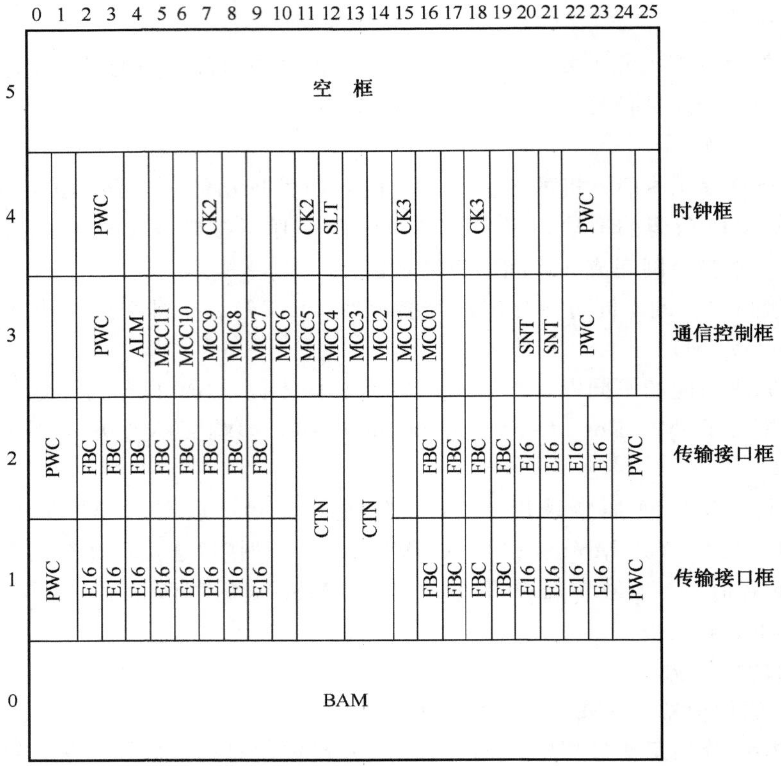

	0 1 2 3 4 5 6 7 8 9 10 11 12 13 14 15 16 17 18 19 20 21 22 23 24 25	
5	空框	
4	PWC　CK2　CK2 SLT　CK3　CK3　PWC	时钟框
3	PWC ALM MCC11 MCC10 MCC9 MCC8 MCC7 MCC6 MCC5 MCC4 MCC3 MCC2 MCC1 MCC0　SNT SNT PWC	通信控制框
2	PWC FBC FBC FBC FBC FBC FBC FBC　CTN CTN　FBC FBC E16 E16 E16 E16 PWC	传输接口框
1	PWC E16 E16 E16 E16 E16 E16 E16　CTN　FBC FBC FBC FBC E16 E16 E16 PWC	传输接口框
0	BAM	

图 9.14　AM/CM 满配置

话音信号通路是交换系统为用户提供的通路，根据用户的需要，话音通路可以为用户提供不同带宽和时长的服务。

C&C08 交换系统硬件的主要作用之一就是构成以上三种信号通路，这三种信号通路都非常重要。

（2）前管理模块（FAM）的功能结构

1）前管理模块（FAM）的结构

FAM 硬件上主要包括 MCC（通信控制单元）、SNT（信令交换网络）、ALM（告警电路）等单板，是主机系统总的控制单元，是 SM、CM 与 BAM 之间通信的转发站。各模块工作状态经由 FAM 送往 BAM 及各功能台。

2）前管理模块（FAM）的功能

FAM 模块对系统中所有的操作进行总的控制和管理，该控制功能除执行系统软件外，主要提供以下功能：

①系统资源分配　例如链路带宽配置等。

②路由选择　指内部路由选择，即 AM 与 SM 间、SM 与 SM 间通信链路的选择与建立。

③模块间呼叫接续的管理控制　中心交换网（CTN）的交换时隙在呼叫建立及拆除过程中，均由 FAM 模块进行监视和分配。

④系统维护　FAM模块负责自身和CM（通信模块）的维护，并控制SM完成自身的维护。系统维护包括诊断、重新定位及配置、重新启动、处理告警信息，并将其发往告警箱。

（3）后管理模块（BAM）的功能结构

1）后管理模块（BAM）的结构

BAM硬件上是一台Pentium II 300 MHz以上装有专用软件的计算机。可以采用华为公司专门制造的工控机做内置式BAM，与控制机框、接口机框插在同一机柜中，也可以采用PC机作为外挂式BAM。BAM可根据实际需要选配光盘等作为数据备份、话单备份的媒体。BAM主要提供以下四种接口，如图9.15所示。

①MCP卡负责前、后台通信的PC插卡。BAM中最多插2块MCP卡，互为主备用，以邮箱方式与BAM进行信息交换。每块MCP卡有2个串口，提供2条全双工的HDLC链路（2 Mbit/s）与FAM的2块MCCM板相连（通过SNT），作为FAM与BAM的信息通道。

②PI（Peripheral Interface）外设接口部件，可挂接光盘、硬盘阵列、打印机、磁带机等多种外部设备，用于各类数据的存储、转入、转发、硬拷贝等。

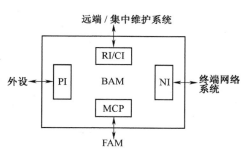

图9.15　BAM的结构

③TNI（Terminal Network Interface）终端网络接口部件，通过它可将各维护终端组成一个局域网（LAN），可挂接网络服务器，提供10～10 Mbit/s的传输通道，并可用网桥/路由器等设备延伸网络，实现较大范围内的数据共享。

④RI/CI（Remote Maintain and Operation Interface/Centralized Maintain and Operation Interface）远端/集中维护接口部件，提供V.35、V.24、X.25、RS-232、RS-422、RS-449、LAPD等多种物理接口，通过PSTN、DDN、CHINAPAC、专线等手段，提供1.2 kbit/s～2 Mbit/s的传输信道，实现远端/集中维护或网管系统与BAM的物理连接。

BAM与AM之间采用HDLC链路连接，BAM与维护终端之间采用网线连接。

2）后管理模块（BAM）的功能

BAM一方面通过内置MCP卡上的两条HDLC链路与前台通信，另一方面配合外设，提供主机系统与开放网络系统的连接，如图9.16所示。

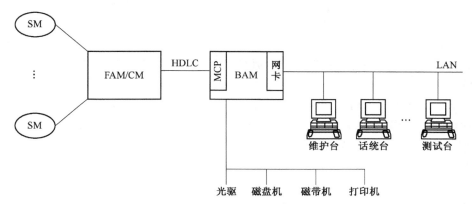

图9.16　BAM连接主机系统与终端系统

(4) 通信模块（CM）的功能结构

通信模块（CM）主要由通信控制单元、中心交换网络单元、光纤接口单元和时钟同步单元四部分组成。如图 9.17 所示。

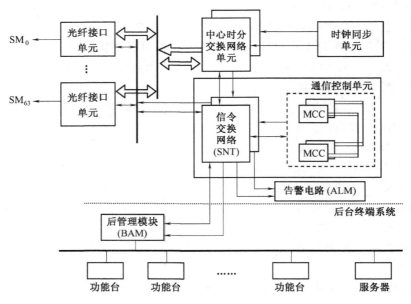

图 9.17　通信模块（CM）

1）通信控制单元　管理各个分散的 SM 控制系统，完成模块间信令的转换、维护测试及前后台通信。将各模块发出的通信信息进行分拣，然后转发到相应的模块去。例如：SM 间的交换业务、SM 送到用户 BAM 的计费信息、SM 的告警信号送到告警箱、BAM 对 SM 的加载、BAM 对 SM 的接口进行测量等。该单元主要由传递信息和命令的控制交换网络构成。

2）中心时分交换网络单元　采用 65 536×65 536 时隙的大容量时分交换网络，它是构成大容量交换机的核心部分，完成模块间话路信息的时分交换和交换网络自身的一致性维护等。

3）光纤接口单元　该单元完成光/电、电/光信号之间的转换，并通过光纤链路将 AM/CM 与各 SM 连接在一起。主要完成 AM/CM 和 SM 之间的光传输功能。SM 经同一光纤链路送到 AM/CM 的信令码流和业务码流由光接口单元分别分解到通信及控制单元和中心交换网络，来自多个 SM 的信令码流在光接口单元内复合为高速码流，再通过高速链路送至通信及控制单元；而来自多个 SM 的业务码流在光接口单元内亦先复合为高速码流，再通过高速光纤链路送至中心交换单元。反之，通信及控制单元送至 SM 的信令码流和中心交换网络单元送至 SM 的业务码流将由光接口单元复合到同一根光纤链路传送至 SM。

4）时钟同步单元　主要用于整机同步全程同网，并产生供系统内部使用的时钟基准。可为交换机提供二级 A、三级基准时钟信号、同步信号及时钟选择信号。

CM 在 C&C08 程控数字交换机中具有多种功能。它为电话呼叫提供时隙交换，不论是出局呼叫还是模块间呼叫均由通信模块分配时隙。通信模块具有系统交换总线和内部的系统时钟，并将时钟信号分配给各交换模块。

（5）交换模块（SM）的功能结构

交换模块（SM）主要分为三大功能块：模块控制及通信单元、模块内交换网络单元和接口单元，如图 9.18 所示。

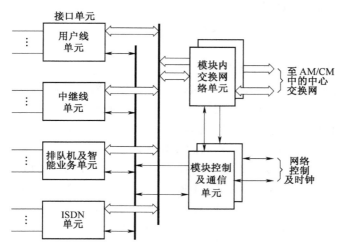

图 9.18 SM 的功能结构

在 C&C08 程控数字交换机中，交换模块 SM 完成呼叫处理功能和电路维护功能。在所提供的功能中，用于呼叫处理功能包括对呼叫源的描述、信号音发生器、号码接收与分析以及呼叫监视等；电路维护功能包括观察告警信息、电路的控制、系统再启动、呼叫监视、信令跟踪、电路测试、话务统计和话单管理等。

1）模块控制及通信单元（位于主控框）

①模块控制单元

模块控制单元主要有主处理机，简称主机（MPU）、模块内部通信主控制点，简称主节点（NOD）、主机倒换控制电路（EMA）、音频号板（SIG）等单板。MPU 板和 SIG 板采用主/备双机配置。

模块控制单元的功能包括：

·主要控制 SM 的运行，具有各种信号音的产生及检测功能、测试功能和特殊的呼叫处理功能，包括呼叫处理、电路测试结果的分析、告警信息的处理、通信流量控制、话单的产生、话务统计和特殊的呼叫处理（如 3 方通话、64 方会议电话等业务）。这部分功能主要由 MPU 板完成。

·完成本模块内部单板的检测及控制功能。这部分功能主要由 MPU 板和 NOD 板共同完成。

·完成各种信号音的产生及检测功能。这部分功能主要由 MPU 板和 SIG 板共同完成。

②模块通信单元

模块通信单元主要有光纤接口板（OPT）、模块通信板（MC2）、告警驱动板（ALM）、终端驱动板（TCI）、信令处理板（MFC、LAP、No.7）、局域网接口及数据存储板（MEM）等单板。

模块通信单元通过两对 40 Mb/s 的光纤链路与 AM/CM 相连，主要功能包括：

·完成 SM 与 AM/CM 以及 SM 与 SM 间的通信，同时亦为维护测试信号从 BAM 下达至 SM 和维护测试结果由 SM 上报至 BAM 提供了传输通路。这部分功能主要由 OPT 板和 MC2 板完成。

· 提供告警箱、时钟框（仅用于单模块局）和呼叫中心话务台到控制单元的接口。这部分功能主要由 ALM 板和 TCI 板完成。

· 提供各种接口单元所需的协议支持。这部分功能主要由 MFC、No. 7、LAP、MEM 等单板完成。

2）模块内交换网络（位于主控框）

C&C08 程控交换机采用分布式 T 网结构，交换网络采用模块 64 K×64 K 的 T 网，它采用主/备双机配置。由模块内交换网络（NET）和中心交换网络（CNET）组成。每个 SM 通过光纤 CNET 相连，与它可以完成本 SM 模块内部两个用户间的交换功能，同时还可以和中心交换网一起实现不同 SM 用户间的交换功能。

C&C08 交换机的整个交换网络是一个由 AM/CM 内 CNET 中的 8 块 8 K 网板、8 块快速开关网板（QSN）和各个 SM 内 4 K×4 K 的网板（NET）等组成 64 K×64 K 的 T 网。

模块内交换网络以 2 Mbit/sHW 进行时分交换，而中心交换网络以 32 Mbit/sHW 进行时分交换，所以模块内交换网络的 2 Mbit/sHW 需通过复用才能与中心交换网络的 32 Mbit/sHW 相连。

①CNET 的结构　CNET 是由 16 个 4 K×4 K 的 T 型子网交叉连接构成 64 K×64 K 的 T 网。在中心交换网络单元内部由中心交换网络单元通信板（NCC）实现中心交换网络与其他单元及电路的通信，并控制中心交换网络的接续；由中心交换网络控制板（NPU）完成整个交换网络的时隙分配。交换模块（SM）之间的话路接续与信息的交换须经过中心交换网络（CNET）。

②NET 的结构　T 交换网由话音存储器和控制存储器及串/并电路组成，采用顺序写入，控制读出的方式，由芯片 ASIC SD509 构成。完成基于 2.048 Mbit/s 的 HW 线的时分交换。

3）接口单元

各种不同的接口单元适用于不同的通信业务和终端，包括各类用户线、中继线接口等。

SM 是各种业务接口的提供者，根据 SM 所提供的接口可把它分为纯用户模块（USM）接口、纯中继模块（TSM）接口、用户中继混装模块（UTM）接口三种类型。

①USM（User Switch Module）只提供用户接口，不能用作单模块局。USM 最大容量为 6688 ASL。

②TSM（Trunk Switch Module）只提供中继接口，可以用作单模块局。TSM 用作单模块局时只能作为汇接局。TSM 最大容量为 1440 DT。

③UTM（User Trunk Module）提供用户和中继两种接口，可以用作单模块局。UTM 的最大容量为 4256ASL 和 480DT。

当 SM 用作单模块局时，通过其主控框母板上的 HDLC 接口直接与 BAM 通信；而当 SM 用作多模块局的一个模块时，通过光纤经 AM/CM 间接与 BAM 通信。

（6）C&C08 程控数字交换机终端系统

C&C08 程控数字交换机的终端系统采用客户机/服务器的方案。所谓客户机/服务器，就是存在一个中央计算机，也就是服务器，而众多用户的计算机形成客户机，且只有一定的信息处理能力。客户机/服务器系统把信息处理能力分散给各个用户，不是保留在中央计算机中；服务器存储着公用的重要的信息，可以对信息的管理和安全性进行严格的控制。客户通过自己的前台（即应用程序）向服务器申请对信息的使用，而对信息的处理过程在客户端进行，最后客户将处理完的信息存储在服务器上，使得其他客户也能够使用。

在 C&C08 机中，BAM 就是服务器，WS 就是客户机。BAM 上存储着局数据、话单、告警、话务统计结果等公用的数据信息，WS 可以对这些信息进行调用、处理和显示，修改后的结果仍存放在 BAM 上。

1）全开放式接口

C&C08 程控数字交换机的后管理模块（BAM）采用了客户机/服务器的方案，提供了系统的全开放式接口，以局域网的方式向外延伸，做到多机并行工作，满足多点维护要求。后管理模块（BAM）与用户维护终端之间有多种接口，如 LAN、FDDI（光纤分布式数据接口）、V.24、V.25 等。BAM 的网络结构如图 9.19 所示。

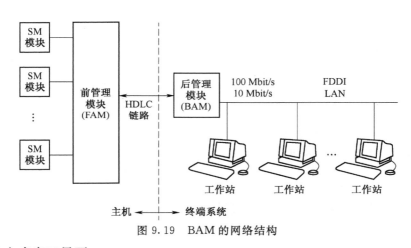

图 9.19 BAM 的网络结构

2）全中文多窗口界面

C&C08 机的终端操作平台基于 Windows，采用先进的全中文多窗口界面，话务统计、具有完善的计费、数据管理、维护、测试等功能。

3）开放式软件设计思想

C&C08 机的终端系统软件采用分布式数据库，吸取了面向对象的软件设计思想。采用 C++和面向对象的数据库语言，提供第四代结构查询语言（SQL），大大提高了查询速度。

（7）C&C08 机的电源

C&C08 机的电源有一次电源和二次电源。一次电源完成交流 220 V 到直流−48 V 的转换，二次电源完成−48 V 到±5 V 的转换，其 PWC 输出＋5 V/20 A，PWX 输出＋5 V/10 A、−5 V/5 A 和交流 75 V/400 mA。

3.C&C08 程控数字交换机软件结构

（1）C&C08 机的软件系统结构

C&C08 的软件系统包含主机软件、单板软件和终端维护软件三大部分。在每个交换模块或管理模块中，主机软件完成包括呼叫处理在内的各种系统控制功能。单板软件分布在各功能板上，完成对各种功能电路的直接控制等功能。

C&C08 的软件系统采用自顶向下和分层模块化的程序设计方法。它驻留在 SM、CM、AM 中，各 SM 之间以及 SM 与 AM 之间通过 CM 传递控制信息来相互通信。层与层之间通过消息包的传递来通信，每一层完成一定的功能，并向上一层提供服务。设计中遵守软件集成的思路，使用 SDL 语言、CASE 工具进行代码生成，以 C 语言作为汇编语言，使该软件系统具有高可靠性，易维护，易扩展的特点。

图 9.20　软件系统的层次关系

C&C08 的软件系统由以下几个部分组成：操作系统、通信类任务、资源管理类任务、呼叫处理类任务、数据库管理类任务、维护类任务。它们之间的层次关系如图 9.20 所示：

C&C08 采用分散的控制结构，其系统软件和数据分布在主处理机与各智能单板上，通过操作系统的协调管理，统一调度，由各类事件和数据加以驱动，完成各种交换业务及相关辅助业务功能。

（2）系统软件功能简介

1）操作系统（如图 9.21 所示）

C&C08 操作系统是一个嵌入式应用环境下的实时系统，基本功能有：系统初始化、内存管理、程序加载、时限管理、中断管理、时钟管理、任务管理、系统负荷控制、消息包管理和系统容错。

2）通信类任务

C&C08 是一个多处理机系统，模块处理机之间及模块处理机同各二级处理机的通信工作有通信类任务来完成。模块各通信任务的关系如图 9.21 所示。

3）资源管理类任务

资源管理类任务包括如下几类：交换管理任务、信号音源管理任务、双音收发号器管理任务、多频收发号器管理任务、语音邮箱管理任务和电脑话务员管理任务。以上任务

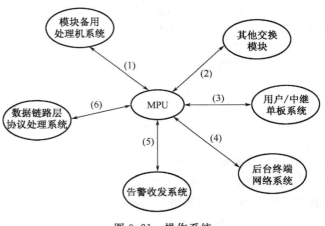

图 9.21　操作系统

因与具体硬件平台相关联也处于整个软件系统中较低级别，它们主要为呼叫处理类任务提供服务支持。

4）呼叫处理类任务

呼叫处理类任务完成具体的呼叫业务，按 Q.931 建议，它分为用户侧和网络侧两个层次，其中用户侧任务又可划分为如下几类：模拟用户管理任务、数字用户管理任务、模拟中继管理任务、数字中继管理任务、No.7 信令管理任务、接入网用户管理任务、30B＋D 接口任务、分组网接口任务、话务员管理任务和中国 1 号信令管理任务。

用户侧、网络侧的状态定义、状态转移以及信息包格式，严格按 ITU-TQ.931 建议来设计，采用协议工程方法实现，从而保证了状态定义、状态转移的完整性与准确性。

5）数据库管理类任务

数据库管理类任务负责整个交换系统的所有数据管理（包括配置数据、用户数据、局数据、网管数据以及计费数据等），所完成工作有数据存取组织、数据维护、数据更新、数据备份和数据恢复。

6）维护类任务

维护类任务支持维护人员对交换设备的运行情况进行监视和管理，它包括如下内容：设备管理、告警管理、计费及话单管理、话务统计、线路信令监视、呼叫过程跟踪和用户/中继测试。

（3）数据与数据库

C&C08 的各项交换功能是由程序控制完成的，而这些功能的引入，删除是存储在交换机中的数据实现的。通常，这些数据是集中存放、集中管理的，数据的集合称为数据库。数据库的管理是由数据库管理系统 DBMS 实现的。

C&C08 的 DBMS 采用分布式的关系型数据库，交换机的数据分布在多个模块中，但在逻辑上它们属于同一个数据库。各个模块负责维护本地模块的本地数据库，具有相对独立性，同时本地数据库又是全局数据库的一部分，多个本地数据库的相互协作共同完成全局数据库的功能。

1）C&C08 数据库的特点

①分布式的关系型数据库　数据分布在各个模块中，各个模块存放自己本模块相关的数据，数据的分布对于使用者来说是透明的，所有的数据请求都发给本地数据库，使用者不关心数据的存放点。由于数据的分布，一个模块的故障不会影响到其他模块的正常工作。同时大量的查询都在本地进行，提高了查询效率。

②良好的可扩充性　C&C08 的 DBMS 是基于数据定义的关系型数据库，关系表的结构，每个字段的定义完全基于数据字典的描述。表结构的修改，或关系表的引入不会引起程序代码的变更，因而具有良好的可扩充性。

③灵活的数据设定　C&C08 交换机作为通用的交换平台，必须满足多种组网方式和适应多种业务的需求。数据库的设计并不拘泥于某种国标和规范。而是力求将所谓的规范用数学模型加以描述，以达到灵活设计的目的。

2）C&C08 交换机的各种数据分类

①系统数据　即软件本身固有的数据，如各种软件参数、定时器、事件描述等。

②字冠数据　与呼叫号首相关，用于号首分析阶段的数据，反映了交换机所采用的号码编排方案、计费规定、新业务拨号规定、号码分配情况、路由方案的信息。

③中继数据　描述局间路由、电路及信令配合等数据，包括共路信令及随路信令的定义。

④用户数据　描述本局用户、小交换机用户、用户号码和设备号的映像关系等数据。

⑤No.7 数据　描述用于 No.7 信令 MTP、TUP、ISUP 等的数据。

⑥配置数据　指交换机机柜、机框配置、板位配置、邮箱、HW 配置等数据。

9.2.3　C&C08 机的信令与接口

1. C&C08 信令系统特点

C&C08 信令系统符合 ITU-T 及新国标《邮电部电话交换设备总技术规范书》（YDN 065－1997）的要求。

用户信令支持 PSTN 的用户信令、ISDN 的用户—网络信令、ISDN 的用户—用户信令，局间信令支持中国一号信令和 7 号信令。在信令配合上，支持 DSS1 与 ISUP 的信令配合、DSS1 与 TUP 的信令配合、DSS1 与 MFC 的信令配合、ISUP 与 TUP 的信令配合、ISUP 与 MFC 的信令配合、国际 TUP 与国内信令的配合和国际 ISUP 与国内信令的配合。

C&C08 信令系统的特点是：

• 支持中国一号和 7 号信令，同一局向可中国一号信令、7 号信令并存，一号信令可方便的升级成 7 号信令。

• 7 号信令处理分散在各个交换模块中，可靠性高，处理能力强。每个 SM 提供 32 条 7 号信令处理链路。

• 支持 14 位/24 位信令点编码的自动识别和相互转换。

• 可做 SP、综合型 STP 或独立性 STP。

• 提供完善的信令软件监视仪功能。C&C08 No.7 系统可以提供实时跟踪任一呼叫的接续过程，对每个消息的每一比特均有详细的解释。

• 多种协议（No.7、30B+D、V5.2、PHI）处理板硬件相同，加载不同的软件处理相应的协议，且协议处理板、7 号信令板、MFC 板槽位兼容，在同一模块中可实现多种协议处理并存。

2．C&C08 7 号信令系统

C&C08 7 号信令系统结构如图 9.22 所示。

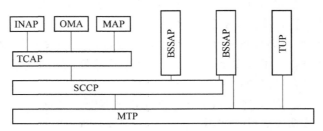

图 9.22　C&C08 7 号信令结构

（1）消息传递部分（MTP）和电话用户部分（TUP）

C&C08 MTP、TUP 具有以下特点：

1）7 号信令链路处理能力强，每链路最大负荷能力：0.85 Erl，340 MSU/s（MSU 长度按 20 字节计算）。

2）支持中国规范 24 位信令点编码及 ITU-T 标准 14 位信令点编码。

3）提供软件监视仪功能，维护方便。C&C08 提供基于链路的 7 号消息实时动态跟踪及分析，支持在链路上产生 MTP 二层、三层及各用户部分的伪消息，MTP 还支持将二层各种异常情况及原因实时上报的功能，相当于一台功能强大的 7 号信令分析仪；

4）适应特殊情况的能力强。针对各地运营部门的特殊要求及部分其他机型的不标准，C&C08 设计了丰富的运行软件参数。例如：主叫号码不可得处理流程，主叫类别不可得处理流程等。

（2）ISDN 用户部分（ISUP）

C&C08 ISUP 除了稳定可靠、适应能力强以外，还具有以下特点：

1）兼容性好，支持多种 ISUP 信令标准。只须设定相应的数据，就可以使 C&C08 ISUP 支持 ITU-T、中国国标、ETSI（欧洲标准）、ANSI（美国标准）、俄罗斯标准等多种不同的规范；

2）支持 N-ISDN 与 PSTN 的接口信令，包括 ISUP 与 TUP 的信令配合及 ISUP 与 MFC 的信令配合；支持一次呼叫占用多个 64 kbit/s 的 B 信道，最多可到 30B；

3）支持全部的 ISDN 补充业务；

4）支持端到端信令，包括 PAM 方式和 SCCP 方式；

5）14 位及 24 位信令点编码兼容；支持 E1、T1 标准。

（3）信令连结控制部分（SCCP）

C&C08 SCCP 具有如下特点：

1）可翻译的全局码数量：20 000～60 000；

2）可处理全局码格式：全部 5 种；

3）最长号码（GT）：20 位；

4）可处理的地址性质：全部 4 种；

5）可处理的编号计划：全部 6 种；

6）可完成不同网间的 GT 翻译；

7）完成无连接业务 Class0、Class1，面向连接业务 Class2。

3. 接口种类

（1）用户侧接口

提供模拟用户板（ASL）、数字用户板（DSL）及数据接口单元（DIU）。

1）ASL 普通模拟用户板每板 16 或 32 用户，模拟用户板中配置了 2 路反极用户线。另有全反极用户板、16 KC 用户板、16 KC 可变阻抗（65 V）模拟用户板、长距离用户板用户环路电阻可达 3 000 Ω，均为每板 16 路。

2）DSL 数字用户板即 2B+D 板，具有远供功能，同时可接 CENTREX 话务台。

3）DIU；DIU0 提供 2 路 V.24（DCE）方式接口，DIU1 提供 2 路 V.35（DCE）方式接口，DIU2 提供 2 路 Master 方式同向 64 K 接口，DIU3 提供 4 路 Master 方式同向 64 K 接口，V.35、V.24 的电平决定了 DIU 板的用户只能拉远 15 m 左右，对远程用户，可采用 DSL+MTA 方式拉远。

（2）模拟中继接口

提供环路中继板（AT0）、二线实线中继板（AT2）、四线载波中继板（AT4）、E/M 中继板（E/M4）及磁石中继板（MTK），这类中继多用于专网。

（3）数字中继接口

每块数字中继板（C805DTM）提供 2 路 E1 接口，DTM 板可以配合不同的单板软件及不同的协议处理板（LAP）配置成如表 9.2 所示几种情况。

表 9.2 DTM 板配置情况

接口名称	功能	配合的协议处理板	处理路数	备注
数字中继	一号信令局间连接	CC04MFC	每板 32 路	
TUP/ISUP	7 号信令局间连接	CB03LAPA0	4 链路	
V5.2	接入网标准接口	CB03LAP1	2 块板 8 组	每组 16E1
30B+DPHI	用户接入 Internet 或接入 PSPDN	CB03LAP7	8 路	支持 DSS1
LAPRSA	DTM 与 RSA 远端连接	CB03LAP8	32 条 HDLC 链路	
V5 收号	接入网收号用	CC04DTR2	16 路收号器	
DTMF 局间信号	E/M 中继时 DTMF 作局间信号用	CC04DTR0	16 路收号器	

9.2.4　C&C08 机的组网应用

C&C08 数字程控交换系统能够满足从公共电话交换网、专用通信网向综合业务数字网过渡，发展多媒体业务、智能网业务及宽带业务的要求。

C&C08 数字程控交换机适用于公共电话交换网的长话局、长市合一局、长市农合一局、汇接局、端局，也可以作为各种专用通信网（如电力、铁路、石油、煤矿、军事、公安）中的交换设备，如图 9.23 所示。

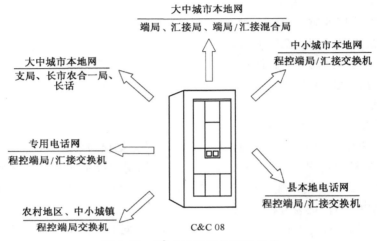

图 9.23　C&C08 灵活的配置方式

C&C08 具有各种数字与模拟接口，支持 E1/T1 接口。在相同硬件基础上仅需软件设置即可支持 No.7 信令、V5.2、R2 等多种信令协议。C&C08 中国 1 号信令板与 No.7 信令板槽位兼容，24 位、14 位 No.7 信令点编码自动识别。

随着通信网的数字化和计算机的普及，C&C08 数字程控交换系统提供 BR（2B＋D）、PRI（30B＋D）、V5.2、PHI 接口；具有 ISDN 功能，支持 TCP/IP、X.25、X.75 等协议，可接入数据网（例如 Internet、PSPDN、ATM 等）、多媒体通信网、用户接入网；具有话音/数据/图像等综合业务功能，可实现数据通信、会议电视、多媒体通信、CATV、VOD、远程医疗远程教学等窄带与宽带业务。

C&C08 数字程控交换机一般有三种配置方式：大中容量交换机、小型独立局、各种远端模块。其中大中容量交换机方式适用于大中城市的市话端局、汇接局、长途局、接口局等；小型独立局方式适用于中小城市和农村地区的程控端局；各种远端模块方式适用于用户比较分散的地区组网 C&C08 大容量模块化交换机，其通过两对光纤与 AM/CM 连接的 SM 可以和 AM/CM 装在同一机房，作为集中的大容量局；也可根据本地网情况将用户模块（USM）装在与 AM/CM 相距 50 公里范围内的任何地方，这种模块被称之为远端交换模块（RSM）。C&C08 可提供多种形式的远端模块，除 RSM 外还有 RSMII（采用电接入方式的远端交换模块）、远端用户模块（RSA）RSM 通过光纤与母局连接，SDH 光传输设备已集成在模块内部，省去了光端机。突破了传输与交换分离的概念，将传输设备与交换设备融为一体，提高系统性能并降低了设备成本和维护费用，具有较高的性能价格比。

另一种远端交换模块 RSMⅡ是利用标准的 2 Mbit/s 接口与母局相连接，其间采用内部协议。这种方式的优点是：可利用现有的传输系统；方便大本地网建设，适于撤点并网。RSA 是利用 ISDN 30B＋D 技术构成的小容量远端用户模块，304 用户（一个用户框满配置为 304 个模拟用户）共用两条 PCM 链路构成一个远端模块，且这 2 条 PCM 链路具有互助的功能，其 PCM 数据流中的 16 时隙采用 LAPD 方式传送接续信号。RSA 可以通过 PCM 系统和光传输系统远距离接入，还可以采用 HDSL 高速数字用户线技术用两对电话线远距离接入。RSA 作为接入设备不具备独立交换能力，但具有可变收敛比的集线功能，交换、维护和计费集中在与之相连的 USM、UTM 或 RSM 中进行。

C&C08 一体化网络平台组网示例如图 9.24 所示

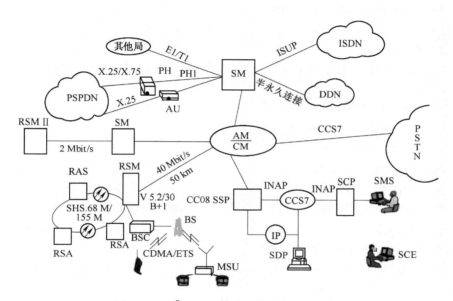

图 9.24   C&C08 一体化网络平台组网示例

9.2.5 C&C08 主要性能

1. 编号方案

C&C08 交换机能适应等位或不等位电话网中的本地接续，国内和国际长途自动、半自动和人工接续，呼叫特种业务、测试呼叫以及使用新业务时的编号要求，需要时可以方便地对电话号码进行修改。

2. 号码处理能力

C&C08 机的号码存储能力达到 24 位，可分析 16 位号码。

3. 路由选择

C&C08 提供非常灵活的路由选择功能，可以对不同的呼叫源、不同的主叫用户类别（普通、优先、数据、话务员、测试）、不同的时间段、不同的被叫号码提供不同的路由及子路由。每个路由可以包含五条子路由，可以顺序选择子路由也可以按照百分比选择子路由。每个子路由对应的中继群可以分布在八个模块上，并且可以连续五次重选子路由。

C&C08 交换机具有选择直达路由和迂回路由的功能，先选直达路由，次选迂回路由，后选最终路由。能满足同级迂回一次的要求，并有防止循环迂回的功能。

　　C&C08 交换机具备 DNHR 功能（即动态选路由方式）和 RSDR 功能（即实时路由方式），以满足忙时路由选择功能，并可按最佳路由选择。局数据可由维护人员在维护终端上设定，通过软件实现。

　　4. 释放控制方式及时间监视

　　(1) 释放控制方式

　　1) 普通用户之间的本地呼叫可以是主叫控制或互不控制方式，呼叫用户交换机的人工入中继，经话务员转接的呼叫为主叫控制。

　　2) 申请"追查恶意呼叫"功能的用户为被叫控制方式。

　　3) 国内、国际长途全自动去话呼叫为主叫控制方式，如被叫先挂主叫不挂，分别经 90 秒和 120 秒后释放全部电路。国内、国际长途半自动去话接续时，在话务员应答前为主叫控制，应答后为被叫控制。

　　4) 特种业务号码可采用被叫控制、互不控制方式，并可通过人机命令任意修改。

　　(2) 时间监视

　　C&C08 的时间监视功能如下：

　　1) No.1 信令的释放监护时间为 150 秒，用软件实现。

　　2) 摘机不拨号时间监视 10 秒。

　　3) 位间不拨号时间监视 20 秒。

　　4) 久叫不应时间监视市话呼叫 60 秒，长途呼叫 90 秒，国际呼叫 120 秒。

　　5) 再应答时间监视市话呼叫 60 秒，长途呼叫 90 秒，国际呼叫 120 秒。

　　6) 听忙音时间监视 40 秒。

　　7) 听嗥鸣音时间监视 60 秒。

　　5. 话务负荷能力

　　C&C08 机的话务负荷能力如下：

　　1) 模拟用户线忙时话务量　　　　　　　　　　0.15 Erl/线；

　　2) ISDN 数字用户线（2B＋D）忙话务量　　　0.2 Erl/B；

　　3) No.1 信令时，中继线忙时话务量　　　　　　0.7 Erl/线；

　　4) No.7 信令时，中继线忙时话务量　　　　　　0.7 Erl/线；

　　5) No.7 信令链路负荷　　　　　　　　　　　0.85 Erl/链路。

　　6. 呼叫处理能力

　　C&C08 机的 BHCA 为 6 000 K，系统总话务量可达 100 KErl。

　　7. 可靠性及可用性

　　C&C08 机系统中断指标为 20 年中断 0.769 小时；

　　平均无故障运转周期 MTBF260.4 天，6249.6 小时；

　　平均故障修复时间 12.83 分；

　　可用度 99.996 6%。

　　8. 过压保护

　　直流分配架负责一次保护，所有交换设备接口设二级保护。

　　用户电路、中继电路过压过流保护满足 CCITTK.20 建议中有关抗雷电冲击，电力线感应试验和电力线接触试验的要求，试验冲击后，自动恢复，无需人工维护。

　　暴露环境　　4 000 V 10 μS/1 000 μS

非暴露环境　1 000 V 10 μS/1 000 μS

电力线感应纵向电动势有效值　650 Vrms，0.5 S

电力线接触　220 Vrms，15 min

终端 2B＋D 接口设过压过流保护，满足 K.20 要求，且为隔离方式传输。

9. 传输指标

C&C08 交换机的传输性能满足新国标 YDN 065－1997 中对传输要求的有关规定。衰耗、频率失真、串音衰耗、回声和稳定、终端平衡回声衰耗、群时延、允许用户环路电阻、误码性能、比特透明等指标均达到相关标准。

10. 网同步

C&C08 时钟同步系统由数字接口、帧调整器、同步链选择及时钟组成，时钟具有快捕、跟踪、保持和自由运行的工作方式。采用数字锁相技术，以主从同步方式使 C&C08 交换机时钟可靠地跟随上级时钟。

复习思考题

9.1　数字程控交换最小系统中，硬件分系统由哪些组成？

9.2　数字程控交换最小系统的信令设备可分为哪几类？

9.3　数字程控交换最小系统中，运行软件的应用程序由哪些模块组成？试述各模块的作用。

9.4　数字程控交换最小系统中，时钟级和基本级任务模块的主要任务是什么？

9.5　简述 C&C08 程控数字交换机系统的特点？

9.6　简述 C&C08 程控数字交换机系统的组成？

9.7　简述 C&C08 程控数字交换机硬件结构的特点

9.8　简述前管理模块的功能？

9.9　简述通信模块的组成？

9.10　交换模块主要由哪几大功能块组成？

9.11　C&C08 的软件系统由哪几个部分组成？

9.12　叙述交换模块内部呼叫接续过程？

9.13　解释 C&C08 7 号信令结构。

9.14　C&C08 数据库有哪些特点？

10

综合业务数字网

最早出现的通信网是模拟电话网和公用电报网，到 20 世纪 70 年代后，电子计算机、数据库、微处理机技术飞速发展，计算机之间和计算机与终端之间的信息交换以及其他数据的交换变的十分重要，不少国家又先后建立了电路数据交换网和分组数据交换网。上述几种通信网都自成系统，互不相连，不但有投资大、效率低、各个独立的业务网不能共享资源的缺点，而且这些网通常由不同的机构分别管理，因而既不便于统一管理且管理费用较高、用户使用也不方便。为了克服各种专用电信业务网单独建设的缺点，就需要一个能够有效的提供多种服务的统一的通信网，这个网就是综合业务数字网（ISDN）。它是以综合通信业务为目的的综合数字网。

10.1 综合业务数字网的基本概念

IIU-T 对 ISDN 下的定义是：ISDN 是一种网络结构，通常是以电话网（IDN）为基础，能够提供端到端的数字连接，用来承载包括话音和非话音在内的多种电信业务，用户能够通过有限的一组标准的多用途的用户/网络接口接入这个网络。

ISDN 的示意图如图 10.1 所示：

图 10.1 ISDN 的示意图

（1）ISDN 是电话 IDN 基础上发展起来的，它可处理话音和多种非话业务。

（2）用户/网络间的接口是标准的，该接口可适应不同业务的终端。

（3）由于原电话 IDN 采用 64 kbit/s 的通道速率，故 ISDN 用户之间也通常以速率为 64 kbit/s 或更高速率的通道为基础连接。

（4）ISDN 用户之间可实现端到端的数字连接，即用户线上也传送数字信号。

10.1.1 ISDN 的特点

1. 通信业务的综合化：利用一条用户线就可以提供电话、传真、可视图文及数据通信等多种业务。

2. 可靠性及高质量的通信：由于终端和终端之间的信道已完全数字化，噪音、串音以及信号衰落、失真、受距离与链路数增加的影响都非常小，因此通信质量很高。

3. 使用方便：信息信道和信号信道分离，在一条 2B＋D 的用户线上可以连接终端达 8 台之多，同时工作可达 3 台。

4. 费用低廉：和过去分开的通信网相比，将业务综合到一个网内的费用显然是低廉多了。

5. ISDN 和智能网有天然的互相依赖关系：智能网要以 ISDN 为基础，而 ISDN 通过智能网能够得到更有效的发展和利用，因此，随着智能网的不断发展，ISDN 也将得到充分发展。

6. ISDN 网内各交换机之间的连接必须通过 No.7 信令来实现，因此，ISDN 是以 No.7 信令为基础。只有在 No.7 信令发展的基础上才能实现 ISDN。

10.1.2 ISDN 基本体系结构模型

ISDN 网络基本结构包括以下各项主要功能：

1. 64 kbit/s 电路交换功能：是 ISDN 最基本的功能，它是由 64 kbit/s 数字交换网络完成的。

2. 64 kbit/s 非交换功能（专用线功能）：是指不经过交换而建立的连接所具有的功能。

3. ＞64 kbit/s 中高速电路交换功能。

4. ＞64 kbit/s 中高速非交换功能。

5. 分组交换功能。

6. 用户线交换功能（包括用户线信号终端、计费等）。

10.1.3 ISDN 的组成部分

ISDN 的主要组成部分是用户/网络接口、原有的电话用户环路和交换终端 ET（Exchange Term ination）。ISDN 可以提供对现在和将来的所有网络业务的接入。如图 10.2 所示的是从用户接口到中心局设备 ET 的接入。图中有两个 ISDN 的接入部分位于两边的 ET 和 CPE 之间。在两个 ET 之间的是所有现存的或一些潜在的局间网络。包括：

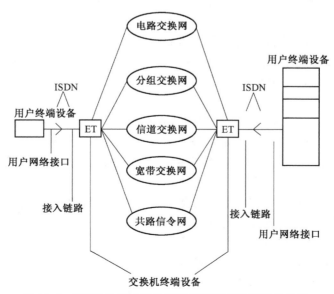

图 10.2 ISDN 的组成部分以及于现存各种网络的关系

（1）传统电话的电路交换网。

（2）分组交换网，用于数字化的数据通信。

（3）信道交换网，包括能够进行组交换的、保持长时期的数字载波信道。

（4）宽带网，用于需要额外带宽的场合。

（5）ISDN 的局间信令网，一个带外的共路信令系统。目前选用 7 号信令系统（CC-SS7）。它不仅能传输传统的局间信令，还能同时传递中心局之间的 D 信道中的智能信息。ISDN 与以上所有的网络兼容，均可接入。

实际上，ISDN 是一种接入的结构形式，各组成部件按一定的规约、协议、标准相接。

10.1.4　ISDN 传输标准接口

ISDN 用户/网络接口的作用是实现用户和网络之间的信息交换。ITI-T 制定的用户/网络接口标准规定了用户终端设备与网络连接的条件及接口有关部分的功能。

1. 用户/网络接口的参考配置

ISDN 用户/网络接口的参考配置如下图所示。

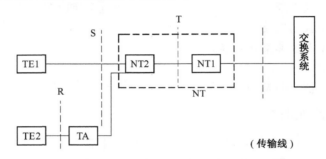

图 10.3　ISDN 用户/网络接口的参考配置

在用户/网络接口的参考配置中使用了功能组和参考点两个概念。功能组是指完成某种功能的部件，参考点是各功能组及终端之间的接口或分界点。

TE1 与 TE2 是用于各种电信业务的用户终端，其中 TE1 是符合 ITU-T 规定的用户/网络接口要求的标准终端，例如具有 ISDN 功能的数字电话及 4 类传真机等；TE2 是不符合 ISDN 用户/网络接口要求的非标准终端设备，如符合 V.24、X.21 和 X.25 的现有终端。

TA 是终端适配器，用于将非标准终端设备 TE2 转接到 ISDN 中，主要起速率和规约的转换作用。

NT1 与 NT2 分别称为第一和第二类网络终端。NT1 是用户传输线路终端装置，它具有相当于国际标准化组织（ISO）制定的开放系统互连（OSI）参考模型第一层的功能。在 NT1 中实现线路传输、维护和性能监控以及定时、馈电、多路复用及接口功能。NT2 拥有 OSI 参考模型第一至第三层的功能。实现 PABX（用户自动交换机）、LAN（局域网）和终端控制设备的功能及规程处理、复用、交换、集中和维护等功能。

参考点 R 提供非 ISDN 的标准终端的入网接口；参考点 S 对应于单个 ISDN 终端入网的接口，它将用户终端设备和与网络有关的通信功能分开；参考点 T 是用户与网络的分界点，T 的右侧设备归网络主管部门所有，左侧的设备归用户所有，CCITT 对 T 参考点的接口做出了规定，即 D 信道协议；参考点 U 对应于用户线，这个接口用来描述用户线上的双向数据信号。

当不使用 PABX 和 LAN 等装置时，不存在 NT2，故在这种情况上图中的 S 点和 T 点即合并为一点，并称为 S/T 点。

2. 用户接入网络和信道及接口速率

ITU-T 已规定了两种用户/网络接口，即基本接口和基群速率接口。

（1）基本接口

基本接口是将现有电话网的普通用户线作为 ISDN 用户线而规定的接口。把用于传输数字话音和数据业务的 64 kbit/s 的 B 信道和用于传输呼叫用的数字信令或数据的 16 kbit/s 的 D 信道结合起来传递信号。基本接口的速率为 2B+D＝144 kbit/s。

（2）基群接口

基群接口用于连接 PABX 和专用网，它包括由 B 通道构成的在北美和日本使用的 23B+D（速率为 1 544 kbit/s），用于欧洲和我国的 30B+D（2 048 kbit/s）接口及由 H 通道构成的多种接口。

10.1.5　ISDN 的应用

ISDN 已在民用、商用等领域内获得很广的市场。下面介绍几种应用情况。

1. 在家办公（Work-At-Home）：ISDN 使一些用户能够在家工作，从而节约了办公空间和上下班时间，提高了工作效率，增加了灵活性，减少了空气污染。

2. 远程通信（Telecomuting）：通过 Internet，ISDN 可以访问公告牌、当天新闻信息等资源，也能容易地通过访问数据库预订机票、查询图书馆。

3. 电子函件（E-mail）：信息扩展后的 E-mail 可向用户提供传真、话音和图像信息，而且传输速度很快，平均少于 8 s。

4. 在线接续：借助于 ISDN，无论在家中还是卫星局，用户都可以使用计算机进行在线交互访问，比如数据库和屏幕编辑。

5. 远程医疗诊断：对于一些边远地区或像监狱中的罪犯病人，可以在世界各地的医院通过 ISDN 实时交换有关患者的数据进行诊断。

6. 远程教育：远距离的学习使学生免去旅行时间，可以大量地传播知识，多媒体程序使学生获得更多的信息。

7. 可视电话会议和桌面会议：电视会议使远离的人们能够全方位地出席会议相互交流，桌面会议则适于两个或多人之间的一对一的会晤。

8. 远距离的传播声音：在专业广播领域需要高质量的音频连接，使用 ISDN 技术则可以远距离传播清晰的数字化的声音。

9. 商业信用卡：在销售点 POS（Point-of-Sale），由于数据库的响应能快速传输，因此对 ISDN 信用卡的核对仅需 3～5 s，而传统的模拟呼叫的建立平均需要 15 s。

10. ISDN 增强了专用线的过载和事故恢复能力，一旦线路不工作，不论是由于出错还是过载，ISDN 会将业务量自动按需增加带宽，故障解决或通信量下降时又会返回，恢复工作。

10.2　宽带综合业务数字网（B-ISDN）

前面我们介绍的 ISDN 还是一个数字的、时分复用的电路交换网，属于一个窄带 ISDN，并没有离开电信网所提供的速率。由于传输速度低，它并不适应日益发展的电视信号、电视会议、电视电话及高速、高清晰度、高质量音响等要求宽带传输的业务。

为了克服窄带 ISDN 的种种缺陷，人们研制出一种新型通信网——B-ISDN（broadband integrated services digital network 宽带综合业务数字网），能够提供高传输速率、宽传输频带、实现多种通信业务的网络。B-ISDN 用一种新的网络替代现有的电话网及各种专用网，这种单一的综合网可以传输各类信息，与现有网络相比，要提供极高的数据传输率，且有可能提供大量新的服务，包括点播电视、电视广播、动态多媒体电子邮件、可视电话、CD 质量的音乐、局域网互联、用于科研和工业的高速数据传送，以及其他很多甚至现今还未想到的服务。

10.2.1　B-ISDN 的网络结构

在发展的初期阶段在于进一步实现话音、数据和图像等业务的综合。初期的 B-ISDN 是由三个网组合而成，第一个网是以电话的交换接续为主体，并把静止图像和数据综合为一体的电路交换网。当前以电话业务为主，即是以传输速率 64 kbit/s 作为此网的基础，称为 64 kbit/s 网。第二个网是以存储—交换数据通信为主体的分组交换网。所谓分组交换，是把信息分割为称作分组（信息包）的小单元，进行传输交换的方式，它具有灵活的多元业务量处理的特性。第三个网是以异步转移方式（ATM）构成的宽带交换网，它是电路交换与分组交换的组合，它能实施话音、高速数据和活动图像的综合传输。

图 10.4 是发展后期阶段的 B-ISDN 结构。后期 B-ISDN 中引入了智能管理网，由智能网路控制中心管理的是三个基本网：第一个网是由电路交换与分组交换组成的全数字化综合传输的 64 kbit/s 网；第二个网是由异步转移方式（ATM）组成的全数字化综合传输的宽带网；第三个网是采用光交换技术组成的多频道广播电视网。这三个网将由智能网络控制中心管理，它可能被称为智能宽带 ISDN。在智能宽带 ISDN 中，有智能交换机和用于工程设计或故障检测与诊断的各种智能专家系统。

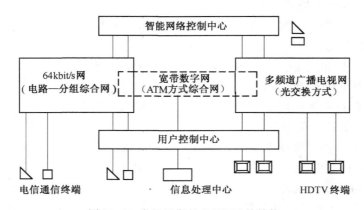

图 10.4　发展后期的 B-ISDN 的结构

从 B-ISDN 的发展及 B-ISDN 的网路结构可以看出，实现 B-ISDN 的关键在于宽带交换技术。从目前的研究成果和研究方向来看，光交换技术和 ATM 技术是实现 B-ISDN 的主要技术。

10.3　ATM 技术

异步转移模式 ATM（asynchronous transfer mode），ATM 技术的发展是顺应多媒体传输的要求。多媒体（语音/图像）的传输特点和传统的数据传输不同，数据传输的特点是允许延时，但不能有差错，数据的差错将导致数据含义的不同，引起错误的结果；语音/图像传输的特点是信息量大，实时性高，但允许有少量的差错，差错只能影响当时的语音/图像的质量。虽然可以使用各种压缩技术，但多媒体的信息量仍然惊人，尤其是多媒体传输的实时性要求使得其他技术难以适应，于是出现了一种新的交换技术：ATM 交换技术。

1. ATM 的结构与复用

ATM 是用信元（小的、固定大小的分组包）传送所有的信息。信元长度为 53 个字节，其中信元头占 5 个字节，信息域占 48 个字节，信元头的主要功能是信元的网络路由，如图 10.5。

图 10.5　ATM 的信元结构

信元头又根据在网络的位置可分为 UNI（用户网络接口）接口的信元头和 NNI（网络接口）接口的信元头。它们的结构有一些的差别，如图 10.6 所示。

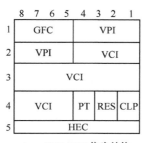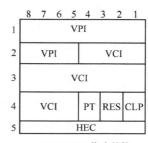

图 10.6　UNI/NNI 信头结构

信头内容主要由以下几部分构成。

· VPI：虚通道标识，NNI 中为 12 bit，UNI 中为 8 bit。

· VCI：虚通路标识，16 bit，标识虚通道中的虚通路，VPI/VCI 一起标识一个虚连接。

· GFC：一般流量控制，4 bit，只用于 UNI 接口，可用于流量控制或在共享媒体的网络中标示不同的接入。

· PT：净荷类型，3 bit。比特 3 为 0 表示为数据信元，为 1 表示为 OAM 信元。对 OAM 信元，后两比特表明了 OAM 信元的类型。对数据信元，比特 2 用于前向拥塞指示（EFCI），当经过某一节点出现拥塞时，就将这一比特置位；比特 1 用于 AAL5。

· CLP：信元丢失优先级，1 bit，用于拥塞控制。

· HEC：信头差错控制，8 bit，检测出有错误的信头，可纠正信头中 1 比特的差错。HEC 的另一个作用是进行信元定界，利用 HEC 字段和它之前的 4 字节的相关性可识别出信头位置。由于在不同的链路中 VPI/VCI 的值不同，所以在每一段链路都要重新计算 HEC。

ATM 交换采用异步时分多路复用（ATDM）技术，用户数据被组合成信元，在 ATM 网络中分时传输。图 10.7 是数据在 ATM 中的发送和接收过程：

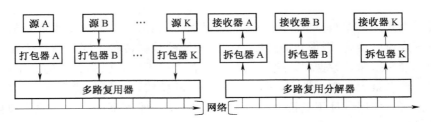

图 10.7　发送和接收过程

为了提高处理速度，降低时延，ATM 是以面向连接方式工作的。通信一开始，交换网络先建立虚电路，以后用户将虚电路标志写入信元头。交换网络根据虚电路标志将信元送往目的地。因此，ATM 交换只是完成虚电路的交换。

来自不同信息源的信元汇集到一起，在一个缓冲器内排队。队列中的信元逐个输出到传输线路。在传输线路上形成首尾相接的信元流。每个信元有信元头，标明目的地址。网络就可以根据信元头来传送该信元。

2. ATM 的特点

信息源产生信元是随机的，信元到队列也是随机的。速率高的业务信元来得频繁，速率低的业务信元来得稀疏。它们都按到来的顺序排队，并且按顺序输出至传输线上。同样地址的信元不一定送至某个固定时隙，送至哪个时隙也是随机的。

所以，异步时分复用方式使 ATM 具有很大的灵活性：任何业务都按实际需要来占用资源，传送的速率随到达的信息速率而变化。因此，网络资源得到最大限度的利用。ATM 网络可以适用于各种业务，包括不同速率、不同突发性、不同质量和实时性要求。网络都按同样模式来处理。真正做到了完全的业务综合。

ATM 交换节点工作比较简单。它只对信元头进行差错检验，对于信元内容不作差错控制和流量控制，并且交换基本上由硬件实现。因此，ATM 交换速度很快。各个源依据自己的速率产生数据，并把它们送到打包器中，将数据组装成包，当打包器中有了一个完整的信元时，就把它送到多路复用器中，多路复用器把信元插入网络的下一个可用的时间槽中，接收方的过程正好相反。ATM 的异步时分复用模式克服了传统的分组交换延迟不确定和线路交换带宽没有充分利用的缺点，是这两种交换模式优点的集合。

（1）ATM 与 STM 对比

ATM——Asynchronous Transfer Mode，异步传送模式。

STM——Synchronous Transfer Mode，同步传送模式。

以往的电路交换方式采用同步传送模式（STM）。这是一种时隙复用方式。STM 将一个通路按时间分割成一个固定周期（例如 125 μs，叫做帧）中出现的时隙，将信息插入到时隙里传送。这就要求每个通道的最大通信速度固定不变（例 64 kbit/s），并且要求通信终端和交换机、通信双方严格同步。

ATM 方式则将信息包装成信元在加上地址部分（信元头），然后发出。在接收端，一个拆装设备将信息包（信元）打开，并连续传递给所连接的终端设备。按照原来的比特速率，每个时间单元形成多个不同的 ATM 信元。传输速率低，形成信元数少；传输速率高，形成的信元数就多。ATM 与 STM 对比如表 10.1。

（2）ATM 与分组交换对比

目前，分组网的最高传输速率为 64 kbit/s。而在宽带网中需要传送的信息速率带宽可达 150 Mbit/s，622 Mbit/s，甚至可达到若干个 Gbit/s。因此，要求有尽可能少的"开销"。表 10.2 为这两者之间的区别。

表 10.1　ATM 与 STM 对比表

STM	ATM
传输速度固定不变	传输速度根据需要变化
用时间位置（时隙）分隔信道	按信元来传送信息
信息不带地址	信息带地址
接续固定不变	接续可变
适用于窄带交换	适用于不同速率（带宽）的交换

表 10.2　ATM 与分组交换对比表

分组交换	ATM
分组包不是定长	信元长度为定长，能适应任意速率
协议处理（差错控制和流量控制）在交换机内实现	协议处理在终端实现
由软件处理协议	用硬件代替软件实现协议
传输速率有限	可以在大范围内任意改变传输速率

这两者的区别主要反映在传输速率（带宽）上，从而反映在延迟时间上。

10.4　ATM 交换技术

ATM 采用面向连接的工作方式。它在接续点建立虚电路，并在整个呼叫期间"保持"虚电路。

B-ISDN 是一个大型的综合通信网，支持多个终端上的多个用户的多种通信业务。网络中必然会出现大量的速率不等的虚信道。在高速环境下对这些虚信道进行管理必然存在很大困难。为了减少管理上的复杂性，采用了分级的办法，即在物理传输层和虚信道之间引入了一个虚通路的概念，这样 ATM 层就可以分为虚信道（VC：Virtual Channel）级和虚通道（VP：Virtual Path）级。

在 ATM 层，每一个信元的信元头都有一个"标志"来确定表示这个信元所属的虚信道。这个标志包括虚信道标志（VCI：VC Identifier）和虚通道标志（VPI：VP Identifier）。

1. 虚信道（VC：Virtual Channel）是在两个或多个端点之间运送 ATM 信元的通道通路，由信头中的虚信道标识符（VCI）来区分不同的虚信道。它可以用于用户到用户、用户到网路以及网路到网路的信息转移。

2. 虚通道（VP：Virtual Path）是一种链路端点之间虚信道的逻辑联系。VP 由虚通路标志 VPI 来识别。实际上 VPI 识别了在给定的参考点上一束 VC 链路共享一个 VP 连接。每当 VP 在网络内被交换时就分配一个 VP 值。VP 链路是在不同 VPI 值的两个相邻 ATM 实体之间单向传送 ATM 信元的能力。VP 链路开始于分配 VPI 值，终止于取消这个 VPI 值。VP 交换机完成 VP 路由选择功能。这个功能包括将输入 VP 链路的 VPI 值变换成输出 VP 链路的 VPI 值。VP 连接由多段 VP 链路级连而成。它用来提供用户—用户、用户—网络和网络—网络间的信息传输。将网络的控制管理功能主要局限在由 VC 组成的较少的 VP 上，这将减少控制所需的功能，从而降低控制所需的成本。

3. VC 和 VP 之间的关系

如图 10.8 所示，由于在不同 VP 链路上的两条 VC 链路可能会有同样的 VCI 值，所以一条特定的 VC 链路必须由相应的 VPI 和 VCI 共同确定。

4. VP 和 VC 的交换

VP 可以单独进行交换。VP 交换是将一条 VP 上所有的 VC 链路全部传送到另一条 VP 上去。而这些 VC 链路的 VCI 值不变。也可以 VC 交换和 VP 交换同时进行，两者合起来才算是 ATM 交换，图 10.9 是 VP 和 VC 交换示意图。

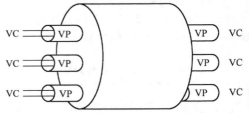

图 10.8　VP 和 VC 之间的连接关系

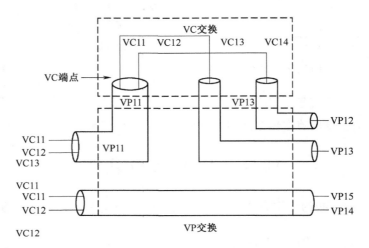

图 10.9　VP 和 VC 交换示意图

10.5　ATM 交换原理

1. 基本原理

ATM 交换的基本原理如图 10.10 所示。

图中交换节点有 n 条入线（I1～In）和 q 条出线（O1～Oq），每条入线和出线上传送的都是 ATM 信元流，而每个信元的信头值则表示该元所在的逻辑信道。不同的入线（或出线）上可以采用相同的逻辑信道值。ATM 交换的基本任务就是将任一入线上的任一逻辑信道中的信元交换到所需的任一出线上的任一逻辑信道上去。例如，图中入线 I1 的逻辑信道 x 被交换到出线 O1 的逻辑信道 k 上，入线 In 的逻辑信道 y 被交换到出线 Oq 的逻辑信道 m 上。这里包含了两方面的功能：一是空间交换，即将信元从一条传输线改送到另一条传输线上去，这个功能又叫做路由选择；另一个功能是时间交换，即将信元从一个时隙改换到另一时隙。应注意的是，ATM 的逻辑信道和时隙并没有固定的关系，逻辑信道的身份是靠信头值来标志的，因此时间交换是靠信头翻译来完成的。列，I1 的信头 x 被翻译成 O1 上的 k 值。以上空间交换的功能可以用一张翻译表来实现，下图列出了该交换节点当前的翻译表。

归结起来，ATM 交换的三大功能是路由选择、信头翻译和排队。任何一种 ATM 交换机构必须具有这三种功能。

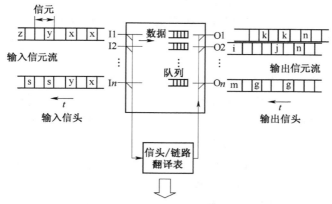

输入链路	信元值	输出链路	信元值
I1	x	01	k
	y	−0q	m
	z	02	i
······			
In	x	01	n
	y	02	j
	z	0q	g

图 10.10 ATM 交换的基本原理

2. 信元排队

由于 ATM 是一种异步传送方式，输入、输出线路上的信元都是异步统计复用的，每个逻辑信道上信元的出现是随机的。因此，可能会出现在同一时刻两条或多条输入线路上的信元要求转到同一条输出线路上去，即存在竞争（或称碰撞）。例如，I1 的信道 x 和 In 的信道 x 都要求交换到 O1，前者使用 O1 的信道 k，后者使用 O1 的信道 n。为了不使碰撞时引起信元丢失，交换节点应提供一系列缓冲区，供同时到达的信元排队用，这个队列造成了信元在交换节点内的时延，这个时延是随机的，它与缓冲器的位置、结构以及缓冲长度有关。当缓冲器存满后，就会产生信元丢失，因此缓冲排队方式直接影响交换节点性能的好坏。

目前，根据缓冲器位置可将信元排队方式分成五类：

（1）输入排队方式

这种方式为每条输入线路设置专用缓冲器来解决可能出现的信元碰撞。每天输入线路上的信元都先存入缓冲器，然后由仲裁逻辑裁决可以"放行"的信元，裁决方法可有多种不同的方法。例如对所有输入列队轮流查询或者根据输入队列的长度来选择优先者等办法。

采用输入排队方式，使输入缓冲的位置可以和交换结构分开，简化了交换单元的设计，亦可避免缓冲器以几倍于端口的速率进行操作，有利于采用现有技术实现输入缓冲器，如图 10.11 所示。

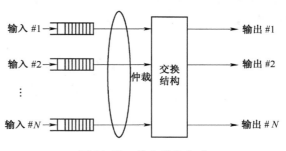

图 10.11 输入排队方式

该方式的最大缺点是存在队头阻塞（HLB Head of Line Blocking）现象，即当一个缓冲队列的队头没有接到"放行"命令时，其后面的所有信元都必须在队列中等待，即使它的目的地是一条空闲的出线，也不能越过队头而进行交换，因而导致性能下降（吞吐率降低、平均时延加大等）。

（2）输出排队方式

这种方式在每条出线初设置缓冲 FIFO，不同入线竞争同一出线的信元可在同一个信元时间内同时到达该出线，但它们必须在输出 FIFO 中排队，然后依次逐个送到出线上去，如图 10.12 所示。显然，在输入端无需加仲裁器。采用该方式的交换机，不存在 HLB 阻塞和排队时延大的缺点，同时控制较简单，易于实现一点到多点和广播方式。但要求输出缓冲器的写入速率是输入端口速率的 N 倍（N 为入线总数），以便在 N 条入线的信元同时要去同一出线时，不会出现信元丢失。

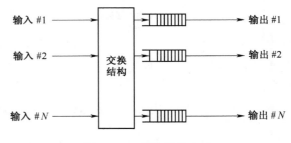

图 10.12　输出排队方式

（3）中央排队方式

这种方式是在交换结构的中央设一个缓冲器，这个缓冲器被所有的入线和出线公用。所有入线上的全部输入信元都直接存入中央缓冲器，然后根据路由表选定每个信元的出线，并按先进先出的原则读取信元。

采用中央排队方式的交换单元，缓冲器的利用率最高，即如果出入线的负荷相同，允许的信元丢失率也相同，采用中央排队的交换单位需要的缓冲容量最小，但控制逻辑复杂，要求缓冲器的存取速率高，当交换单元为 N×N 时，存在 N 个信元同时交换到一条出线上的可能，为防止输入信元丢失，因此必须要求缓冲器

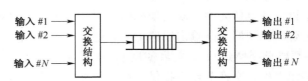

图 10.13　中央排除方式

的存（或取）速率为入（或出）线速率的 N 倍。如图 10.13 所示。

（4）输入/输出排队方式

这种方式将输入排队和输出排队这良种方式结合起来，在输入端和输出端都有缓冲器，可以解决输出排队方式中突发性业务（这类业务的峰值比特率远远高于平均比特率，如LAN 的数据传送）信元丢失问题，因此当前不能出来的信元不会被丢失，而是保存在输入缓冲器中。如图 10.14 所示。

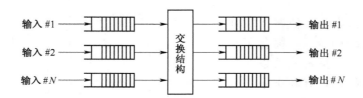

图 10.14　输入/输出排队方式

（5）重环回排队方式

在这种方式，输出端口竞争的处理方法是将在当前时隙中无法输出的信元通过一组重环
回缓冲器重新送到输入端口。通常情况下，它可
达到输出排队方式的性能，但如果在某一时隙要
求环回的信元数大于重环回端口数，则要丢弃交
换单元的某些信元。另外，重环回信元可使同一
个逻辑信道的信元产生输出错序，必须采取响应
的输出排序措施。如图 10.15 所示。

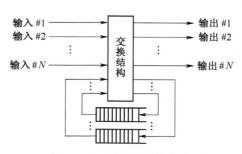

图 10.15　重环回排队方式

以上几种信元排队方式性能通常从吞吐率、
缓冲器利用率、排队时延和时延变化（抖动）、缓
冲排队的控制逻辑、缓冲存储的规模（容量和数
量）、缓冲存储器的存取速率、实现点到多点和广播通信的难易等几个方面考虑。

其中，输出排队方式和中央排队方式由于吞吐率高，排队时延小，易于实现点对多点通
信，具有缓冲利用率高等优点，成为多种交换机的优选方式。虽然它们对缓冲器的读/写速
率要求较高，但随着 VLSI 的技术的进步及使用并行处理技术，可解决这一问题。因此其重
点在于解决复杂的缓冲器读/写控制逻辑问题。

复习思考题

10.1　ISDN 的定义是什么？

10.2　ISDN 网络基本结构包括哪些主要功能？

10.3　叙述 B-ISDN 的特点？

10.4　ATM 技术的主要优点有哪些？

10.5　总结 ATM 五种信元排队方式的区别。

11

ADSL 宽带接入技术

随着网络的发展，上网用户群体不断扩大，目前困扰网民最大的还是上网速度太慢，网路过于拥挤，普通 modem 拨号的最快连接速度只有 56 kbitps，即使目前发展较快的 ISDN，两通道捆绑起来也不过 128 kbitps，而且上网不但要支付网络使用费，还需交纳昂贵的电话费。如今一种名叫 ADSL 的技术已投入实际使用，可以实现在同一双绞线上无干扰地传送话音和数据业务，是窄带接入网到宽带接入网过渡的一种主流技术。

11.1 ADSL 技术简介

11.1.1 ADSL 技术的基本概念

ADSL 是英文 Asymmetrical Digital Subscriber Loop（非对称数字用户环路）的英文缩写，ADSL 技术是运行在原有普通电话线上的一种新的高速宽带技术，它利用现有的一对电话铜线，为用户提供上、下行非对称的传输速率（带宽）。非对称主要体现在上行速率（最高 640 kbit/s）和下行速率（最高 8 Mbit/s）的非对称性上。上行（从用户到网络）为低速传输，为 640 kbit/s；下行（从网络到用户）为高速传输，可达 8Mbit/s。它最初主要是针对视频点播业务开发的，随着技术的发展，逐步成为了一种较方便的宽带接入技术，为电信部门所重视。通过网络电视的机顶盒，可以实现许多以前在低速率下无法实现的网络应用。

11.1.2 ADSL 技术的特点

ADSL 这种宽带接入技术具有以下特点：
1. 可直接利用现有用户电话线，节省投资。
2. 可享受超高速的网络服务，为用户提供上、下行不对称的传输带宽。
3. 节省费用，上网同时可以打电话，互不影响，而且上网时不需要另交电话费。
4. 安装简单，不需要另外申请增加线路，只需要在普通电话线上加装 ADSL modem，在电脑上装上网卡即可。

11.1.3 ADSL 技术与其他常见接入技术的对比

1. ADSL 与普通拨号 modem 的比较

比起普通拨号 modem 的最高速率 56 kbitps，ADSL 的速率优势是不言而喻的。而且它在同一铜线上分别传送数据和语音信号，数据信号并不通过电话交换机设备，所以并不需要拨号，这意味着上网无需缴纳额外的话费。

2. ADSL 与 ISDN 的比较

二者的相同点是都能够进行语音、数据、图像的综合通信，但 ADSL 的速率是 ISDN 的 60 倍左右。ISDN 提供的是 2B+D 的数据通道，其速率最高可达到 144 kbit/s，接入网络是窄带的 ISDN 交换网络，而 ADSL 的下行速率可达 8 Mbit/s，它的语音部分走的是传统的 PSTN 网，而数据部分则接入宽带 ATM 平台。

3. ADSL 与 DDN 的比较

ADSL 非对称接入方式，上行最高 640 kbit/s，下行最高 8 Mbit/s，相对 DDN 对称性的数据传输更适合现代网络的特点。同时 ADSL 费用较之 DDN 要低廉的多，接入方式也较灵活。

4. ADSL 与 Cable modem 的比较

ADSL 在网络拓扑的选择上采用星型拓扑结构，为每个用户提供固定、独占的保证宽带，而且可以保证用户发送数据的安全性，而 Cable modem 的线路为总线型，一般国外有线电视承诺的 10M 甚至 30M 的信道带宽是一群用户共享的，一旦用户数增多，每个用户所分配的带宽就会急剧下降，而且共享型网络拓扑致命的缺陷就是它的安全性，数据传送基于广播机制，同一个信道的每个用户都可以接收到该信道中的数据包。

11.1.4 ADSL 的业务功能

1. 高速的数据接入

用户可以通过 ADSL 宽带接入方式快速地浏览互连网上的各种信息、进行网上交谈、收发电子邮件、网上下载、BBS 等，获得自己需要的信息。

2. 视频点播

由于 ADSL 技术传输的非对称性，特别适合用户对音乐、影视和交互式游戏的点播，可以根据用户自己的需要，任意地对上述业务进行随意控制，而不必像有线电视节目一样受电视台的控制。

3. 网络互连业务

ADSL 宽带接入方式可以将不同地点的企业网或局域网连接起来，避免了企业分散所带来的麻烦，同时又不影响各用户对互连网的浏览。

4. 家庭办公

随着经济的发展，通信的飞跃发展已经越来越影响着人们的生活工作方式，部分企业的工作人员因为某种原因需要在家里履行自己的工作职责，他将通过高速的接入方式从自己企业信息库中提取所需要的信息，甚至面对面地和同事进行交谈，完成工作任务。

5. 远程教学、远程医疗等

随着人们生活水平的提高，人们在家里接受教育和在教育以及得到必要的医疗保证将成为一种时尚，通过宽带的接入方式，你可以获得图文并茂的多媒体信息，或者和老师或医生进行随意交谈。

总之，由于 ADSL 的高带宽，用户可以通过这种接入方式得到所需要的各种信息，不会受到因为带宽不够而带来的困扰，也不会为因为无休止的停留在网上所付出的附加话费而担忧。

11.1.5　ADSL 的技术指标

目前的电话双绞线是用 0～4 kHz 的低频段来用于电话通信，现在的 modem 拨号上网也是使用的是这一很窄的带宽，这么窄的带宽怎么可能把大量的数据、信息及时地传送给用户呢？因此，ADSL 就利用电话线的高频部分（26 kHz～2 MHz）来进行数字传输。其原理也相当简单：经 ADSL Modem 编码的信号通过电话线传到电话局，经过一个信号识别/分离器，如果是语音信号，就传到电话交换机上，接入 PSTN 网，如果是数字信号就直接接入 Internet。ADSL 的 modem 和目前的拨号 modem 不一样，调制方式及网络结构均不同，而且到 PC 机的接口是 10BaseT 以太网接口而不是 RS232 串行口或并行口。

由于现存的用户环路主要由 UTP（非屏蔽双绞线）组成。UTP 对信号的衰减主要与传输距离和信号的频率有关，如果信号传输超过一定距离，信号的传输质量将难以保证。此外线路上的桥接抽头也将增加对信号的衰减。

因此，线路衰减是影响 ADSL 性能的主要因素。ADSL 通过不对称传输，利用频分复用技术（或回波抵消技术）使上、下行信道分开来减小串音的影响，从而实现信号的高速传送。

为了可以利用多个信道，ADSL modem 采用两种方式划分可以利用的电话线路的带宽：FDM 技术（Frequency Division Multi-plexing）或回波抵消技术（Echo Cancel-lation）技术。如图 11.1 所示，FDM 方式将频带划分为上行部分和下行部分，下行通道在被时分复用（Time Division Multiplexing）为一个或多个高速信道和低速信道，而上行通道也会被复用为相应的低速信道。

回波抵消技术（Echo Cancellation）使上行通道和下行通道在频带上的重叠部分相互抵消，通过本地的回波抵消技术可以有效地分开上、下行信道，减小

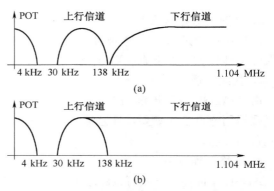

图 11.1　FDM 技术和回波抵消技术原理示意图
（a）频分复用；（b）回波抵消

串音对信道的影响，从而实现信号的高速传送。这种技术已应用于 V.32 和 V.34 协议的modem 产品中。

11.2　ADSL 技术的应用

ADSL 使用频分复用技术将话音与数据分开，话音和数据分别在不同的通路上运行，所以互不干扰。即使边打电话边上网，也不会发生上网速率下降，通话质量下降的情况。也许有人会问为什么 ADSL 的实际速率并没有理论值的那么快，其实这不是 ADSL 本身的问题，而是目前 Internet 的出口带宽比较窄所造成的，但相比其他接入方式，ADSL 仍能体现较高的速度优势。一些只有在高速率才能实现的网络应用在 ADSL 看来显得绰绰有余，如 1.5 M MPEG-1 或 4M MPEG-2 的影视点播都只有在 ADSL 的前提下才能享受，一个 4M 字节的MP3 文件只需要 1 分多的时间就可以下载完毕。

安装 ADSL 也很简单，只要在原有的电话线上加载一个复用设备，用户不必再增加一条电话线。原先的电话号码也无需要改号，但由于目前的技术，只能在直线电话上接 ADSL 终端设备，不能在分机上接 ADSL 设备。

ADSL 接入 Internet 有虚拟拨号和专线接入两种方式。采用虚拟拨号方式的用户采用类似 modem 和 ISDN 的拨号程序，在使用习惯上与原来的方式没什么不同。但现在用的拨号 modem 由于调制方式及网络结构均不同不可以当作 ADSL 的 modem 使用。采用专线接入的用户只要开机即可接入 Internet。所谓虚拟拨号是指用 ADSL 接入 Internet 时同样需要输入用户名与密码（与原有的 modem 和 ISDN 接入相同），但 ADSL 连接的并不是具体的接入号码如 163 或 169，而是所谓的虚拟专网 VPN 的 ADSL 接入的 IP 地址。ADSL 接入 ISP 只有快或慢的区别，不会产生接入遇忙的情况。

ADSL 是一种新兴的传输方式，用它可广泛地开展数据业务、Internet/Extranet/Intranet 业务、帧中继 FR 接入业务、ATM 业务、语音业务、视频业务、VPN 虚拟专网业务，由于能快速地传输各类信息，在家庭办公、远程办公、高速上网、远程教育、远程医疗、VOD 视频点播、视频会议等方面应用得到了很大的发展。

11.2.1 ADSL 系统的接入方式和接入模型

以下为 ADSL 系统连接方式的功能模块图。

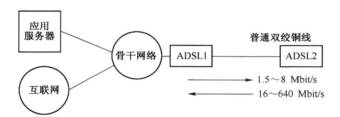

图 11.2 ADSL 系统连接方式的功能模块图

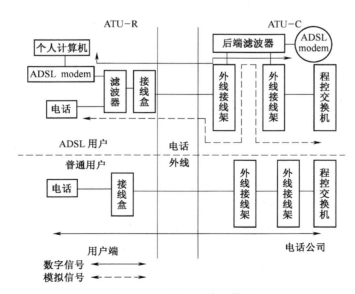

图 11.3 ADSL 的接入模型

骨干网络：一般为 ATM 骨干网。

ADSL1：为局端的部分的 ADSL 局端设备

ADSL2：为用户端的 ADSL 用户端设备

下面介绍一下 ADSL 用户和普通电话用户接入网络的模型，ADSL 的接入模型主要有中央交换局端模块和远端模块组成。

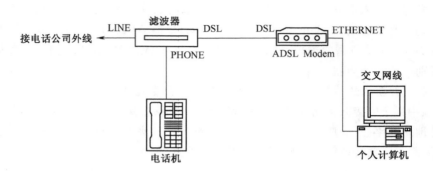

图 11.4　ADSL 用户在用户端的设备连接图

modem 的作用是实现 D/A 转换，把计算机的数字信号转换成模拟信号在用户线上传送。

中央交换局端模块包括在中心位置的 ADSL modem 和接入多路复合系统，处于中心位置的 ADSL modem 被称为 ATU-C（ADSL Transmission Unit-Central）。接入多路复合系统中心 modem 通常被组合成一个被称作接入节点，也被作 DSLAM（DSL Access Multiplexer）。

远端模块由用户 ADSL modem 和滤波器组成，用户端 ADSL modem 通常被称为 ATU-R（ADSL Transmission Unit-Remote）。

ADSL 论坛定义了 4 种不同的 ADSL 分布模型，分布模型决定了 ADSL 帧内比特传送时采用哪种形式，我们来分别看一下 4 种分布模型的主要特征。

· 比特同步模式：比特同步模式的基本含义是指链路一端（ATU-R）缓冲区内的任何比特（快速数据或者间隔数据）都会在另一端（ATU-C）的缓冲区内弹出。在这种模式下，服务提供者的 ADSL 接入点的 ATU-C 简单地将收到的用户数据交付给服务提供者的电路交换服务。在这种方式下，ADSL 链路只是固定终端的数据管道。ADSL 以恒定速率（CBR）运行。

· 分组适配模式：分组适配模式与比特同步模式相比，改变的是在用户侧需要附加分组适配器。在此模式下，ADSL 支持多个用户终端的接入。

· 端到端的分组模式：端到端的分组模式与分组适应模式主要的不同是现在分组被复用到 ADSL 链路上，而非 ADSL 系列的帧上。

· 异步传输模式：在异步传输模式（ATM），ATM 从 ATM 适配器（在 ATU-R）复用并且传送 ATM 信元而非 IP 分组。在 ADSL 服务提供侧，ATU-C 将信元传送给 ATM 网络。这些 ATM 信元的内容仍旧是 IP 分组。

11.2.2 ADSL 的调制和解调技术

目前被广泛采用的 ADSL 调制技术有 3 种：QAM（quadature ampli-tude modulation）、CAP（carrierless amplitude-phase modulation）、DMT（discret emultitone），其中 DMT 调制技术被 ANSI 标准化小组 T1E1.4 制订的国家标准所采用。但由于此项标准推出时间不长，目前仍有相当数量的 ADSL 产品采用 QAM 或 CAP 调制技术。

1. QAM 调制技术

QAM 调制器的原理图是发送数据在比特/符号编码器内被分成两路（速率各为原来的 1/2），分别与一对正交调制分量相乘，求和后输出。与其他调制技术相比，QAM 编码具有能充分利用带宽、抗噪声能力强等优点。

在 16-QAM 的 QAM 调制中，2 bit 被编码表示相位的变化，另外 2 bit 被用来表示幅度的变化，所以用了 4 bit 来表示。QAM 用于 ADSL 的主要问题是如何适应不同电话线路之间性能较大的差异性。要取得较为理想的工作特性，QAM 接收器需要一个和发送端具有相同的频谱和相位特性的输入信号用于解码，QAM 接收器利用自适应均衡器来补偿传输过程中信号产生的失真，因此采用 QAM 的 ADSL 系统的复杂性主要来自于它的自适应均衡器。

2. CAP 调制技术（Carrierless Amplitude Modulation/Phase Modulation）

CAP 调制技术是以 QAM 调制技术为基础发展而来的，可以说它是 QAM 技术的一个变种。输入数据被送入编码器，在编码器内，m 位输入比特被映射为 k＝2 m 个不同的复数符号 An＝An＋jBn 由 K 个不同的复数符号构成 K-CAP 线路编码。编码后 An 和 Bn 被分别送入同相和正交数字整形滤波器，求和后送入 D/A 转换器，最后经低通滤波器信号发送出去。CAP 技术用于 ADSL 的主要技术难点是要克服近端串音对信号的干扰。一般可通过使用近端音串音抵消器或近端串音均衡器来解决这一问题。

3. DMT 调制技术

DMT 调制技术的主要原理是将频带（0—1.104 MHz）分割为 256 个由频率指示的正交子信道（每个子信道占用 4 kHz 带宽），输入信号经过比特分配和缓存，将输入数据划分为比特块，经 TCM 编码后再进行 512 点离散傅里叶反变换（IDFT）将信号变换到时域，这时比特块将转换 256 个 QAM 子字符。随后对每个比特块加上循环前缀（用于消除码间干扰），经数据模变换（DA）和发送滤波器将信号送上信道，在接收端则按相反的次序进行接收解码。

图 11.5 中，1MHz 的带宽被分段为 256 个 4 kHz 的子频带。每个子频带在发送端用 single-carrier 调制技术调制，在接收端则接收各子频带并将其 256 路载波整合解调。由于美国的 ADSL 国家标准（T1.413）推荐使用 DMT 技术，所以在今后几年中，将会有越多 ADSL 调制解调器采用 DMT 技术。

业界许多专家都坚信，以 ADSL 为主的 ×DSL 技术终将成为铜双绞线上的赢家，目前采用普通拨号 modem 及 N-ISDN 技术接入的用户将逐步过渡到 ADSL 等宽带接入方式，并最终实现光纤接入。

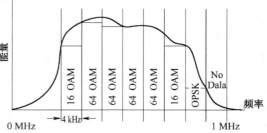

图 11.5 DMT 调制技术的实例

11.2.3　ADSL 的标准

一直以来，ADSL 有 CAP 和 DMT 两种标准，CAP 由 AT&T Paradyne 设计，而 DMT 由 Amati 通信公司发明，其区别在于发送数据的方式。ANSI 标准 T1.413 是基于 DMT 的，DMT 已经成为国际标准，而 CAP 则大有没落之势。近来谈论很多的 G. Lite 标准很被看好，不过 DMT 和 G. Lite 两种标准各有所长，分别适用于不同的领域。DMT 是全速率的 ADSL 标准，支持 8 Mbit/s 和 1.5 Mbit/s 的高速下行/上行速率，但是，DMT 要求用户端安装 POTS 分离器，比较复杂；而 G. Lite 标准虽然速率较低，下行/上行速率为 1.5 Mbit/s 和 512 kbit/s，但由于省去了复杂的 POTS 分离器，因此用户可以像使用普通 modem 一样，直接从商店购买 CPE，然后自己就可以简单安装。就适用领域而言，DMT 可能更适用于小型或家庭办公室（SOHO），G. Lite 则更适用于普通家庭用户。

1. CAP（Carrierless Amplitude/Phase Modulation）

CAP 是 AT&T Paradyne 的专有调制方式，数据被调制到单一载体信道，然后沿电话线发送。信号在发送前被压缩，在接收端重组。

2. DMT（Discrete Multi-Tone）

将数据分成多个子载体信道，测试每个信道的质量，然后赋予其一定的比特数。DMT 用离散快速傅里叶变换创建这些信道。

DMT 使用了我们熟悉的机制来创建调制解调器间的连接。当两个 DMT 调制解调器连接时，它们尝试可能的最高速率。根据线路的噪声和衰减，两个调制解调器可能成功地以最高速率连接或逐步降低速率直到双方都满意。

3. G. Lite

正如 N1 标准和互用性测试曾推动了 ISDN 市场一样，如今客户和厂商也急切地等待着一项 DSL 设备互用性标准的到来。该标准被称为 G. Lite，也被另称为 Consumer Asymmetrical DSL（消费者 ADSL），它正在由一个几乎包括所有主要的 DSL 设备制造商的集团——Universal ADSL Working Group 进行开发。不过不要将这个标准与 Rockwell 公司 1997 年夏天展示的已不再使用的基于 QAM 的 Consumer DSL 芯片集或者与 Universal ADSL 相混淆。G. Lite 的第一版工作文档是 1998 年 6 月在亚特兰大举行的 Supercomm 贸易博览会上公布的。这项初步的 G. Lite 标准首先由 UAWG 交付表决，然后作为一项建议转交给国际电信联盟 ITU。ITU 当时预计在 1998 年底之前签署认可一项正式的 G. Lite 标准。

未来的 G. Lite 标准的某些细节已经明了，基于该标准的 CPE 也许很快就会出现。G. Lite 标准（即 ADSL）将基于 ANSI 标准"T1.413 Issue 2 DMT Line Code"之上，并且将 1.5 Mbit/s 的下行速度和 384 kbit/s 的上行速度预定为其最大速度。小于那些最大速度的"速度自适应（Rate-Adaptive）"也是该标准的一部分，所以，Internet 服务提供商（ISP）可以提供 256 kbit/s 的对称速度作为一个 G. Lite 连接速度。不过，为了简化设备和供应要求，多数设备将被限制在那些最大速度上。

1.5 Mbit/s 的速度限制虽然与 DSL 的一般被公布的 7 Mbit/s 的最大下行速度相比似乎具有限制性，但它是基于典型客户布线方案的经验测试之上，也是基于可通过 ISP 获得的实际骨干带宽之上。

DSL 线路需要优质铜环，这意味着没有加感线圈，桥接抽头之间不超过 750 m，而一般与中心局之间的距离不超过 5 500 m。如果速度更高，距离要求就变得更加关键，而且线路也更容易被"扰乱者"（和 DSL 线路处于同样线捆中的 ISDN 和 T1 线路）破坏。

虽然 G. Lite 正被宣传为一项"不分离（splitterless）"的标准，但新的标准所面临的工程现实意味着，在一开始可能仍然对分离器、过滤器，甚至新的客户场所布线有所需要。随着 G. Lite 的标准走向成熟，人们更好地理解这些问题，更好地使用厂商芯片，它也许才会更接近于成为一项真正的不分离的标准。

当然，即使处于 G. Lite 速度，常规的 PC 串行端口上的 UARTs（通用异步接收机/发送器）也已不能跟上。因此，使用串行技术的单个用户的外置 PC 调制解调器将会在 PC 上采用通用串行总线端口（Universal Serial Bus），也有可能采用增强的并行端口；路由器和桥接单位则使用以太网；更新一点的芯片集，如 Rockwell 最近宣传的 V.90/ADSL 配对芯片集，将会把 G. Lite 和 V.90 标准结合在一个调制解调器上，为客户提供一项连接配置选择。

带宽是另一项考虑因素。当 Bellcore 于 1989 年首次公布其 DSL 工作时，其目的是为了将 DSL 用于视频点播服务，而不是纯粹的数据通信。

4. 目前的标准

ANSI 提出了速率可达 6.1 Mbit/s 的 ADSL 标准 T1.413，ETSI（European Technical Standard Institute）增加了附件以适应欧洲的需要，称为 T1E1.4，将扩展标准以包含用户端的复用接口、网络配置和管理协议及其他改进。

11.2.4 ADSL 设备的安装

ADSL 安装包括局端线路调整和用户端设备安装。在局端方面，由服务商将用户原有的电话线中串接入 ADSL 局端设备，只需 2～3 分钟；用户端的 ADSL 安装也非常简易方便，只要将电话线连上滤波器，滤波器与 ADSL modem 之间用一条两芯电话线连上，ADSL modem 与计算机的网卡之间用一条交叉网线连通即可完成硬件安装，再将 TCP/IP 协议中的 IP、DNS 和网关参数项设置好，便完成了安装工作。ADSL 的使用就更加简易了，由于 ADSL 不需要拨号，一直在线，用户只需接上 ADSL 电源便可以享受高速网上冲浪的服务了，而且可以同时打电话。

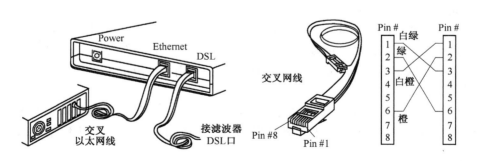

图 11.6   ADSL 的局端线路调整和用户端设备安装

局域网用户的 ADSL 安装与单机用户没有很大区别，只需再加多一个集线器，用直连网线将集线器与 ADSL modem 连起来就可以了，如图 11.7 所示：

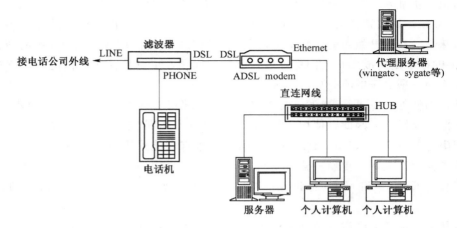

图 11.7　局域网用户的 ADSL 设备安装

11.2.5　影响 ADSL 速率的几个因素

在实际线路中 ADSL 的速率受线路质量的影响很大，特别是下行速率决定线路质量的重要因素包括：线路长度、线缆规格、是否有桥接分接头、线路上的干扰程度，线路衰减正比于线路的长度和频率而反比于线缆直径，因此说明 ADSL 性能时应注明线缆规格和用户线长度。一般来说在 2 km 内，线路长度对 ADSL 速率的影响不是太大，但超过 2 km 后，ADSL 速率随线路长度的增加而急剧下降，ADSL 都具有速率自适应的功能，即根据线路质量动态调整，速率变化是以32 kbit/s为单位的。

距离 S（m）	速率（Mbit/s）
S≤2 700	8.448
2 700<S≤3 600	6.312
3 600<S≤4 800	2.048
4 800<S≤5 400	1.544

11.2.6　ADSL 的发展

中国现有数亿电话用户，全部都是通过铜线接入网络的，这样庞大的硬件基础是发挥 DSL 技术优势的最佳平台，而且实施 DSL 接入方案无需对线路进行改造，可以降低额外的开销。因此，利用铜缆电话线提供更高速率的因特网接入，会更受用户的欢迎。

数字用户环路（DSL）是以铜质电话线为传输介质的传输技术的组合，即利用铜缆用户线实现宽带接入，让高速数据能够在铜缆上传输，这类技术统称为 ×DSL 技术，"×"代表着不同种类的数字用户环路技术，包括 HDSL、SDSL、IDSL、VDSL 和 ADSL 等一系列技术。

各种数字用户环路技术的不同之处，主要体现在信号传输速度随传送距离的不同而不同、上行速率和下行速率是否具有对称性以及不同的应用场合可以采用不同的 DSL 技术这 3 个方面。

×DSL 技术按上行（用户到电信局端）和下行（电信局到用户）的速率是否相同可分为速率对称型和速率非对称型两类。速率对称型的 ×DSL 有 HDSL、SDSL 和 IDSL 等；速率非对称型的 ×DSL 有 ADSL、VDSL 和 RADSL 等。

HDSL 能够在两对双绞线上实现 2 Mbit/s 信号的对称传输；SDSL 能够在一对双绞线上实现 2 Mbit/s 信号的对称传输；IDSL 类似于 ISDN 基本速率接口，可以沿用 ISDN 的终端设备，提供双向 128 kbit/s 的数据、话音综合传送能力；VDSL 可以在 300 m 范围内提供下行高达 50 Mbit/s、上行在 1.5 Mbit/s 左右的传输速率；而 ADSL 可以说是×DSL 技术系列中的杰出代表，是宽带上网首选的×DSL 技术。

表 11.1　几种×DSL 技术比较

DSL 种类	下行（bit/s）	上行（bit/s）	最大传输距离（km）	线对	是否需要分离器
HDSL	2.048 M	2.048 M	5（若使用放大器，可达 12 km）	2	否
SDSL	2.048 M	2.048 M	5（与采用的编码方式和线路质量有关）	1	否
IDSL	128 k	128 k	5.5	1	否
ADSL	8 M	768 k	5（全速率时）	1	是
RADSL	8 M	768 k	5	1	是
VDSL	13.6 或 56 M	6 M 或 13 M	1.5	1	是

ADSL 利用普通双绞线电话铜线，其上、下行速率具有非对称特性，能提供的速率以及传输距离特别符合宽带上网的要求。发展 ADSL 的最初动机是为了利用双绞铜线实现宽带 VOD 业务，而实际上今天 ADSL 的最大市场驱动力是来自高速接入因特网的需要。ADSL 用于因特网接入时提供的是一种有别于拨号接入的专线接入方式，能很好地解决拨号上网引起电话网拥塞的问题。理论上，ADSL 可在 5 km 的范围内，在一对铜缆双绞线上实现下行速率达 8 Mbit/s、上行速率达 1 Mbit/s 的数据传输，能同时提供话音和数据业务，并且 ADSL 的实际速率能根据用户线状况及传输距离进行自适应调整。除了标准的 ADSL 外，一种没有话音分离功能、专门用于数据传输（能提供最大 1.5 Mbit/s 的下行带宽）、价格更为便宜的"Light ADSL"——G. Lite 也已开始走向市场。G. Lite 可以做成 PCI 插卡直接插入 PC。

复习思考题

11.1　什么是 ADSL 技术？

11.2　ADSL 技术的特点是什么？

11.3　ADSL 的业务功能有哪些？

11.4　ADSL 论坛定义了哪几种不同的 ADSL 分布模型？

11.5　ADSL 接入网中的滤波器、modem 的作用分别是什么？

11.6　ADSL 的调制方式是什么？

计算机电信集成 CTI

12.1 概 述

12.1.1 CTI 技术的发展

CTI 是计算机电信集成（Computer Telecommunication Integration）的英文缩写，是指计算机与电信的集成技术。在国外将其称为 CT（Computer Telephone）技术，即通常的计算机电话技术。它随着电信技术和计算机技术的发展而产生发展起来。随着两者的逐步融合，在计算机领域中引入了通信技术，在电信设备中也增加了计算机技术的应用，这就诞生了 CTI（或者说是 CT）这个横跨电信和计算机两大领域的新技术。

CTI 技术可以把电话的通信功能和计算机的数据处理、控制功能融合在一起，实现通信增值服务，从而满足不同用户的需求。目前，国外 CTI 技术的主要应用包括交互式语音应答、呼叫中心、统一消息处理、小型办公等。其应用领域涉及办公自动化、商业、服务行业的产品推销和用户咨询服务、电话声讯服务、电话银行等。

采用 CTI 技术的交互式语音应答系统，不但可以在电话呼叫接通后提示主叫方以按键的方式进行通信，而且还可以接收包括语音输入在内的其他形式的信息输入。交互式语音应答系统可以大大节省时间并解放劳动力。

呼叫中心是国外 CTI 技术最主要的应用领域。在国内，CTI 技术除了上述应用外，在证券电话委托服务中也得到了很好地推广。

从技术上讲，CTI 反映了通信技术与数据传输技术相互渗透的趋势。未来的 CTI 技术将朝着与 Internet 结合、支持多媒体的方向发展。目前已经出现了基于 CTI 技术的 IP 电话、IP 传真以及与 Internet 连接的呼叫中心和统一消息处理系统。其中 IP 电话和 IP 传真给传统的电信行业带来了巨大的冲击，而与 Internet 结合的呼叫中心则可以为电子商务带来更多的发展契机。

CTI 技术从它一诞生开始，就随着电信和计算机技术的发展而不断发展。如今，它已经演变成了不仅仅是计算机和电话的综合，而且还支持传真、Internet、视频、语音邮件等媒体的通信形式，从而成为了计算机与电信的融合。

CTI 跨越计算机与电话两个领域，怎样将它们结合起来，怎样为它们的结合创建条件，CTI 标准无疑成为 CTI 发展中最至关重要的因素。

12.1.2 计算机电话（CTI）的定义

计算机电话是一种将计算机智能结合到收/发电话呼叫中的技术。常规的呼叫是指电话呼入或呼出，而这里的"呼叫"是广义的，是指随着计算机智能结合到收/发呼叫中所产生的语音识别、自动话务员和语音提示技术的呼叫。同样的智能还可以应用到传送电子邮件、视频图像、传真及其他领域，因为它们都可以被称作为呼叫。实际上，呼叫不仅要求实时，更重要的是计算机智能和通信的结合。没有计算机智能，通信只能打打电话。

12.1.3　CTI 技术的应用

计算机与电话集成（CTI）可以把电话的通信功能和计算机的数据处理、控制功能融合在一起，实现增值通信，满足用户需求。CTI 技术应用的领域非常广泛，任何需要语音、数据通信，特别是那些希望把计算机网与通信网结合起来完成语音数据信息交换的系统都会用到 CTI 技术。应用 CTI 的主要有：固定电话网、移动通信网、邮政系统、银行、保险、证券、铁路、公路、海运、航空、旅游、医院、学校、政府、商场、大中型企业、宾馆、酒店、订票系统、拍卖公司、娱乐公司、文化服务系统、长途和市内汽车公司、急救中心、火警、防汛系统、气象中心等。

目前国内外 CTI 主要的应用包括交互式语音应答、呼叫中心、统一消息处理、小型办公/家庭办公等，适用范围涉及办公自动化、商业、服务行业中的产品推销和用户咨询服务、电话声讯服务、电话银行以及居家办公等。其他一些新的应用也正处于推广阶段，如 IP 电话、IP 传真、呼叫中心与 Internet 的结合等。

1. 交互式语音应答（IVR）

交互式语音应答（IVR）设备的基本设计思想，是让用户自己获取信息。这种设备能够"将数据变为语音"，可以让单位（公司、学校、铁路、公路、航空医院、宾馆和政府部门）的数据自己说话，其中也包括按需要收传真（FOD）。

IVR 目前有一个潜在的增值点，即它可以与电子商务结合，其主要做法是：将 IVR 作为公司数据仓库的前端入口。使用电话作为"键盘"，Web 网址就相当于是另一个前端设备。而将 IVR 后端的数据操作和交易处理技术用于 Web 和电子商务。

2. 呼叫中心

传统呼叫中心基础部分是大型电话交换机或自动呼叫分配器（ACD）。基本目标是在最短的时间内处理尽可能多的呼入（某些情况下是呼出）。

另一种应用是非正式呼叫中心和小型、家庭办公室（SOHO）应用。非正式呼叫中心在小型和部门级应用中开始出现。

呼叫中心系统是基于 CTI（计算机电信集成）技术，以电话接入为主的呼叫响应中心，为客户提供各种电话响应服务的。客户通过呼叫中心，利用各种电子终端：电话、手机、呼机、计算机终端、传真机、多媒体查询机等，即可不受时间和空间限制，享受身临其境的服务。也就是综合利用各种先进的通信和计算机技术，对信息、物资流程优化处理和管理，集中实现沟通、服务和生产指挥。最新的呼叫中心是以计算机技术与通信技术融合的、以 CTI 技术应用为核心的呼叫中心。它能使电话用户通过电话机终端访问计算机存储的信息，就像使用键盘和屏幕终端一样方便。

呼叫中心应用广泛，功能强大，具体可分为呼入控制和呼出控制。

（1）呼入控制功能如下：

·智能路由允许呼入信号直接连到最合适的话务员。

·基于呼叫数据，选择能减少话务员和用户建立连接的时间，提高话务员的工作效率以及节省用户通话时间。

·能自动分配呼叫流量，提高利用率。

·语音和数据处理允许一个呼叫由不同的话务员来接转。

（2）呼出控制功能如下：

·CTI能自动拨号和再拨号，并在呼叫遇忙时进行后台等待连接，能缩短话务员的时间。

·屏幕拨号能提高拨号的准确率。

利用 CTI 话务员和用户在拨打电话的同时，还可以收发传真和 E-mail。

3. 电话语音卡

电话语音卡，确切地说，应称为"电脑与电话语音处理卡"，作为公共电话网与电脑的接口设备，近年来发展很快，成为应用很广的通信产品之一。其应用领域从最初的"证券委托"，逐步拓展到邮电通信、信息服务、办公自动化、金融、公安、医疗、商业、娱乐、交通运输、工业生产及社会生活等各个方面，并且还将以更快的速度继续发展。

电话语音技术的崛起是基于通信和计算机技术的发展。第二代电话语音卡的硬件设计及其支持软件中包含数字程控交换技术、语音处理技术、数字信号处理及数据存储技术、计算机用户接口技术等诸多方面，而数字程控交换技术中的时分交换技术和电话接口技术是电话语音卡的基础。

目前，时分交换、各种电信接口、语音压缩、专用或通用 DSP 技术及 PC 接口等方面的技术已很成熟，相应的芯片的价格也适宜，为电话语音卡的发展提供了很好的条件，读者可以把所学到的数字程控交换技术知识与计算机技术知识结合起来，根据市场的需求和用户的需要，设计各种电话语音卡。

4. 统一消息处理系统

统一消息处理的概念就是将现有的消息处理系统（如语音信箱、传真和 E-mail 等）结合在一起，成为单一的多媒体信箱。系统支持统一消息处理的服务器和用户小交换机、局域网相连，联网的 PC 可以综合地接入各种消息系统，支持多种信箱接入方式。未来还将与住宅电话、蜂窝、PCS 及其他无线系统互通。无线业务运营公司应用 CTI 技术为用户提供统一消息处理服务，包括语音信箱等。

统一消息处理系统的优点在于经济实用，具体表现为：

·支持多种信箱接入方式，便于存储和处理。

·与局域网、数据库结合。

·节省设备和通信费用。

·便于各种通信业务的统计管理。

5. 通信板卡

这种全功能的板卡可用于客户引导设备（CPE）交换、统一消息、交互式语音应答IVR、Web 链接和 IP 电话，能够替换传统交换机和自动呼叫分配（ACD）。由于没有更好的术语，而将它们称为基于 Unix 和 NT 的交换机（UnPBXs）。

现在出现了一种新的通信控制器，能够完成所有的基本电话交换功能，同时具有 IVR、统一消息、IP 电话和 FAX 等功能。有很多公司可以提供这类产品，它们中间有些提供部分功能，有些具有全部功能。由于这些通信控制器引入了 CT 中的很多技术，同时具有基本的交换功能，因此，它们属于一个跨越多行业的市场。

12.2　计算机通信集成硬件平台

CTI 是以 PC 机为基础，以电话通信线路为传输媒介的综合技术，硬件部分最主要的是电话语音卡和自动呼叫分配器（ACD）。

12.2.1　电话语音卡简介

电话语音卡的硬件及其支持软件中，包含程控交换技术、计算机技术、语音处理技术、计算机接口和电信接口等诸多方面。

1. 接口

电话语音卡是 CTI 的核心硬件，一般插于 PC 机的扩展槽之中，它既要与 PC 机通信总线相连，又要通过不同的接口与不同的电信线路连接，为了扩展功能，有时还需要在 PC 机内装上多个语音卡，它们之间也要互连。因此语音卡就需要三种接口，分述如下：

（1）计算机接口

在个人计算机 PC 中广泛采用了 4 种总线：

- 8 bit PC/XT；
- 16 bit AT 也称作 ISA 总线；
- VME；
- PCI。

目前除工控机保留 ISA 总线外，PC 机已无 ISA 槽，VME 总线又很复杂，因此中小型系统都使用 PCI 总线，大系统使用 VME 总线。

（2）电信总线—外线接口

根据所接线路不同，电信总线分为以下两种接口：

- 模拟二线电话线接口

使用 RJ11 或 RJ14 端口连接二线电话线路。

- 数字中继接口

中国使用 E1(PCM) 接口，连接 30 个话路的 PCM 一次群线路。

（3）板卡间接口—语音总线

此总线与计算机和电信总线均无关系。它的功能是使音频信号的信令能够在多个语音卡之间相互传输，常用的语音总线有：

- MVIP 多厂商集成协议，是以 MITEL 公司 ST 总线为基础的。它可以把单个计算机内不同厂商的硬件连接起来。
- SC 总线，SCSA 标准的重要组成部分，是 Dialogic 公司的新一代语音总线，它具有 16 个同步串行数据线，可以把单个机架中的设备连接起来。
- H100/H110 总线，是由 ECTF 定义的一种总线标准，比 MVIP 和 SCSA 性能更强大，总线上可传送 4 096 个时隙，速度为 8 MHz（SCSA 为 2 048 个时隙；MVIP 为 512 个时隙）。

2. 操作系统支持

语音卡需要在不同操作系统下工作，因此必须有相应的操作系统支持，具有在该操作系统下的设备驱动程序。

常用的 PC 操作系统有 MS-DOS、Windows 98、Windows 2000、Windows XP、Unix 和 Linux 等。

3. 语音卡应具备的功能

（1）电话系统功能

语音卡要和电话线路连接，因此就要具备电话系统的一些基本功能：

1）摘机检测（应答、开始呼叫）。

2）挂机检测（呼叫结束）。

3）发送拍叉簧信号。

4）发号（发 DTMF 信号或 MF 信号）。

5）呼叫处理分析，确定对呼叫的处理，主要根据检测到的铃流、忙音和呼叫中断来确定做何种处理。

6）呼叫进程监视，对呼叫进行全程监视，以监视在呼叫过程中出现的事件。

7）传真信号音检测，确定是否有传真呼入。

（2）语音处理功能

语音卡的主要功能是语音处理，包括：

1）录制音频信号，存入文件。

2）播放音频文件。

录、放音有不同的方式，可根据要求选用。主要包括：数字化方法、采样频率、编码的比特数和自动增益控制 AGC（要求话音电平高，能有效抑制背景噪声，但又不失真），静音压缩（在录音时去除无声的时间段，以节省磁盘空间）。

3）检测信号音，检测标准的 DTMF 信号音。

4）放音时检测 DTMF 输入。

放提示音时允许输入 DTMF 信号，并在收到 DTMF 信号时中断提示音的播放，而根据收到的 DTMF 信号做相应的处理。

5）录音、放音时的出错处理

这里所说的出错，是指人的语音中出现了与按键发出的信号音（DTMF 信号）相同的频谱分量，被 DTMF 信号接收器接收，语音卡误认为用户按下了某一按键，可能会中止录音，而转入另一菜单选择，解决的方法有以下两种方法：

·录音时限制某些按键音（DTMF 信号）的检测，例如接"♯"表示录音的结束，则在录音过程中，只检测"♯"，这样可以减少错误检测的概率。

·规定按键信号音（DTMF 信号）的时长，对于持续时间小于规定时长的语音中与 DTMF 收号器频谱相同的信号不予接收。一般 DTMF 收号器中都有"时间防护"电路，就是为了减少产生错误的概率的。

6）语音识别，即语音—文本转换。

7）语音合成，把任意文本输入转化为声音输出。

8）会议电话功能，连接多个用户，实现多方通话。

（3）传真功能

主要的 FAX 功能有：

1）录制传真数据，存入文件。

2）取出传真文件的内容，向外发传真。

3) 格式转换：把 ASCⅡ 文本或图形格式文件转化为传真格式并发送出去。

12.2.2　电话语音卡的种类

语音卡的种类很多。按照可接外线不同，语音卡可分为模拟语音卡和数字语音卡两种。按使用功能可分为语音卡、连接卡、人工座席接口卡、会议卡和传真卡等。

1. 模拟语音卡

模拟语音卡可直接与模拟电话线路相连，通话数 4～16 不等，能实时、高效地处理多条线路上的多个任务，准确可靠地收发 DTMF 信号及其他信令。可在录音和放音时同时响应 DTMF 信号的输入。

模拟语音卡通常都带有嵌入式的双处理机结构，例如摩托罗拉公司的 DSP56001，Intel80186。

2. 数字中继语音卡

数字中继语音卡集数字中继 E1 接口和 30 线语音处理器于一体，支持中国 1 号信令，能实时高效地进行独立语音处理，并只具有内在的数字交换功能。

由于要处理的信息很多，这种板上多采用有多个信号处理器（4 个 Motorola DSP56002）和通用处理器（2 片 Intel 80486）组成的嵌入式多处理机结构。

带有 SC 总线，可与 SC 总线上的统一通道交换信息。这种语音卡能够准确、可靠地进行 DTMF 信号检测，可在录音和放音时，响应 DTMF 信号输入的数据，并对其进行相应的处理。可以通过编写程序，生成不同频率和不同断续周期的信号音，检测出各种信号音，例如忙音、通知音等。典型具有代表性的产品是 Dialogic 公司的 D/300E1。

3. 人工座席接口卡—MSI/SC

这种卡用于连接人工座席，是呼叫中心的主要设备，可直接把多达 24 个模拟座席电话机（或 modem，传真机）联入计算机，卡上装有铃流设备，用于向座席振铃，具有多种功能：

- 内部数字交换功能。
- 事件检测功能，使应用系统及时控制呼叫的建立和结束。
- 可编程控制音量功能，使应用系统能控制线路音量。
- 电话会议功能，可支持 2～8 个的多方会议。
- 监听功能。

4. 会议卡

这种卡用于实现会议功能，它能在开放的 PC 平台上建立高语音质量的全双工会议系统，能在任何时间决定由哪个与会人员发言。具有下述功能：

- 最大可支持 32 方会议。
- 监听功能，可以对会议进行监听。
- 发言人状态监视，确定哪个与会者在讲话。
- 降噪功能。
- 自动音量增益控制功能。

典型产品为 Dialogic 的 DCB/SC。

5. 传真卡

代表性产品是 GammaLink 公司的 Gamma Fox 多线传真卡，可用最小的空间传送更多的传真文件。

这种卡提供了高达 14.4 kbit/s 的收发传真速率，并支持 V.17 和 V.33 调制，即使在噪声很大的电话线上也能有很高的传输速率，具有下述功能：

- 与 Group3 传真协议兼容。
- 可实现多通道传真，传真图像清晰。
- 卡上为每一条线提供 512 KB 内存。
- 后台操作，即收发传真时，主机可处理其他任务。
- 可与其他符合 SCSA 标准的语音卡兼容。
- 提供强有力的 GammaPage 工具，可将页描述语言（如 PostScript）转化为传真格式。

12.2.3　自动呼叫分配器（ACD）

1. ACD 的定义

ACD 是英文 Auto Call Distribution 的缩写，意为自动呼叫分配器。在一个呼叫中心系统，ACD 成批地处理来话呼叫，并将这些呼叫按业务种类分配给处理相应业务连线的小组，小组内的坐席（话务员）按"连选"方式连接，所谓"连选"是指他们都使用同一个号码（业务号码），并按一定的业务规则接待来话呼叫，将来话接到空闲的话务员。

2. ACD 的功能

ACD 一般应具备下述功能：

（1）程控交换功能：因为 ACD 要对来话呼叫进行分配，就必须要有交换功能，把来话呼叫交换到它应接的坐席上。

（2）排队功能：ACD 应能对所有来话进行处理，就必须按照"先来先接"的原则进行处理，对于同时进入的呼叫，则应按线路序号，先接序号小的外线，在内线已经很忙的情况下，外线再打来电话时，按一定的规则进行排队，并送通知音或音乐请用户等待，在内线有空闲时，按排队顺序接入。

（3）路由功能：来话呼入可以根据一定的路由规则转发出去。

（4）支持 CSTA 协议：这是 ACD 必要的功能，是交换系统与计算系统的粘合剂。

CSTA 是"计算机支持电信应用"英文的缩写，它强调了计算和交换的灵活性，双向通信和分布模型。由于 ACD 支持 CSTA 协议，因此它与一般交换机的区别就在于：一般交换机是一个封闭的系统，由自身内定的规则进行交换接续，而 ACD 是一个开放的系统，根据主控计算机的命令进行接续，这使得 ACD 有更大的灵活性。

一个 CSTA 应用包括计算组件和交换组件两部分。

CSTA 协议，定义计算机功能和交换功能相互交换的机制，而不依赖于它们的物理实现。

计算机组件的功能由计算机（一台或多台互连）来实现，而交换组件的功能由交换机（一台或多台互连）来实现。

12.2.4　CTI 系统的硬件配置

在不同的通信环境都可以建立 CTI 系统，这里以 CTI 分支 IVR 为例介绍具体配置。

1. 独立的模拟线接口

这是最简单的 IVR 配置，如图 12.1 所示。

来自电话交换局的模拟用户线，与交互式语音应答设备直接相连，用来应答通过电话局来的呼叫，多用于查询系统。

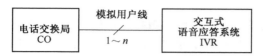

图 12.1　最简单的 IVR 配置

为方便用户查询，当业务量大时应设多条模拟线路，但查询号码应为一个。在电话局一侧使用"连选"，连接模拟线路。

2. 数字接入

当业务量很大，需要多条线路时，可以选用数字中继线（E1 接口），一对双绞线传送 30 个时隙，可用两种方法：

（1）选用数字语音卡将数字信息转化为 30 路模拟信号，然后接 IVR。

（2）采用 PCM 终端设备代替数字语音卡，由于 PCM 终端是传统的数模转换设备，它能进行数字模拟信号之间的转换，所以它与 IVR 之间的连接与图 12.1 一样，如图 12.2 所示。

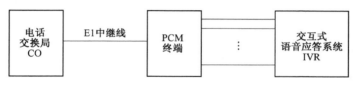

图 12.2　数字接入

3. 小交换机 PBX 之后的 IVR

交互式语音应答系统 IVR 不直接连接电话交换局而是经小交换机连接电话交换局。连接方式如图 12.3 所示，小交换机具备语音提示功能。

图 12.3　小交换机 PBX 之后的 IVR

具体呼叫过程如下：

（1）CO 中继来话。

（2）PBX 应答呼叫。送提示音：请拨分机号，×××（例如学生信息查询）请拨 XX（例如 80），查号请拨"0"。

（3）CO 来话拨 XX。

（4）IVR 应答，根据来话用户要求，提示用户所需信息。

在这种配置的情况下，要注意 PBX 是否能传递拆线信号，即主叫用户挂机，PBX 能否传递拆线信号给 IVR 设备，如果使用这种 PBX 时，IVR 应采用相应的措施，如要求用户挂机前按"♯"键，通知 IVR 要挂机，或者 IVR 在收到某种信号后，设置时间监视。

《IVR 教学实验系统》按此种方式连接，提供学习实验的平台。

12.3　计算机通信集成软件平台

CTI 系统的软件平台涉及操作系统、数据库系统、报文系统和 Internet 操作平台。

CTI 软件编程接口（API）数量很多，其中最常用的是由 ECTF 提出的 S.100 和 Microsoft 公司的 TAPI。

12.3.1　操作系统

操作系统是 CTI 系统的基础支撑平台。CTI 中常用的操作系统有 MS-DOS、Windows NT/2000、Windows 9X（95/98/Me）、Unix 和 Windows XP。

1. MS-DOS

MS-DOS 是较早的操作系统，在许多情况下，MS-DOS 仍是呼叫处理应用的优秀平台，MS-DOS 占用的系统资源（如内存和 CPU 周期）很少，采用较慢的 CPU 和较少的内存就可支持多条线的服务，适用于较小的 CTI 系统。如果客户机和服务器软件在一台 PC 上运行，缺少 GUI 是 DOS 的一大问题。另外没有多任务支持，缺乏 API 和服务器软件难于编写，也是 DOS 不足之处。

2. Windows NT/2000

Windows NT 对多任务的支持是预占式的。即使处理器正处理另外一个费时的任务，程序也会有规律地被处理并执行。

Windows NT 速度较慢，原因是多任务和进程内的保护机制会占用大量 CPU 时间资源。另外，Windows NT 也不是实时操作系统，即相应事件发生后，多长时间以后能处理得不到保证。其实除了 DOS，其他几种流行的操作系统也都不是实时的。

3. Windows 9X（95/98/Me）

Windows 9X 与 Windows NT 相当类似，在预占式多任务环境下支持 32 位程序。差别是 Windows 9X 小而快，它的优点是具有完善的多任务机制，支持 32 位程序，具有 Windows GUI，比 Windows NT 规模小、速度快。

4. Unix

Unix 有完善的预占式多任务环境，支持 32 位应用程序。而且在特定应用环境（Internet TCP，Informix 等数据库）互连性好。Unix 是许多电话公司的标准语音处理操作系统。

Unix 的不足是 GUI 效果差，呼叫处理和内部通信处理速度较慢。

5. Windows XP

Windows XP 是微软公司继 Windows 2000 之后推出的又一个 Windows 版本，是一种基于 NT 技术的纯 32 位操作系统。Windows XP 对系统的稳定性和设备的兼容性提供更好的支持，吸收了 Windows 2000 的即插即用功能，支持更多的硬件技术，包括增强的 PS/2 和 USB 技术、新出现的使用 IEEE 1934 接口的音频/视频（A/V）设备。提供了系统恢复、程序回滚和动态更新等功能。

Windows XP 是目前应用最广泛的操作系统。

12.3.2　数据库系统

在 CTI 系统中，数据库占据着重要的地位，用户通常需要 CTI 系统从数据库系统中搜集大量的信息。数据库系统同操作系统一样是 CTI 系统的基础平台。详细的数据库设计超出了本书的范围，本节仅介绍一下数据库的基础知识，为设计 CTI 系统打基础。

1. 数据库的基本概念

所谓数据库（Database）是指按一定组织方式存储在一起、相互有关的若干个数据的组合。简单的说，数据库就是信息的仓库，它由一个表或多个表组成。表（Table）也是一种数据库对象，它是由具有相同属性的记录（Record）组成的，记录是由一组相关的字段（Field）组成的，字段用来存储与表属性相关的值。

所谓数据库管理系统（Database Management System）是一种管理数据库的大型软件，简称 DBMS，例如，大家熟知的 Access、SQL Server、Oracle 等。它们建立在操作系统的基础上，对数据库进行统一的管理和控制。其功能包括数据库定义、数据库管理、数据库建立和维护、与操作系统通信等基本功能。DBMS 通常由数据字典、数据描述语言、编译程序、数据操作（查询）语言、数据库例行程序等组成。

按 DBMS 对数据的组织形式，数据库有多种结构。最常用的是关系数据库。

2. 关系数据库

关系数据库是以关系模型为基础的数据库，因此，关系是关系数据模型的核心。

关系数据库实质上是根据表、记录和字段之间的关系进行组织和访问的一种数据库，它通过若干个表来存取数据，并且通过关系（Relation）将这些表联系在一起。关系数据库通过结构化查询语言（SQL）进行数据操作。

（1）基本概念

1）表（Table）

它是由行（Row）和列（Column）组成的数据集合，是一种按行和列排列的相关的信息的逻辑组。表是一种数据库的对象，可以具有许多属性。例如：职工的基本情况表（见表12.1），包含了有关职工的一系列基本情况的信息，如姓名、个人编号、单位编码、性别、出生日期等等。

表 12.1　职工的基本情况表

单位编码	个人编码	姓　名	性别	出生日期
01012	2001001	邵　虹	女	1978
01012	2001002	朱黎民	男	1973
01012	2001003	袁　苗	女	1983
01012	2001004	张启辰	男	1968

2）字段

字段是标记实体属性的符号集。数据库表中的每一列称为字段。表是由其中包含的各种字段定义的，每个字段描述了所包含的数据。常见一个数据库表时，为每个字段分配了数据类型、最大的长度和其他的属性。字段可以包含各种字符、数字或者图形等，如表12.1中共有 5 个字段：单位编码、个人编号、姓名、性别和出生日期，它们的数据类型可以各不相同。

3）记录

记录是一组用于存储相关数据的有序集。在表12.1中的每个人有关的信息是放在表的各个行中，每一行都称为一条记录。在数据库中，一般情况下是不许有完全相同的记录，即不能有完全相同的两行。

4）关键字

关键字就是表中为快速检索所使用的字段（或多个字段）。关键字可以是唯一的，也可以不是唯一的，这取决于是否容许重复。主关键字是用来唯一标识表的每行，它是不容许重复的。只有把表里一个字段定义为主关键字后，才可以在数据库里建立这个表和其他表的关系。每张表中至少应有一个主关键字。

5）索引

索引是根据数据库表中索引记录的值对数据库表中的记录进行分类。为了提高存取效率，大多数数据库都使用索引。数据库表的索引是比搜索更快的排序列表。通常在存储记录的空间外另开一个存储区用来存放索引，索引中列出全部索引记录的值及其相应的记录的地址。实际上，索引就是索引记录的值的位置到记录位置的一张转换表。当与数据控件一起来使用表类型的记录集时，表的主索引可用来加速检索操作。

6）关系

关系通常定义两个表如何相互联系的方式。数据库可以由多个表组成，表与表之间可以用不同的方式相互关联。定义一个关系时，必须说明相互联系的两个表中哪两个字段相连接。一个关系中相连接的两个字段分别是主关键字和外部关键字。所谓的外部关键字是指与主表中的主关键字相连接的表中的一个关键字。

（2）关系数据库的分类

关系数据库一般可以分为两类：

一类是桌面数据库，例如 Access、Paradox、FoxPro 和 DBASE 等；

另外一类就是客户/服务器数据库，例如 SQL Serve、Oracle 和 Sybase 等。

一般而言，桌面数据库主要用于小型的、单机的数据库应用程序，也是初学者常用的数据库类型。它不需要网络和服务器，因此实现起来比较方便，但同时也只提供数据的存取功能。它主要用于那些小型的、单机的、单用户的数据库管理系统。

客户/服务器数据库主要适用于大型的、多用户的数据库管理系统。客户/服务器数据库应用程序可以分为两部分：一部分驻留在客户机上，用于向用户提供信息以及实现与用户的交互；另一部分驻留在服务器中，主要用来实现对数据库的操作以及进行具体的运算。因此，客户/服务器数据库应用程序中的数据库不仅仅具有数据库存储功能，还同时具有数据处理功能，例如检索、执行查询等。

在客户/服务器数据库中，对数据的操作是通过存储过程（Stored Procedure）来实现的，所谓存储过程就是指保存在数据库中的用 SQL 语言编写的程序段。实际上桌面数据库也可以在服务器上供多个用户同时使用，但由于桌面数据库只提供了数据存取的功能，因此，数据库文件中被申请的数据都将被传送到客户机上，在客户机中进行查询。而在一般的情况下所获得的结果仅仅是被申请的数据中的很小的一部分，这无疑会增加网络的流量，并减低应用程序的性能。

不仅仅是通过查询获得数据会增加网络的流量，对于桌面数据库的诸如添加、删除、修改等操作都会增加网络的流量。例如要修改数据库中的某一个数据，就需要将该数据库表中的所有数据都取到客户端，经过修改以后再将全部数据传送到服务器中。因此，桌面数据库只适用于小型的、单机的数据库管理系统，而不适用于大型的、多用户的数据库管理系统中。

与桌面数据库应用程序相比，客户/服务器数据库主要具有以下的优点：

因为只有一个数据库服务器与数据交互（而不是桌面数据库的多个备份），所以对数据库表中数据的操作更可靠、更强健。

极大的提高了某些操作的性能，特别当用户工作站是只有很慢的处理器和较少内存的低档计算机时。例如，在高档服务器上运行一个很大的查询，可能比在典型工作站上快好几倍。

由于数据传输更有效，所以减少了网络的通信量，有利于提高应用程序的整体性能。

客户/服务器数据库还提供了事务日志、先进的备份功能、冗余磁盘阵列和错误恢复工具等管理工具。

客户/服务器数据库的这些特点决定了它比较适合于创建大型的、分布式的、多用户的数据库应用程序。在实际数据库应用程序开发过程中，首先要根据实际情况决定采用哪一种数据库类型。

（3）设计原则

在设计关系数据库过程中，数据库中的每一个表都必须符合以下几个特征：

· 表中的每一个单元的内容只有一个值。
· 所有字段的名称都不相同。
· 记录的前后次序和字段的左右次序可以改变，不受限制。
· 数据库中表的上下次序不受限制。
· 表中不应该有内容完全相同的记录。
· 表中的每一个字段都必须有相同的数据类型。
· 表中的数据必须规则完整。

对于一个数据库，为了数据本身的完整，必须设置许多规则。例如，在建立一个人事管理信息系统时，假设这个人事管理信息系统中的某个人，他有多个属性，他有职工编号、职工姓名、年龄、性别、出生日期等等，那么，对于职工编号，可设为整型的或者是字符型的、职工姓名设为字符型、年龄设为整型、性别设为布尔型、出生日期设为日期型。大家知道对整型或者是字符型的变量，它的取值是可以为正、为负的；但就常识而言，职工的编号只能为正整型，不能小于 0，如果一个人的编号小于 0，那么数据库或者受到了破坏，或者发生了错误。同理，对职工姓名、年龄、性别、出生日期等等也会有各样的不只遵循数学上的规定，而且，还要遵循现实情况等等的规则。这些都是表中的数据必须遵循的规则。

在设计数据库表时必须规范化。数据库设计者的任务就是组织数据，而组织数据的方法应能消除不必要的重复，并为所有必要的信息提供快速查找路径，为了达到这种目标而把信息分离到各种独立的表中去的过程，叫做规范化。

规范化可以是用许多指定的规则和不同级别的范式来进行的复杂过程。大多数简单数据库的规范化可以用下面简单的经验规则来完成：包含重复信息的表必须分成独立的几个表来消除重复。

满足数据的完整性。所谓数据完整性就是要限制数据库内可能出现的值以保证数据库的有效性。要做到数据完整性，要注意以下几点：

实体完整性。实体的主关键字段的任何部分不能为空值（Null）。"空值"在这里是指未知或者是不存在，保证主关键字段的属性不空与关系模式用主关键字唯一识别元组是统一的，只有这样才能体现用关系来描述实体。

参考完整性。如果在一个表中含有同另一个表中的主关键字相对应的字段，那么，这个字段上的值必须。

· 取空值，即这个字段的值都为 Null：

· 等于另一个表中的主关键字的值。

用户定义的完整性。实体完整性和参考完整性用于任何关系数据库系统。用户定义的完整性则是针对某一具体数据库的约束条件，由应用环境决定。它反映某一具体应用所涉及的数据必须满足的语义要求。

3. 常用数据库产品

(1) Microsoft Access

作为 Microsoft Office 2002 组件之一的 Microsoft Access 2002 是微软公司开发的 Windows 环境下桌面型数据库管理系统。使用 Microsoft Access 2002 无须编写任何代码，只需要通过直观的可视化操作就可以完成大部分数据库管理任务。

(2) SQL Server

Microsoft SQL Server 是一种典型的具有客户机/服务器技术架构的关系型数据库管理系统。Microsoft 在提供 SQL Server 产品的同时，还提供了极其丰富的数据库工具集。他们通过增强 SQL Server 工具集的功能和易用性两个方面来发扬他们的传统。程序员使用这些工具可以高效地开发出大型的数据库应用程序。但 SQL Serve 只能在 Windows 平台上运行。

4. SQL 语言

SQL 数据库操作语言是 CTI 编程人员必须掌握的基本功能之一。所以本节对 SQL 作简要的说明。

SQL（“结构化查询语言”的缩写）语言是只用于访问和操作数据库中数据的语言。

SQL 语句由命令、子句、运算符和合计函数结合起来组成的语句，用来创建、更新和操作数据库。

任何 SQL 命令都是由以下的几种命令开头：select、create、drop、alter、insert、delete 或 update。主要使用这些命令来指定所要进行操作的类型。

select 命令：用于在数据库中查找满足特定条件的记录。它是所有 SQL 命令中最常用的一个命令。select 命令可以生成一个数据库中一个或多个表的某些字段的结果集合。

create、drop 和 alter 命令：用于操作整个表。其中 create 命令用于创建新的表、字段和索引，drop 命令用来删除数据库中的表和索引，alter 命令通过添加字段或改变字段定义来修改表。

insert、delete 和 update 命令：主要使用于单个记录。其中 insert 命令用于在数据库中用单一的操作添加一个记录，delete 命令用于删除数据库表中已经存在的一个记录，update 命令用来修改指定记录或字段的值。

12.3.3　语音合成

语音合成（TTS）是语音应用系统的关键组成部分。最初的语音应用，大部分是通过录音的方式实现的，合成的词语仅限于特定的短语，如 0～9 数字、月、日、年、元、角、分等，通过把这些短语录音拼接成大的录音文件，就可以把数据库的有关内容动态地播报给用户，例如，用户银行账户的存款。这是比较原始的但仍被广泛使用的方式，其优点是简捷而且话音发音准确。由于统一消息等现代系统的需求，对任意文字组合转化成语音的研究开始走向商品化，例如科大讯飞的 Inter phonic CN 语音合成系统。

1. 特定短语发音

语音处理系统经常需要向用户播报一些信息，这些信息通常是把一组预先录制的小声音片断（词汇表软件中称为词汇文件）按一定的顺序组成特定短语，然后播放出去。语言处理系统中常遇到的特定词组有：

- 火车时刻　例如："T39 次列车，正点 15:10 到站"。
- 日期和时间　例如："期末考试在 7 月 2 日上午 8 点举行"。
- 时间、温度和预报天气　例如："现在时间是上午 8:27，温度是 28 摄氏度"。
- 银行信息　例如："您现的存款余额是贰千壹百贰拾叁元"。
- 电话号码　例如："王虹的电话号码是 62626238"。

注意，以上数字都是根据具体情况组合出来的。

2. 短语的构成

短语的构成一般而言符合如下模式：你有……条消息。

实际作法是在"……"中填加数字，短语的组成结构分三部分："你有"、"一个完整数字（如 0，1，2…组成）"及"消息"，录音时" "你有"这部分可以读得稍微轻一些，用户会接着往下听，而"消息"可读得重一些，用户能感觉到句子的结束。

句子中"……"这部分读音可以用单个数字拼读，再好的系统设计也会听出一些人工语音合成的味道。如果这部分数字可能的组合比较少，为了得到更自然的声音，可以把所有的组合都录下来。例如：假设消息不多于 99 条，这时可录 100 个完整的句子：

"您没有新消息"；

"您有一条消息"；

"您有两条消息"；

……

"您有九十九条消息"

然后根椐实际的消息数目，确定播放那个句子的录音。

经常出现的特殊短语构成有：

- 所有数字　如：1，2，3……
- 序号数字　如：第一，第二，第三……
- 日期　如：1 月 1 日
- 时间　如：上午 11 点 35 分
- 日期/时间组合　如：1 月 1 日上午 11 点 35 分
- 钱款　如：60 元 1 角 4 分
- 数字和数字串　例如：账号，每个数字分开读（"1234"读作 1，2，3，4 而不是 1 千 2 百 3 拾 4)
- 电话号码　这是特殊的数字串。电话号码的位数通常是固定的如三位分机号，八位本地号码，三位长途区号)

增加词汇文件的数目，可改善生成数字的发音质童，例如：0～99 可以分别用录音文件表示，单独录音的"24"要比分别拼读的"2"、"4"听起来自然得多。0～99 是最为频繁使用的数字。当然特定的系统应用，也许前二三十个数就够用了。

12.4　计算机通信集成系统应用

集成技术是正在飞速发展的技术，目的是为通信网提供增值业务。CTI 的应用包罗万象，涉及各行各业，如邮电通信、交通运输、金融、卫生医疗、行政管理、商业运行、电力、娱乐和教育等。CTI 技术应用也可按应用的性质来划分，如自动总机、语音信箱、传真回复、呼叫监听、可听文本、呼叫中心等等。

CTI 应用没有标准的设计方法。CTI 设计因设计人员、应用领域等因素的不同而不同。但大多也遵循一些习惯。如 CTI 系统中的 IVR 多是建立在 PC 平台上，前端多采用 ACD 作为交换平台，多采用 SCSA 标准的 SC 总线作为语音/传真等模块之间的连接通道等。

本章介绍几个有关 CTI 应用的实例。比较详细说明具有代表性的应用示例 IVR 的设计细节，其余应用主要描述系统所应具备的基本功能和设计实现流程图，目的是使读者能了解CTI 设计的有关问题，同时开拓视野，根据市场的需求和用户的需要，设计出新的应用。

由于在 CTI 系统中 IVR 占有重要的地位，同时要考虑的因素也比较多，因此，本章将重点描述在设计 IVR 系统中要考虑的因素，以及软、硬件的设计方法。

12.4.1　设计 IVR 应用系统要素

1. 用户"界面"设计

用户接口是用户使用该系统的操作方式。成功的系统必须有好的用户接口。IVR 系统应努力使系统用起来更方便、更有效，用户接口更友好。本节对如何设计一个好的用户接口，如何避免一些误区，给出一些方法和建议。

（1）菜单

个人计算机应用领域，用户与应用程序之间的交互通过计算机的输入输出设备—显示器和键盘来进行。在显示器上显示程序的选项。无论是 Windows 系统下的图形用户界面，还是基本字符处理的 DOS 系统，都会在屏幕上列出一组可供使用的命令。这就是菜单驱动技术，即用户可以选择屏幕菜单上的一系列选项来运行任何命令。当然对于熟练用户而言，可以采用由功能键组合成的快捷键来完成同样的功能。

以上原则同样适用于 IVR 系统的用户接口。提供菜单给呼叫者，使其能实现系统所提供的功能。但这里不再是通过屏幕显示，而是用声音提示。IVR 系统"菜单"采用预先录制好的一连串声音提示，例如：实现某功能，请按 1，实现另一功能，请按 2；返回主菜单，请按♯键，这种菜单可称作"语音菜单"。

为了节省时间，要允许用户在任何时刻按数字键来终止"语音菜单"（提示音）的播放，这样呼叫者并不需要听完整个菜单，只要知道了他所要的功能按某一数字键时，就可以按该数字键实现他要求的功能。

"语音菜单"，即提示音，也可以采用另外一种形式播报：先说出拨号键，然后说出相应的功能。理由是呼叫者首先记住数字，然后才决定是否选择此功能。例如："按 1，实现某功能；按 2，实现另一功能；按♯键返回主菜单。"

"语音菜单"不要过长，一个菜单内不要设置太多的功能选项。一般而言，选项不要超过三个。如果一个菜单内设置太多的功能选项，用户在听取一串冗长的菜单描述后，再选择一个，往往令人产生烦躁情绪。另外听很多选项（往往是不相关的选项），也会加长呼叫完成的时间，影响并减少系统单位小时同时服务次数。

合理安排选项的顺序，把常用的放在前面，不常用的放在后面，也可以减少呼叫完成的时间，增加系统单位小时同时服务次数。

（2）助记式菜单

顾名思义，"助记"指的是采用某种方法，帮助记忆。IVR 的菜单，也可以使用电话机键盘上的字母来表示，更便于使用和记忆。如数字［2］上的 ABC，一直到数字［9］上的 WXY。收听语音信箱内的消息时，可能的菜单选项是：消息存储；消息删除；消息转发。用"S"代表存储（Save），用"D"代表删除（Delete），用"F"代表转发（Forward）。由于"S"在数字键 7 上，可以考虑如下菜单选项：

- "消息存储，按 7 键"；
- "消息存储，按 S 键"；
- "消息存储，按 S，即 7 键"。

这一种方法，优点是明显的，呼叫者便于理解和记忆，因为［7］代表"Save"。

当然，助记式菜单也有一些问题，因为字母表分布在八个键上，易引起混淆。如"D"代表删除，"F"代表转发，而"D"和"F"都位于［3］键上。

（3）字符串输入

许多系统要求呼叫者输入一串数字：比如分机号、信用卡号、PIN 号码、股票号以及出生日期等。这是一个易于出错的过程。主要原因是呼叫者使用的输入工具不是计算机键盘，而是电话机上的按键，而电话机上的按键无法修正、检查输入的数字串正确与否，并向呼叫者回应一个可闻的证实消息。

一种可行的做法是采用一个"♯"来删除已经输入的数字串，并开始输入一个新的数字串。以信用卡业务为例，系统接收数字串后等候一个"♯"键音。如果呼叫者按"♯"键，表明呼叫者欲重新输入一个数字串。设计时要弄清楚软件开发工具是否支持这种数字串截取功能。

可能的情况下，设计系统时弄清楚呼叫者输入的数字串包括几位数字，这样系统确信已收到最后一位数字时，可立刻予以响应。

如果在数字串接收完毕前，确实无法确定需要接收多少位数字，可让呼叫者指示字符串结束。如数字输入完毕后，再接一个特殊字符（常用"＊"号）。在软件中插入检测"＊"的语句。这样，未知长度的字符串可用"＊"来指明结束。有时，也可以提示呼叫者输入字符串的位数，更能方便呼叫者输入正确的信息。例如："请输入三位分机号"。显然优于提示："请输入分机号"。

（4）总体结构

许多 IVR 系统在接收呼叫时，先播放一段问候语，例如"欢迎使用××××系统"后播放提示菜单。

有些应用（如按呼叫次数付费）系统带有警示性的提示，即给出呼叫的费用，并允许用户选择挂机退出，而不收费，如：

"你现在呼叫的是××××电话。此电话每分钟收费 0.3 元。如果您现在挂机，可以不付费"。

另一方面，系统的主菜单，会列出许多选择，如：

"欲知最新的新闻，请按 1；欲知娱乐信息，请按 2；欲留存消息，请按 3；欲知系统使用说明，请按 4；另外可随时按 ∗ 键，返回主菜单"。

系统运行过程中，问候语只在呼叫刚接入时播放一遍，但可能多次进入主提示菜单。能够从系统运行的任何状态返回主菜单，会给呼叫者带来很大的方便，如按下 ∗ 键。呼叫者即使对如何操作不知所措，或选择了错误的选项，都能简单地返回并重新开始。所以应该在系统的任何位置均可方便地返回主菜单。

由于许多工具软件采用层次结构，所以实现这个功能可能是很难的。许多 IVR 系统的菜单结构很像树形结构。

呼叫者按如下路径达到 A 点：主菜单下选择"3"，到达菜单 M1 然后选取"1"，到达菜单 M2；再选择"3"。利用许多编程工具，树形菜单结构可采用程序结构，如 Switch _ Case 这类层次函数调用来实现。使用这种编程方法，回到相邻上一级菜单很容易，如从 A 点返回到菜单 M2。但从 A 点直接跳主菜单，并不遵循树形结构，需要特殊的编程技巧和周密的考虑。

2. 性能考虑

建立以 PC 为基础的语音系统要选择合适的计算机硬件，其中涉及的主要问题有：
- 系统支持的电话线数；
- 硬盘的容量和速度；
- CPU 的类型和速度；
- 扩展槽的数目；
- 内存的大小；
- 其他适配卡（如 LAN、视频卡等）。

本节将简单地讨论一下如何确定电话与硬盘容量。

（1）电话线数的确定

IVR 系统到底需要连接多少条电话线才合适，是一个比较重要的问题。显然，连接的线路数相当于系统能同时提供的呼叫数目。该数目越大，呼叫阻塞的机会越小，系统越有可能向用户提供满意的服务，但系统相对应的成本越高。然而如何确定系统连接的线路数呢？

对 IVR 系统的呼叫，一般集中在一段时间，因此要想使 IVR 达到满意的服务质量，必须考虑 IVR 系统呼叫高峰期时的线路数量。

电话线数的确定，可以参照交换机计算中继线的方法，根据呼叫高峰时的话务量（忙时一小时内呼叫次数×每次呼叫平均时间）A 和允许的呼损查爱尔兰表或采用下述近似公式计算，设电话线数为 M，则

$$M=5.5+1.17 A \quad 呼损=0.01$$
$$M=7.8+1.28 A \quad 呼损=0.001$$

（2）硬盘容量

硬盘容量的计算相对比较容易，也比较简单，主要考虑有多少分钟的音频数据要写入音频文件。硬盘容量的需求与音频信号数字化的方法有关。

12.4.2　声讯服务（IVR）

邮电、交通运输、金融、卫生及保险等服务性行业都可能有自己的电脑语音系统，完成相应的信息服务，如自动总机、语音查询及外拨催告等。

本节以中小学学生信息查询为应用背景，介绍这类应用。其他行业的应用也类似。

1. 系统功能

声讯服务系统的主要功能有：

·总机转接　与电话交换机连接，提供自动的总机转接服务。

·语音查询　执行自动总机及语音查询功能，可查询学生考试成绩、作业和出勤情况等。

2. 系统结构

声讯服务系统的结构如图 12.4 所示。

3. "自动语音查询"流程

"自动语音查询"流程如图 12.5 所示。

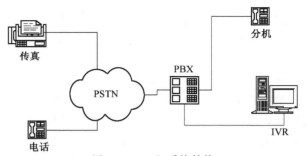

图 12.4　IVR 系统结构

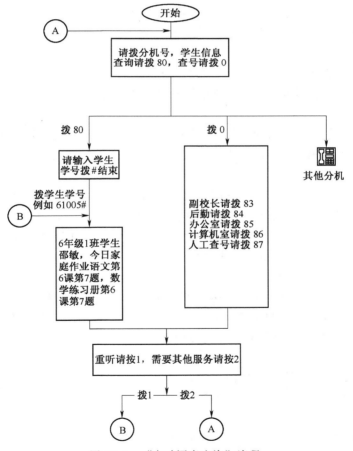

图 12.5　"自动语音查询"流程

4. 系统设计

IVR 设计包括硬件设计与软件编程两部分。

因为 IVR 内装有数量庞大的数据，故应使用计算机的巨大存储功能，使用成熟的数据库软件对数据进行录入、修改与查询，这部分的功能完全由软件实现。电话方面的功能，可由软件和硬件共同实现。

（1）软、硬件分工

在软、硬件分工上，要根据实时性要求全面考虑，尽量用软件实现功能要求，以提高灵活性和降低成本。而对于那些运行非常频繁，而又要占用很多机时的操作，或编程困难，要占用很多开发时间，而且有现成芯片可以实现该功能要求时，则应使用硬件实现该功能要求，以简化软件，缩短软件的编写与调试时间，从而缩短整个开发时间，并提高整个系统的可靠性。

在具体的软、硬件分工上，则主要靠大量的设计实践经验，通过对比来确定。

根据功能要求，这个系统应当是一个计算机电话集成系统，它以计算机为基础，按照功能要求，设计板卡，插于计算机内（也可以外置），编写相应软件来构成这个系统。因为IVR内有数量庞大的数据，需要很大的存储空间来存储，就必须以计算机为基础，使用计算机存储资源解决数据存储问题。以计算机为基础，还可使用成熟的数据库软件对数据进行录入、修改与查询。

数据的录入、存储、修改与查询功能完全由软件实现。

因为IVR要和电话线路连接，就必须设置实现电话系统基本功能的模块。根据业务需求，要实现以下功能：

· 用户与IVR的交互功能

用户与IVR的交互的信息可分为用户向IVR传送的信息和IVR向用户发出的消息两种。

目前用户向IVR传送的信息只能用DTMF信号来表达用户的意愿，这样IVR一侧就需要DTMF解码与解释码组（DTMF信号的组合）的含义，前者可用专用芯片实现，后者要靠软件。

IVR向用户发出的消息，既可以用语音，向用户发出提示、指示用户做下一步操作，或报告用户要查询的消息，又可以用音频信号（用户线信号），向用户发出提示音。发出的语音消息可事先录制好，用软件控制计算机的声卡发出。发出的音频可用硬件生成，也可以事先录制好，用软件控制计算机的声卡发出。

· 铃流识别

用户呼叫IVR系统，通过交换机发出铃流时，IVR系统应能识别，为此就需要把25 Hz、75 V的铃流转换为计算机能够识别的TTL电平的信号，这只能用硬件实现，而对于1秒送4秒停的铃流周期，用软件识别比较方便。

· 摘机/挂机

摘、挂机也是IVR系统必备功能之一，当识别出铃流之后，应在铃流的间歇时刻摘机应答。而在通知用户挂机之后，应自行挂机。

（2）硬件设计制作

由硬件实现的功能应包括铃流识别、摘机/挂机和DTMF解码（DTMF收号）等，可以采用相应的芯片实现，硬件与计算机总线的接口应包括总线缓冲、译码电路等。

计算机总线目前常用的有PCI与ISA两种，ISA接口设计简单，但速度慢，目前已基本不用，PCI总线速度快，但接口设计较复杂。

1）芯片选择

用作IVR系统电话接口芯片，MT8632TS可将25 Hz 75 V的铃流转换为计算机能够识别的 TTL 电平的信号，也具有摘、挂机功能，并可执行 2/4 线转换功能，便于连接声卡的入、出口。

DTMF 收号码接收解码有现成的芯片 MT8870 可供选择，其软、硬件设计将在第 15 章介绍，这里不再重述。

和计算机的接口电路，使用可编程逻辑器件 GAL16 V8 实现译码功能，对地址总线的 A0～A9 进行译码，输出片选信号，从而确定要访问的芯片。可使用 74HC244 实现数据的读取，74HC373 实现对电话接口的控制。

2）硬件电路

整个硬件电路如图 12.6 所示。

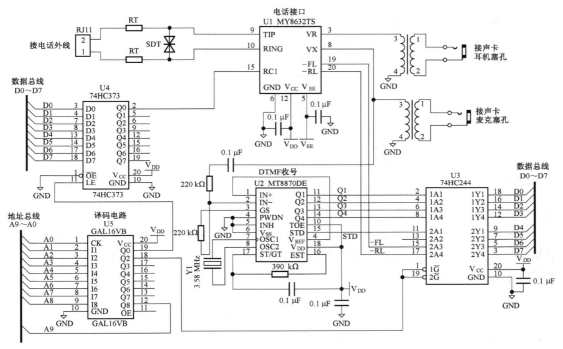

图 12.6　IVR 系统硬件电路

计算机通过地址总线 A9～A0 选择被访问的芯片，通过数据总线 D7～D0 从被访问芯片 74HC244 读入数据，或向被访芯片 74HC373 写入数据。

从 74HC244 读入的数据有：

·-FL 与-RL，当有铃流进入时，-FL 与-RL 均为"0"

·DTMF 收号器的状态数据 STD，当有新的 DTMF 信号输入时，STD 由"0"变"1"

·DTMF 收号器收到的号码数据 Q4～Q1，当收到 DTMF 信号后，Q4～Q1 输出相应的二进制数据。向 74HC373 写入的数据是摘、挂机控制位 RC，写入的数据被锁存在芯片中，RC 接 MT8632TS 的 RC 端，控制 MT8632TS 摘、挂机，当 RC＝1 时摘机；RC＝0 时挂机。

3）硬件制作调试及检验

在设计电路图之后，应用 Protel 99 绘制电路原理与印制板图，交由印制板厂制作印制板，在印制板焊接插件与元器件，最后插芯片。

一般应编写硬件检测程序，检查电路连接是否正确，基本功能是否能够实现。

（3）软件程序编写与调试

根据功能要求，软件部分也分为实现电话系统基本功能的电话接口软件，与实现数据的录入、存储、修改与查询功能的数据库软件，分述如下：

1）电话接口软件

电话接口要实现电话系统的基本功能，从前面几章的内容可知，在这些基本功能中，有些任务实时性要求较严，有的任务则可以延缓处理，我们做的 IVR 系统也不例外，因此可参照第 7 章交换机处理呼叫的方式，将任务分为时钟级与基本级两部分，程序结构采用前、后台实时系统，将时钟级放在前台，基本级放在后台。

2）IVR 电话接口软件的组成

IVR 软件包括下列几部分，如图 12.7 所示：

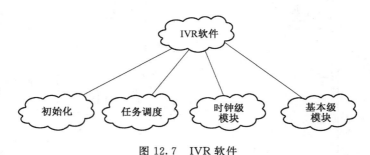

图 12.7　IVR 软件

①系统初始化模块

系统在启动运行时，需要进行初始化。对硬件来说，需要复位，以便系统中的部件都处于某一确定的初始状态，并从这个状态开始工作。对于软件来说，对使用的变量、数组、指针和结构都要赋初值，以便使这些数据都具有确定的初始值，并在这个初始值的基础上开始工作。

②任务调度模块

调度模块的功能是调度和启动软件中的各项任务。

③时钟级任务模块

时钟级任务模块的主要任务是执行时钟级任务，如图 12.8（a）所示。主要包括：

·DTMF 信号接收任务。

·铃流识别任务。

时钟级任务属于要实时处理的工作，例如对于上述 DTMF 信号的接收，必须要在下一位号码到来之前把前一位号码识别出并记录下来，否则就要错号。

对于外线呼入振铃这种随机出现的动作，为要识别出它是 1 秒送 4 秒停的周期信号，也要及时响应，不能隔太长时间。

而用户根据提示发出 DTMF 信号和外线呼入振铃，在 IVR 系统中都是随机发生的，但若对 DTMF 收号器和外线都进行连续不断的监视，处理机根本做不到，也没有必要。理想的办法是采用采样的方法，在保证信息不丢，能够正确识别的前提下，采用不同的监视周期，每隔一定时间对 DTMF 收号器和外线进行周期的监视，发现状态有变化时，及时受理，把收到的数据记录下来，写入有关队列，交基本级处理。

④基本级模块

基本级模块的主要任务是执行基本级任务，如图 12.8（b）所示。主要包括：

· 铃流识别后处理

· DTMF 收号处理程序

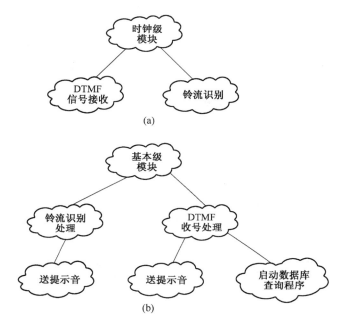

图 12.8　时钟级模块与基本级模块

（a）时钟级模块；（b）基本级模块

基本级任务大多数对时间限制不十分严格，而且只在需要时才启动。例如："铃流识别后处理程序"仅在"铃流识别程序"（属于时钟级）检测到有 1 秒送 4 秒停的铃流之后才需要启动。铃流识别程序在检测到有 1 秒送 4 秒停的铃流之后，将外线号码写入专门的存储区中去等待处理。

又例如："DTMF 收号处理程序"仅在"DTMF 收号程序"（属于时钟级）收到足够位数的 DTMF 信号之后才需要启动。DTMF 收号程序在收完号码后，将收到的号码放在一个专门的存储区（DTMF 收号队列）中去等待处理，也就是说"DTMF 收号程序"与"DT-MF 收号处理程序"之间的交接是靠队列进行的。

3）IVR 系统程序结构

IVR 系统程序结构采用前、后台实时系统，将时钟级放在前台，基本级放在后台，如图 12.9 所示。参照前/后台系统程序结构，也把应用程序作为一个无限的循环，循环中调用基本级要执行的函数，例如铃流识别后处理函数 RingDetPro（），DTMF 收号处理函数 DTMF（）等，完成基本级要做的工作。中断服务程序安排实时性要求高时钟级程序和故障中断处理程序，完成时钟级要做的工作，而在系统出现故障时，进行故障处理工作，使系统恢复正常。

为了设置系统的运行环境，在无限循环之外，添加了初始化程序，其中包括硬件芯片工作模式设定函数，20 ms 时钟中断函数等初始化函数。

IVR 系统的程序代码结构如下：

包含文件
函数声明语句

//时钟级任务调度程序

```
Task ( )
{
————————
Task _ State＝1;
}
```

变量声明，数组声明语句及函数体
结构声明语句

//主程序

```
main ( )
{
    定义局部变量语句;
    //初始化函数
    Init ( );
    //设时钟中断函数
    Set _ 20ms ( );
    Task _ State＝0;
    ——————————————
    //建立无限循环
    for ( ;; )
    {
        按键退出循环语句;
        while ( Task _ State＝＝1 )
        {
            //基本级程序
            RingDetPro ( );
            DTMF ( );
            ——————————————
            Task _ State＝0;
        }
    }
}
```

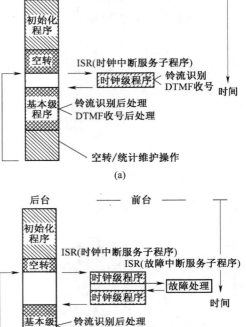

图 12.9 IVR 系统软件的运行模式

(a) 正常运行时的程序运行情况;

(b) 在时钟级出现故障时的程序运行情况

主程序开始，先进行系统初始化，再设 20 ms 中断与中断子程序，设 Task _ State＝0，此时因 Task _ State＝0，不满足 while ( ) 循环条件，for (;;) 循环内部只执行等待按键退出循环与检查 while ( ) 循环条件，基本上是空转，

(2) 数据库查询程序

数据库软件包括数据的录入、存储、修改与查询，这里以数据库查询程序为例说明软件

结构与查询方法。

当 IVR 系统收到用户拨完学生的学号之后，就要用学生的学号查询学生的信息，查到后用声音告诉用户。因此，学生信息表中要包含学生学号、年级班级、学生姓名等的学生基础信息以供查询，还要保存学生姓名和几年几班的声音文件以供查找到学生信息时在电话中播放给对方，让对方了解该学生的基础信息。因此，数据库中的学生信息表如表 12.2 所示。年级班级声音文件中包含用户所要查询的内容。

表 12.2　数据库中的学生信息表

学生学号	年级班级	学生姓名	年级班级声音文件	学生姓名声音文件

在用学生的学号对学生的信息进行查询时，使用"结构化查询语言"，即 SQL 语言。

SQL 是 Structure Query Language 的简写，SQL 语言是使用一些浅显易懂的口语化句子构成命令，来存取数据库的内容。就因为它是口语化的命令语句，所以各大厂商的数据库软件就大多使用 SQL 语言，而微软的 SQL Server 数据库只是使用了这个名称罢了，像 Oracle、Interbase 或以前一直在使用的 Access （*.mdb）数据库等，都是使用 SQL 语言的数据库。

只要我们懂得一些浅显易懂的口语化 SQL 命令，就可以让数据库筛选并提供我们所需要的数据，但前提是必须懂得使用 SQL 命令。这里我们只介绍一些与我们有关的 SQL 命令。

从学生信息表中查询学生，这句话的语句与 SQL 语言的基本句子类似（其实就是 SQL 命令），这句话如果转换为 SQL 的句子就是"Select 学生姓名 from 学生信息表"。

"Select…from…"就是 SQL 里最基本的语句，Select （要什么）与 from （在哪里），这个基本的 SQL 句型作用于数据库的数据字段与表的 SQL 的语句，声明方式如下：

Select 数据字段 from 表

所以，从"学生信息表"中取出"学生姓名"这个字段的数据，就可以使用下列这个 SQL 语句：

Select 学生姓名 from 学生信息表

也可以一次从表中取出多个字段的数据，方法是选取多个字段，在字段名称之间使用","逗号分隔开，例如要从"学生信息表"中取出"年级班级"和"学生姓名"这两个字段数据的 SQL 语句如下：

Select 年级班级，学生姓名 from 学生信息表

同理，要得到"年级班级"、"学生姓名"、"年级班级声音文件"和"学生姓名声音文件"几个字段数据的 SQL 语句如下：

Select 年级班级，学生姓名，年级班级声音文件，学生姓名声音文件 from 学生信息表

"Select…from…"语句虽然可以依据字段名称来选取需要的字段数据，但所得到的却是整个表中全部的该字段的数据。如果只要取得用户所拨的学生学号的学生基础数据，就要使用到筛选语句"Where"。要得到"年级班级"、"学生姓名"、"年级班级声音文件"和"学生姓名声音文件"几个字段全部数据的 SQL 语句是：

Select 年级班级，学生姓名，年级班级声音文件，学生姓名声音文件 from 学生信息表

现在要取得用户所拨的学生学号的学生基础数据只需在这个 SQL 语句后加上筛选条件

语句 "Where 学生学号＝用户所拨的学生学号"，加上筛选条件后的 SQL 语句如下：

　　Select 年级班级，学生姓名，年级班级声音文件，学生姓名声音文件 from 学生信息表 Where 学生学号＝用户所拨的学生学号

　　下面列出 C＋＋builder 中相关的源程序代码：

　　其中 ADOQuery＿Student 为连接数据库表的组件

　　　　As＿Student＿No 为用户所拨的学生学号

　　　　Frm＿Main－＞ADOQuery＿Student－＞RecordCount＞0 说明查到信息

　　　　Grade＿Class＿Wav 取得年级班级声音文件

　　　　Student＿Name＿Wav 取得学生姓名声音文件

　　　　Error＿Sound＝"未查到学生信息．wav"；为未查到学生信息的时候播给用户听的声音文件。

```
        Frm_Main->ADOQuery_Student->Active=false;
        Frm_Main->ADOQuery_Student->SQL->Clear ();
        Frm_Main->ADOQuery_Student->SQL->Add ("select * from Student_Info");
        Frm_Main->ADOQuery_Student->SQL->Add ("where Student_No="+"'"+As_Student_No+"'");
        Frm_Main->ADOQuery_Student->Active=true;
        if (Frm_Main->ADOQuery_Student->RecordCount>0)
        {
            Frm_Main->ADOQuery_Student->First ();
            Grade_Class_Str=Frm_Main->ADOQuery_Student->FieldByName ("Grade_Class_Str") ->AsString;
            Temp_Str=Grade_Class_Str;
            Frm_Main->Edit_Show->Text="用户收听"+Temp_Str+"学生："+Frm_Main->ADOQuery_Student->FieldByName ("Student_Name") ->AsString+"个人信息";
            Grade_Class_Wav=Frm_Main->ADOQuery_Student->FieldByName ("Grade_Class_Sound") ->AsString;
            Student_Name_Wav=Frm_Main->ADOQuery_Student->FieldByName ("Student_Name_Sound") ->
                AsString;;
        }
        else
        {
            Error_Sound="未查到学生信息．wav";
        }
        Frm_Main->ADOQuery_Student->Active=false;
```

　　取得所需的学生基础信息数据之后，就可将对应的声音文件播给用户听。

　　IVR 实验在《IVR 教学实验系统》上进行，该教学系统有更详细的文件和资料。

12.4.3　呼叫中心

呼叫中心是 CTI 技术中最重要的部分，是 CTI 技术的一种应用，占到 CTI 技术的 80%到 90%的比重。在电信、邮政、金融、电力、公安等领域获得广泛应用。

1. 呼叫中心的概念

"呼叫中心"是一些公司企业为用户服务而设立的。早在 20 世纪 80 年代，欧美等国的电信企业、航空公司、商业银行等为了密切与用户联系，应用计算机的支持、利用电话作为与用户交互联系的媒体，设立了"呼叫中心 call center)"，也可叫做"电话中心"，实际上就是为用户服务的"服务中心"。早期的呼叫中心，主要是起咨询服务的作用。开始是把一些用户的呼叫转接到应答台或专家。随着要转接的呼叫和应答增多，开始建立起交互式的语音应答（IVR）系统，这种系统能把大部分常见问题的应答由机器（即"自动话务员"）应答和处理，这种"呼叫中心"可称为是第二代呼叫中心。

现代的呼叫中心，应用了最新的计算机电话集成（CTI）技术，使呼叫中心的服务功能大大加强。CTI 技术是以电话设备为媒介，用户可以通过电话机上的按键来操作呼叫中心的计算机。接入呼叫中心的方式可以是用户电话拨号接入、传真接入、计算机及调制解调器（modem）拨号连接以及因特网网址（IP 地址）访问等。用户接入呼叫中心后，就能收到呼叫中心的提示音，按照呼叫中心语音提示，就能接入数据库，获得所需的信息服务。并且进行存储、转发、查询、交换等处理，还可以通过呼叫中心完成交易。

"呼叫中心"把传统的柜台业务用电话自动查询方式代替。"呼叫中心"能够 24 小时不间断地随时提供服务，并且有比柜台服务更友好的服务界面，用户不必跑到营业处，只要通过电话就能迅速获得信息，解决问题。

2. 呼叫中心的构成与实现

典型的呼叫中心包含呼叫处理、智能路由、自动语音、呼叫与数据集成、网络和数据库等多种复杂的技术。在实现中有两种典型的呼叫中心解决方案：一种是基于前置 ACD（Auto Calling Distribution，自动话务分配）的呼叫中心，另一种是基于微机和话音板卡的呼叫中心，分述如下：

（1）基于前置 ACD 的呼叫中心

这种方案的核心思想是在专用交换机＋ACD 的基础上扩展路由和统计的功能，开放 CTI-Link 接口，用 CTI 技术实现通信和计算机的功能结合，再配以必要的语音和数据库系统，从而以强大的通信和计算机功能，满足呼叫中心的要求。

这种方案可以在结构上清晰地区分开计算机系统和通信系统，CTI 服务器是协调控制二者的连接设备，保证坐席和 IVR 可以充分利用数据资源和呼叫处理资源。这种方案的结构图如图 12.10 所示。

（2）基于微机和话音板卡的呼叫中心

这种方案以近几年发展迅速的微机语音处理技术为基础，其基本思想是在微机平台上集成各种功能的语音处理卡，完成通信接口、语音处理、传真处理、坐席转接等功能，再结合外部的计算机网络实现各种应用系统的需求。

以微机网络为基础平台的呼叫处理系统的主要技术组成如下：

1）Client/Server 结构的微机网络技术　在这种系统中，呼叫处理和语音处理的功能集中在语音工作站中，系统的资源控制、数据库系统在服务器中实现，业务生成、改动则由专门的应用处理工作站完成。整个系统是一个 Client/Server 结构的微机网络。

2）语音板卡技术　语音板卡的种类包括通信线路接口卡（数字中继卡、模拟线接口卡等）、信令处理卡（如七号信令卡）、语音资源卡、传真资源卡、坐席卡以及通用语音处理平台。

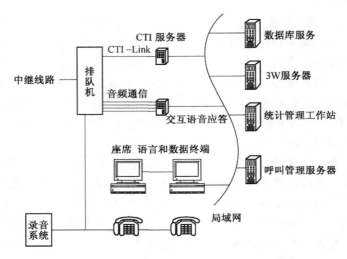

图 12.10　基于前置 ACD 的呼叫中心的结构图

3）语音总线技术　语音总线使各种功能专一的语音板卡连接成一个功能复杂的系统，同时也是微机语音平台实现交换的基础。

4）机间扩展总线技术　限于微机的处理能力，一个语音工作站只能处理一部分呼叫或实现某一项功能。要将独立的语音工作站互连成一个大系统，就需要机间总线技术。

这种系统的硬件系统在板卡级集成，由于是总线结构，硬件系统的可靠性指标由系统中的最差部件决定。由于系统的所有功能都是由软件编程实现的，因而系统整体可靠性的瓶颈在软件开发商的经验和软件的质量。这种微机方案的结构图如图 12.11 所示。

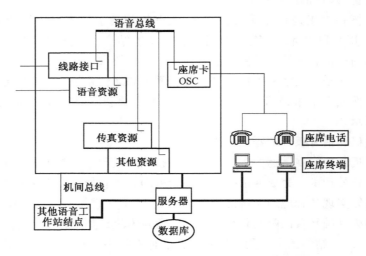

图 12.11　基于微机和话音板卡的呼叫中心的结构图

复习思考题

12.1　什么是 CTI 技术?

12.2　语音卡应具备的电话系统功能有哪些?

12.3　电话语音卡的种类有哪些?

12.4　自动呼叫分配器 ACD 一般应具备哪些功能?

12.5　什么是数据完整性?

12.6　交互式语音应答设备 IVR 软件包括哪几部分?

12.7　典型的呼叫中心包含哪些技术?

13

通 信 网

13.1 通信网的基本知识

通信网是实现信息传输、交换的所有通信设备（系统）连接起来的整体。

13.1.1 通信网的构成要素与基本结构

1. 通信网的构成要素

通信网由终端设备、传输系统、交换设备三大要素构成。

（1）终端设备

终端设备是通信网最外围的设备，一般供用户使用，其主要的功能是"变换"，它将用户（信源）发出的各种信息（如声音、数据、图像等）变换为适合在信道上传输的电信号，以完成发送信息的功能。或者反之，把对方经信道送来的电信号变换为用户可识别的信息，完成接收信息的功能。

终端设备的种类有很多，如普通电话机、移动电话机、电报终端、计算机终端、数据终端、传真机、可视图文终端等。

（2）传输系统

传输系统是传输信息的通道，也称为通信链路。传输系统包括传输媒质和延长传输距离及改善传输质量的相关设备，其功能是将携带信息的电磁波信号从发出地点传送到目的地点。传输系统将终端设备和交换设备连接起来，形成网络。

按传输媒质的不同，传输系统可分为有线传输和无线传输两大类。有线传输系统包括明线、电缆、光缆传输等几种类型；无线传输系统又包括长波、短波、超短波和微波（地面微波、卫星通信）等几种类型。

（3）交换设备

交换设备是通信网的核心（节点），起着组网的关键作用。交换设备的基本功能是对所接入的链路进行汇集、接续和分配。不同的业务，如话音、数据、图像通信等对交换设备的要求也不尽相同。

2. 通信网的基本结构

按通信网的拓扑结构划分，通信网可有五种基本结构形式，如图 13.1 所示。

（1）网型网

网型网是将网内节点实现完全互连的一种结构，例如有 N 个节点，则需要有 $N(N-1)/2$ 条传输链路才能实现各节点互连。所以当 N 较大时，传输链路的数量很大，链路的利用率很低，故这种网路结构的经济性较差。但由于网路的冗余度大，路由的选择灵活性高，有利于提高传输质量和可靠性。

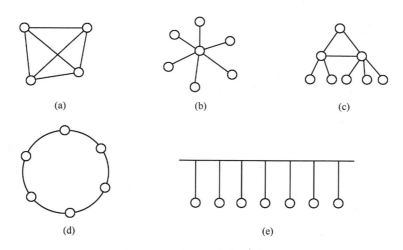

图 13.1 通信网的基本结构型式
(a) 网型网；(b) 星型网；(c) 复合网；(d) 环型网；(e) 总线型网

（2）星型网

星型网需设置转接交换中心，由转接交换中心将各节点连接起来，因此在 N 个节点的网中只需要 N−1 条传输链路即可。星型网的优点是虽然转接交换中心的设立增加了一些费用，但往往能节省大量的传输链路，故是一种比较经济的网路结构。星型网的缺点是当转接交换中心设备发生故障或转接能力不足时，会对网路的接续质量和可靠性产生影响。

（3）复合网

复合网由星型网和网型网复合而成。它是以星型网为基础并在通信量较大的区域或在重要的节点间构成网型网结构，这种网兼具网型网和星型网的优点，比较经济合理且有一定的可靠性。

（4）环型网和总线型网

环型网和总线型网在计算机通信网，特别是在局域网中应用较多，总线型网的优点是结构简单，节点扩展灵活方便，一般节点故障不会造成整个网络的故障，但网络对总线的故障比较敏感。环型网的主要优点是允许网中任一工作站（节点）直接与其他工作站通信，不需中央控制器来控制网络的访问操作，易于信息的广播式传送及可加入再生装置使覆盖面拓宽等，其缺点是增删工作站较复杂，由于信息绕环单向传输，当一个工作站出现故障时，会使整个环路工作中断，故为可靠起见常采用双环结构。

13.2 通信网的分类

13.2.1 按业务类别分

1. 电话网

电话网用以实现网中任意用户间的话音通信，它是目前通信网中规模最大、用户最多的一种，也是本章学习的重点内容。

2. 电报网

电报网用来在用户间以电信号形式传递文字（稿），电报机（终端）完成文字（稿）与电码的转换，电码经电报电路及电报交换机实现异地传送。

3. 数据网

在数据终端（计算机）之间传送各种数据信息，以实现用户间的数据通信。我国目前有数字数据网（DDN）、分组交换网、帧中继网、ATM 网等。

4. 传真网

利用光电变换把照片、图表、文件等资料传送到远方，使对方收到与原件相同的真迹，故称为传真通信。

5. 多媒体通信网

多媒体通信网可提供多媒体信息检索、点对点及点对多点通信业务、局域网互连、电子信函，各种应用系统如电子商务、远程医疗、网上教育及办公自动化等，我国的多媒体通信网可通过网关与 CHINANET/Internet 互连。

6. 综合业务数字网

把话音及各种非话音业务集中到同一个网中传送，并实现了用户到用户间的全数字化传输，有利于提高网路设备的使用效率及方便用户的使用，综合业务数字网有宽带（B-ISDN）和窄带（N-ISDN）之分。

13.2.2　按使用范围分

1. 公用网

公用网也称为公众网，它指的是向全社会开放的通信网。

2. 专用网

专用网是各专业部门主要为内部通信需要而建立的通信网，专用通信网有着各行业自己的特点，如公安通信网、军用通信网、铁路通信网等，部分专用通信网也已向公众开放。

13.2.3　按传输信号的形式分

1. 模拟网

通信网中传输的是模拟信号，即时间与幅度均连续或时间离散而幅度连续的信号。

2. 数字网

通信网中传输的是时间与幅度均离散的信号。

3. 数模混合网

在通信网中，数字与模拟设备并存。数模混合网是通信网由模拟网向数字网过渡时期的产物。

13.2.4　按传输媒质分

1. 有线网

其传输媒质包括（架空）明线、（同轴、对称）电缆、光缆等。

2. 无线网

包括移动通信、无线寻呼、卫星通信等。

通信网的分类方法有很多，例如还可有主（骨）干网、接入网，基础网、管理网、支撑网等，限于篇幅，不再一一列举。

13.3 电话网的结构

我国电话网过去长期采用五级汇接的等级结构,全国分为 8 个大区,每个大区分别设立一级交换中心 C1,C1 的设立地点为北京、沈阳、上海、南京、广州、武汉、西安和成都,每个 C1 间均有直达电路相连,即 C1 间采用网型连接。在北京、上海、广州设立国际出入口局,用以和国际网连接。每个大区包括几个省(区),每省(区)设立一个二级交换中心 C2,各地区设立三级交换中心 C3,各县设立四级交换中心 C4。C1~C4 组成长途网,各级有管辖关系的交换中心间一般按星型连接,当两交换中心无管辖关系但业务繁忙时,也可设立直达电路。C5 为端局,需要时也可设立汇接局,用以组建本地网。五级电话网的结构如图 13.2 所示。

五级电话网存在着转接段数多、接续速度慢、接通率低等缺点,随着近年来传输与交换设备容量及性能的提高,电话网已具备了减少等级的条件,目前我国已基本上完成了电话网由五级向三级的演变,即将长途网由原来的四级改为二级。在各省(区)设立一级交换中心 C1,并将各 C1 直接相连构成网型连接。在各地级市设立二级交换中心,且每个地级市组建一个本地网。

一个本地网只有一个长途区号,它由若干个端局、汇接局、中继线、电话机及用户线等组成。本地网内的用户之间呼叫时只拨本地号码。我国电话网的长途区号为2~3位,本地网号码为 7~8 位。

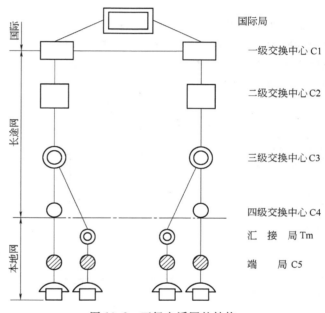

图 13.2 五级电话网的结构

13.4 数字网的同步

数字通信网(简称数字网)的交换、传输和终端设备都是传输、处理数字信号的设备(目前一般情况下终端仍是模拟设备)。数字网与模拟网相比有很多优点,但它对网的同步却提出了特殊要求。

13.4.1 网同步的概念

网同步是数字通信网的一个重要问题,实现网同步是保证网内各程控交换机同步工作的重要措施。所谓网同步,是指在数字网内建立起一个统一的时间标准,作为分散在各地的程控交换机工作的基准信号。

为了实现网同步,首先要实现频率同步和帧同步。频率同步是使收发两端的时钟频率和相位保持一致，帧同步是使收端各路时隙脉冲与发端各路时隙脉冲相对应并保持一致，它保证了各路（时隙）的信号对齐，以实现正确的分路而不致发生各路间收发上的差错。帧同步码组在偶帧 TS0 传送，收端收到同步码组后即可确定该码组为 TS0，然后随之确定其他各路的序号。

在数字网中，每部程控交换机的数字中继线可能来自多个方向，从不同的方向接收的码流不一定完全与本局时钟同步，为了保证信息的正确接收与交换，最简单的同步方法就是在入局处设一缓冲存储器，先对各局向来的数字码流提取定时信号，再以其自身的定时信号控制码流写入相应的缓冲存储器，然后再由本局时钟信号控制缓冲存储器的读出，使来自各局向的数字码流同步到本局时钟工作频率上。

13.4.2　滑码对通信质量的影响

如果两个交换局的时钟频率一致，两局间的信息传输与交换即可正常进行。如果两个交换局的时钟频率存在差异，就会产生滑码。所谓滑码，就是指漏读或重读码元。对于缓冲存储器来讲，当写入频率（速度）高于读出频率（速度）时，就会产生漏读，反之就会产生重读。产生滑码的原理如图 13.3 所示。

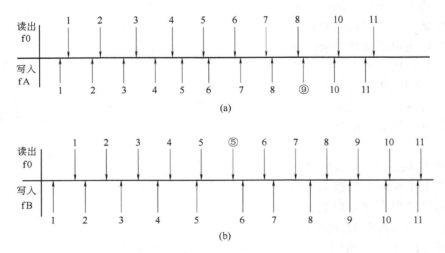

图 13.3　滑码产生原理示意图
(a) 漏读；(b) 重读

滑码会造成传输信号的失真，因而对各种通信业务都会产生影响，但其影响程度与各种业务信息编码的冗余度和数码传递速率有关，一般来说，编码的冗余度越高则影响越小，码元传递速率越高则影响越大。下面分别介绍滑码对各种业务的影响。

1. 数字电话

由于数字电话的信息冗余度大，所以对滑码的影响反应不灵敏。一般情况下，滑码对话音质量的影响极小，仅是一种微小的"喀呖"声，通常每 5 min 产生一次"喀呖"声是允许的。由于语言波形频带很宽，波形是动态的，可掩蔽这种影响，每 25 次滑码才产生一次可察觉到的喀呖声，所以可允许每分钟滑码 5 次。对于在话音中加密的电话，滑码会打乱原来的加密规律，所以允许 5 min 滑码一次。

2. 数据传输

对于 64 kbit/s 的中速数据通信，受滑码影响较大，一般不允许有滑码或滑码很少。受滑码影响的数据块可以被误码监测所发现，并要求将此数据块重发，虽然不会产生错误，但延迟了信息传送时间，降低了电路利用率。对于一些低速数据，往往是将几条电路复接成 64 kbit/s 的数据信号一起传送，假如无特殊防护措施，丢失一个帧定位信号将会使各路数据错接。为此要求每小时的滑码次数为 0.3～0.6 次或更少。

3. 传真

滑码对传真信号的影响与传真的编码方法有关，因为编码效率越高，信号的冗余度越小，一旦滑码会使扫描线错位，即一次滑码也会使整个画面遭到破坏，而需要重新传送一次。

4. 公共信道信号

在公共信道信号链路中如果发生滑码，不经处理有可能产生早释、错号或接续不全等障碍，但因公共信道信号系统具有误码监测功能，发生滑码后可要求前一级将原信号再发送一次，所以上述故障一般不会出现，只是因数据重发而使接续速度变慢。

13.5　时　钟

时钟的性能对数字网的同步工作是十分重要的。

13.5.1　时钟的参数

表示时钟性能的参数有准确度和稳定度两项。

1. 准确度

表明时钟频率的准确程度，它表明时钟实际频率与其标称值的相对偏差，通常用 $\Delta f/f_0$ 表示，$\Delta f = f - f_0$。

2. 稳定度

指时钟连续工作一段时间后受内部参数及环境温度等影响使频率变化的情况，常用一年或一个月内的准确度 $\Delta f/f$ 表示。

13.5.2　时钟的类型

1. 铯原子钟

长期稳定度很高，可高达 3×10^{-12}/年，它可独立工作，也可作为其他时钟的基准。

2. 铷原子钟

长期稳定度比铯原子钟低一个数量级，可达 5×10^{-11}/年，但其费用比铯原子钟低得多。

3. 石英晶体钟

它是常用的主要频率源，具有构造简单、可靠性高、成本低等优点，因而获得了广泛的应用，但其长期稳定度比原子钟要低得多。

数字网内使用的时钟应根据具体使用地点进行选择，例如国际交换局的基准时钟应选用高稳定度的铯原子钟，各级长途交换中心和汇接局则可采用高稳定度的压控石英晶体钟，地区交换局可采用低稳定度石英晶体钟。选择时钟不能单从稳定度考虑，还要考虑投资费用和可靠性等因素。

13.6　同步方式

为了解决数字交换网内各交换机之间的同步问题，使各交换机的频率偏差保持在一定范围内，以便滑码次数不超过规定的要求，必须采取措施来保证数字网的同步运行，常见的同步方式有三种。

13.6.1　准同步方式

准同步工作方式是指各交换局的时钟之间没有任何联系，它们各自独立工作，依靠各局时钟的高精度和稳定性，以保证局间的滑码率在规定的范围内，达到同步的目的，准同步方式对于网络扩建和改动比较灵活，发生故障也不致影响全网，目前国际数字通信网基本上是采用这种同步方式，ITU-T 建议 64 kbit/s 传输通路的滑码率要小于 70 天一次，为满足这一要求，需采用铯原子钟，其精度为 10^{-11} 以上，价格较高。

准同步方式通常采用码速调整和水库法来达到同步的目的。

1. 码速调整法

准同步方式采用的时钟精度虽然很高，但各时钟频率不可避免地存在一些偏差，所以对各站送来的码流首先要进行码速的调整，使之变成相互同步的码流。这种方式要求传输所用的码率略大于信息所需的码率，即有一定的富裕量，使信码码率的微小偏差不超过这个量。这样就可采用脉冲插入技术来完成网同步。码速调整的主要优点是各站可工作于准同步状态，而无需统一时钟，故使用方便。但读出时钟是从不均匀的脉冲序列中提取出来的，会有抖动，故要采取克服措施，否则会影响传输质量。这种同步方式常用于 PCM 高次群复接，以实现收发同步。

2. 水库法

这种方法是依靠在各站设极高稳定度的时钟源和容量足够大的缓冲存储器，使得在很长的时间内不发生"取空"或"溢出"现象。容量足够大的存储器就像水库一样，即很难将水抽干或灌满，因而可作水流量的自然调节，故称为水库法。当然，实际应用中的缓冲存储器容量总是有限的，因此也会出现"取空"和"溢出"现象，故需对时钟定时进行调整。

13.6.2　主从同步方式

主从同步方式是在数字网内某一交换局设置高精度和高稳定度的主时钟，并以此作为基准，通过树状的时钟分配网，将时钟信号送至网内各交换局，在各局通过锁相技术使其时钟频率锁定在主时钟频率上，从而使网内各交换局的时钟都与主交换局的时钟同步。图 13.4 (a)为简单主从同步方式的示意图。

简单主从同步方式的优点是时钟费用经济，组网灵活，各交换局以同样的标准时钟速率运行，故一般不会出现滑码；缺点是可靠性差。如主时钟或同步链路发生故障，将失去同步，因此需采用备用链路。

如果根据交换局在网路中的重要程度，将各话局的时钟分为几个等级，当基准时钟发生障碍时，可由另一个局的时钟代替，或者常用的上一级时钟发生故障时，可由另一个备用路由代替，这叫做等级主从同步方式。如图 13.4 (b) 所示。

此外，在幅员辽阔的国家，也可采用设立若干个主从同步子网，子网间采用准同步方式，如图13.4（c）所示。

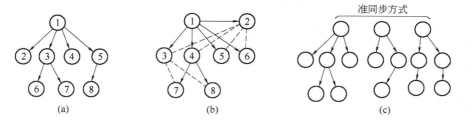

图 13.4　主从同步方式示意图

（a）简单主从同步；（b）等级主从同步；（c）几个主从同步的子网工作于准同步方式

在等级主从同步方式中，最高级设立高精度和高稳定度的主时钟，下设第一级从钟和第二级从钟，各级之间按照主从同步方式工作。

主从同步方式根据从钟对主钟的依赖程度可分为紧耦合与松耦合两种方式，紧耦合方式是当从局正常的基准时钟分配线路中断时，从钟即不能正常工作，故若在规定时间内时钟链路未能恢复，则将其锁相振荡器输入端接到另一条时钟分配线路上，以维持它的输入时钟信号。松耦合方式是从局配备具有存储信息功能的锁相振荡器，它能在时钟分配线路中断时利用存储信息产生高精度的定时信号，即使时钟分配线路中断了一两天，它还能维持从局的定时同步。因而，应优先选用具有记忆功能的松耦合方式。

13.6.3　相互同步方式

相互同步方式是网内各局都设有自己的时钟，并将它们相互接起来。网内不设主时钟，网频由各交换局的时钟相互控制，从而使所有时钟工作在一个平均频率值上，此值即各局时钟频率的算术平均值。其相互同步的示意图如图13.5所示。当某一时钟出现故障时，网频可自动平滑地过渡到一个新值，而其他时钟仍能正常工作，故这种同步方式具有较高的可靠性。

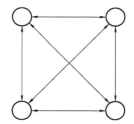

13.6.4　同步方式的选择

同步方式的选择也应根据通信网的结构、范围等具体情况而有区别。

图 13.5　相互同步的示意图

相互同步方式的优点是整个同步网的可靠性和稳定性较高，因此可降低对时钟的要求，但其缺点是电路复杂，因而目前这种方式已很少采用。准同步方式的优点是组网灵活、各局之间互相独立，故可靠性好，缺点是时钟设备价格昂贵。

简单主从同步方式网络结构简单、成本低，但可靠性差，等级主从同步方式可以在一定程度上克服简单主从同步的缺点，所以得到了广泛的应用。目前比较普遍的网同步方式是国际局间采用准同步方式，国内网采用等级主从同步方式。我国电信系统和铁路系统的同步网均为等级制主从同步网，分为四级。

复习思考题

13.1 通信网由哪些要素构成?

13.2 交换设备的基本功能是什么?

13.3 通信网的基本结构型式有哪几种?

13.4 通信网按使用范围可分为哪几种?

13.5 我国的电话网等级结构是什么样的?

13.6 什么是网同步?

13.7 数字通信网为什么必须实现网同步?

13.8 实现网同步可采用哪几种方式?

13.9 什么叫滑码? 滑码对通信质量有何影响?

13.10 我国的数字通信网采用何种同步方式?

14

程控交换机的管理与维护

为了确保程控电话交换机正常运行和为用户提供良好的服务，必须对交换机进行有效的管理、监视和维护。管理是根据交换机的能力，安排用户的等级、修改路由的选择规则、规定交换机的过负荷控制标准等，目的是使交换机更合理地工作。监视是指检查交换机的服务质量、用户线和中继线的运行情况，取得实际话务数据，作为改进管理的依据。在设备出现故障时，立即发出可闻、可见信号，并输出有关信息。维护是指故障的检测和定位，硬件的重新组合以及软件的再启动等，即在出现故障后，能迅速利用后备资源，保证系统不间断运行。

14.1 程控系统维护的目标和可靠性

14.1.1 维护目标

程控交换机系统必须能长期可靠地运行。维护的基本目标有三方面内容。

1. 系统有效性

系统有效性是用来表示交换机能够处理各种呼叫的有效程度，它反映了当各种软件或硬件出现故障时对呼叫产生的影响。系统有效性用受到故障影响的呼叫占呼叫总数的百分比即用呼叫失效率来表示。百分比越低，表示系统有效性越好。

受影响的呼叫分为两种类型：一种是在呼叫建立过程中受到故障影响，未能正常建立接续；另一种是已建立通话的呼叫受故障影响，例如中途被切断或挂机后不能正常复原。

2. 系统可维护性

系统不可能绝对不出故障，但要求出了故障后能方便迅速地处理，这反映了系统的可维护性。可维护性可用以下几个指标来衡量。

（1）平均延迟时间

表示由于等待维修人员或维修备件而引起故障修复延迟的平均时间。

（2）平均修复时间

在人员、备件具备的情况下，修复故障平均所需时间。

（3）平均故障历时

平均故障历时指平均延迟时间与平均修复时间之和。平均故障历时与连续值守、白天值守、无人值守等维护方式有关。

3. 系统寿命

程控交换机正常运行年限一般为 20～40 年。FETEX-150 规定其有效率为 99.999 45％，即 20 年内系统中断时间小于 1 h。

14.1.2　系统可靠性

程控交换系统的可靠性与设备的硬件可靠性有关，与系统的冗余结构也有关。因此为了提高系统的可靠性，必须在设计、制造过程中采取一系列措施。

1. 提高电路的可靠性

元件经过严格筛选。使用时在一些指标上留有安全度。电路在设计时采用可发现故障的校核电路或可掩蔽故障的冗余电路。布线上采用对绞、屏蔽等方法。传递数据时采用奇偶校验等措施。

2. 冗余配置方式

程控交换机中的重要部件，如中央控制器、接口电路、话路控制器、主存储器等部件都设有备份，称为冗余配置。冗余配置的方式有主/备用方式和 n∶1 备用方式。后者表示 n 个设备公用一个备用设备。主/备用又分热备用和冷备用两种。

3. 具有故障检测和系统恢复功能

具有对硬件检测及双套转换功能。对于软件有故障识别程序，不论何种故障，能够迅速地发现、处理，并组成新的工作系统重新投入工作。

4. 具有故障诊断功能

程控系统不但具有自动故障检测、再配置和再启动功能，还具有高效率的故障诊断功能，并能输出简明的诊断信息，以供维护人员能方便迅速地进行判断，替换故障插件板或修理。

14.1.3　有关指标

衡量程控交换系统的有效性、可靠性、可维护性有以下几项指标。

（1）停机时间：通常要求系统阻断时间在 20 年中不超过 1 h。

（2）呼叫失效率。

（3）平均故障间隔时间：不同的部件平均故障间隔时间也不相同。例如 FETEX-150 中央控制器的平均故障间隔时间为 3.53×10^4 h，而主存储器的平均故障间隔时间为 1.62×10^4 h。

（4）平均故障修复时间。

（5）硬件故障率。

硬件故障率可用一定时间内特定对象发生故障的次数来表示。它表示交换机元器件在一定条件下的可靠程度。

以上指标间具有一定的联系。由各种不同元件的故障率、元件总数可求出在一定时间内的允许故障次数。

14.2　故障处理过程和检测方法

14.2.1　故障处理过程

程控交换机应能可靠地连续工作，提供稳定的服务。但任何系统都有可能出现故障，既可能出现硬件故障，也可能出现软件错误。程控交换机采取了多种措施来消除故障影响，以保证系统不间断地运行。

故障处理的一般过程可分为七个阶段。

1. 故障的识别

各设备配有各种检验电路，校核每次动作结果，如识别到不正常情况，可通过故障中断，报告中央处理机，通过故障处理程序中的故障识别和分析程序，可以大致确定发生了什么性质的故障和哪一个设备发生了故障。

2. 系统再组成

当故障识别程序找到有故障的设备后，就将该设备切换下来，换上备用设备，以便进行正常的交换处理。这种重新组成可以正常工作的设备系列，称为系统再组成，它是由系统再组成程序控制的。

3. 恢复处理

系统再组成后，恢复正常的处理是由恢复处理程序来控制的。对于一般的故障中断，切断了故障设备和换上备用设备后，可以在呼叫处理程序中断点恢复执行。

4. 故障告警打印

交换机恢复正常工作后，应进行故障告警和故障打印，以便将故障状况通知维护人员采取必要措施。

5. 诊断测试

虽然故障设备已用备用设备所替换，但还要尽早修复故障设备，缩短修复时间。维护人员可根据打印机输出的故障信息用键盘发出诊断指令。CPU 接收诊断指令后，启动故障诊断程序对故障设备进行诊断测试，诊断结果由打印机输出。

6. 故障的修理

维护人员根据打印机输出的诊断结果查找相应的诊断手册，找出故障设备中的故障插件或可疑插件的范围。

如果故障诊断可定位于某个插件，只要将该插件取下换上备用插件即可。如果只能给出可疑插件的范围，维护人员可以一一更换诊断手册所列出的可疑插件范围中的插件，使诊断测试不断地反复进行。当更换到某个插件后，故障消失，说明被更换的插件是有故障的插件。如果把诊断手册所列的可疑插件更换后，若故障仍然不消除，则可能是架间或插件间故障，就要维护人员利用测试设备进一步查找。

7. 修复设备返回工作系统

故障设备修复后，可由维护人员用键盘输入指令，以使修复设备成为可用状态，返回交换机的工作系统中去。

14.2.2　检测故障的方法

要进行故障处理，首要的是发现故障，因此需要对系统运行状况进行全面监视。对系统的监视可由维护人员或系统自身完成。检测故障的方法有两种，一种为硬件检测；另一种为软件检测。

1. 硬件检测故障的方法

在硬件设备中加入一些校验电路、监视设备工作状况。硬件监视主要包括程序执行监视、奇偶校验、送测试比特检查、操作状态监视等。如果发现异常，可通过中断转告软件。也可以由软件定期监视从而发现故障。

（1）比较

在同步双工工作方式的处理机结构中，主用机每执行一条指令其结果都和备用机所执行指令的结果进行比较，如果比较电路发现两机运算结果不一致，就表示处理机发生故障（也称失配），即产生故障中断。

进入故障中断后，首先调查是真正的故障还是偶发差错。如果是偶发差错，则进行恢复处理。如果是真正的故障，要通过初测程序判断是哪一台处理机不良。若能判断出不良的处理机，就进行系统再组成和恢复处理，否则就启动紧急动作电路。

（2）存储器信息的校验

存储器故障主要有接收处理机的指令而无回送信息和读出存储器信息有错误。对于信息的错误，一般有奇偶校验和汉明码校验两种最常用的信息检验方法。

1）奇偶校验：奇偶检验为最常用的校错方法，即对传送的信息在其信息位之后另增加一位检验位，使整个码组中"1"的个数保持奇数或偶数。

例如：

信息位	校验位
1 1 1 0 0 1 1 0	1
1 1 0 1 0 0 0 1	0
0 0 1 0 0 0 0 0	1
1 0 0 0 1 1 0 0	1

在信息码中，加上一个校验位后使1的个数变成偶数。如果收端收到的"1"的个数不是偶数，就检出误码，奇偶检验只能发现奇数个码元出错的情况，不能发现偶数个码元出错。

2）汉明码校验：汉明码仍可采用奇偶校验的基本方法，但增加了校验位数，可得到能纠错的汉明码，这种方法可以自动校正某一位出错的信息，如有两位出错，则只能发现不能纠正。

对于信息错误，一般用奇偶校验，对要求高的则用汉明码。

（3）话路控制设备动作的检验与证实

话路控制设备主要包括扫描器和驱动器，可加入一些检验电路。例如检验是否符合 n 中取 1 的译码组合等，以证实设备动作是否出错，从而发现故障。

（4）状态监视

对于话路系统可采用状态监视。因为话路系统和存储器、扫描器等不同，不能从处理机接收动作指令后立即报告动作结果是否良好，而要等待一定时间，即在下一驱动处理节拍开始时，通过扫描将话路系统接通情况反映出来，由程序判别是否接续良好。如果状态表明接续不良，一般还可以二次接续，如仍属不良则作为话路系统的故障处理。

2. 软件检测故障法

（1）控制混乱识别

程序陷入无限循环（也称死循环）状态，即属于控制混乱。此外，还有逻辑上混乱，例如查找表格时所用的地址超出范围等。

欲知程序是否出现无限循环，可根据该程序的正常执行时长进行时间监视，如超出时间即认为控制混乱。低级别程序可由高级别程序监视，最高级别的程序可由硬件监视。

（2）数据检验

软件中有一些查核程序，可自动定时启动。查核中继器和链路长期占用，忙闲表和硬件状态不一致、公用存储区长期占用等不正常情况。如发现异常，就自动打印出故障信息。

14.3　维护程序

维护程序是程控交换机故障识别和故障诊断的重要手段。它包括故障处理程序、故障诊断程序和例行测试程序三大部分。

14.3.1　故障处理程序

故障处理程序是由硬件或软件发现故障后而启动的。它的特点是中断级别最高，程序不长，执行时间很短，只做一些简单测试后就迅速恢复呼叫处理，使交换设备回到正常运行状态。

故障处理程序有以下基本功能：能区分偶然性差错还是固定故障；完成系统再组成以及再启动处理。

1. 偶然性差错和固定故障的区分

硬件设备由于偶然性杂音、干扰等影响会引起瞬间故障，在这种情况下不需要立即进行故障处理。为了区分偶然性差错和固定故障，可对应于各种硬件设备设置差错计数器，每次发生故障中断时，差错计数器进行加1。若差错计数器的值未超过一定限值时，就认为是偶然性差错；若超过限值时就视为固定故障，这种区分偶然性差错和固定故障的方法叫做差错计数法。

差错计数器可以定期清除，如每隔 12 h 清除一次。若差错计数器之值加 1 后未超过限值，则不诊断，仍由系统恢复呼叫处理。若设备元件老化，间歇性障碍增多，差错计数器的值就会急剧上升，应作为固定故障进行处理。如果本来就是故障，差错计数器就会在很短的时间内超过限值。差错计数法识别故障的过程如图 14.1 所示。

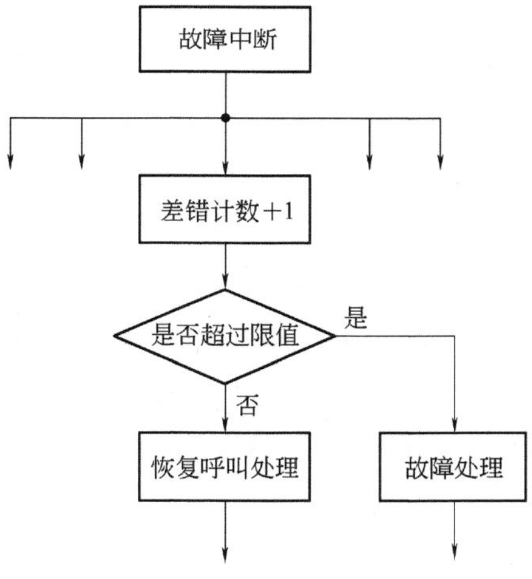

图 14.1　差错计数识别故障的示意图

2. 系统再组成

在故障处理中，如果识别出故障设备，可将故障设备切除换上备用设备，这是最简单的系统再组成。变更运行中的硬件组成是由执行系统再组成程序来实现的。系统再组成程序在进行设备转换时，必须首先调查待用设备是否正常。如果正常应进行硬件初始化，即将设备中的继电器、触发器置成初态。如果换上的设备是存储器，还要调入必要的程序和数据。

在较复杂的情况下，例如难以确定故障设备，为了不致发生判断错误，可采用循环更换法（或称逐次置换法）来组合成正常的工作系统并找出故障设备，这种系统再组成可以包含在故障识别程序中。下面以中央处理机 CC 和话路子系统 SP 为例说明系统再组合的过程。

假设中央处理机有 CC0 和 CC1 两套，话路子系统有 SP0 和 SP1 两套，可知处理机与话路子系统的组合共四种。在组成系统时，可从某一种方式开始，依次组成系统。如果某些设备并未装足可以跳过某些组成方式。图 14.2 示出中央处理机和话路子系统再组成的基本过程。

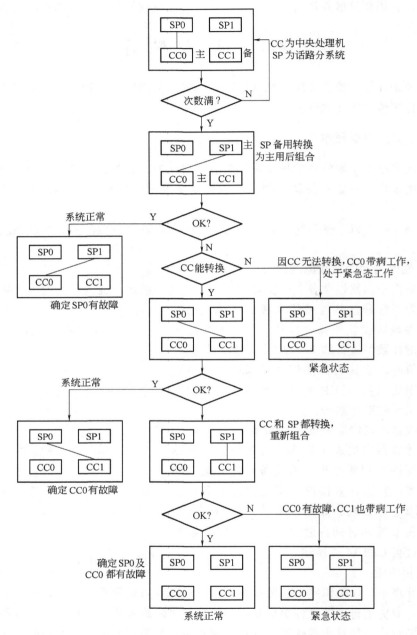

图 14.2　中央处理机和话路系统再组成示意图

3. 恢复处理

（1）恢复处理的必要性

交换系统开通时，输入程序、数据以及硬件设备必须置成初始状态。随着不断地进行呼叫处理，各种数据和硬件设备的状态也在相应的变化。

发生故障进行系统再组成后，呼叫处理被中断一些时间，如果故障处理时间很短，可以从呼叫处理的中断点再启动，对呼叫处理几乎没有影响。如果故障处理时间较长，交换机内部仍为中断时的情况（相当于冻结），而其外界情况已发生了变化，则只能从正常的起点恢复呼叫处理，否则会引起新的不正常甚至混乱现象。

例如：对于正在拨号呼出的呼叫，由于不能正常的收号扫描，会丢失拨号脉冲，若直接恢复呼叫处理，反而造成混乱，必须将这类正在进行中的呼叫强行清除。为了确保交换机正常运行，需要把破坏的数据改回到某一时刻的起始值，也就是进行恢复处理。

（2）恢复处理的基本级别

交换机系统在运行过程中的恢复处理，可以有三种基本级别。称之为 0 级、1 级、2 级。

1）0 级恢复处理

一般的故障中断，识别出故障设备，组成正常的新系统后，就可以从中断点恢复呼叫处理。也就是说，0 级再启动时对呼叫处理基本上没有影响，故障中断的处理时间很短，例如不超过几十毫秒。所以，0 级恢复就是中断返回，只恢复被保护的现场，而没有其他数据的初始化。

2）1 级恢复处理

启动紧急动作电路后，要用 1 级恢复处理使交换机恢复正常的工作。在 1 级恢复处理中，发生故障时处于通话中的呼叫不恢复初始状态仍旧继续保持；处于其他呼叫接续过程中的呼叫均恢复起始状态。这就是说，1 级恢复只保护已处于通话状态的呼叫。为了保护处于通话状态的呼叫的有关数据，可以每隔一定时间将这些数据从内存转储到备用存储器中。

3）2 级恢复处理

通过 1 级恢复处理恢复交换动作后，在短时内又启动紧急动作电路，表示 1 级恢复处理未能正常地恢复工作，可进行 2 级恢复处理。2 级恢复处理时，全部呼叫不予保留，均恢复起始状态。即所有硬件恢复起始状态，数据存储器中的所有数据也都重新置成新值。

为了尽可能减少再启动对呼叫处理的影响，有的交换机如 FETEX-150 把恢复处理分为四级，X 系统把恢复处理分为五级。

14.3.2　故障诊断程序

故障处理程序的任务是清除有故障的设备组合成新系统。而故障诊断程序的任务是对被切除的设备进一步测试，把故障定位到一块或几块插件上，以便使维护人员及时修复或更换，重新投入使用。

1.诊断程序的启动和执行

诊断程序的启动有两种方法：一是人工启动；二是在故障处理中自行启动。人工诊断是当维护人员从打印机上得到有关故障信息后，可按规定格式输入要求诊断某设备的指令，处理机接收到这一诊断指令后，经核对符合规定格式，就启动诊断程序进行诊断测试。

自行诊断有两种情况：一是在故障识别程序证实确实有故障存在；二是由例行测试程序测试发现有故障。

2.诊断程序的功能

诊断程序按规定的测试步骤，对被诊断设备发出一系列测试命令、收集测试结果并判断是否良好，以一定的格式打印输出，以便维护人员分析处理。

（1）对 CPU 诊断

对 CPU 诊断的目的是使切换下来的 CPU 中的故障定位在几个插件上，通过对其施行一系列测试并记录测试结果来判定其良好与否。测试可分若干阶段，阶段的划分是有含义的，如果未检测出故障可继续往下测试；如果在该阶段已检测出故障，可规定测试到此结束。

（2）对存储器的诊断

根据存储器的基本功能可将测试分为若干阶段依次执行。例如：首先检查是否收到 CPU 送来的指令、地址信息。从 CPU 送出"111……"这样的数据，存储器就应收到"111……"这样的信息，受诊断电路控制的接收寄存器的状态应马上回报给 CPU 进行诊断。如果正常，接着可以测试存储器是否能正常写入等。

（3）对话路系统的诊断

话路系统中仅影响个别用户的设备，如接线器、用户电路、中继器等是由呼叫处理程序进行异常识别和由测试台来进行测试。

为了配合诊断程序的测试过程，被测设备中往往要配以一定的硬件电路；另一方面，为了下达测试命令和读取测试结果，也要附加一些诊断接口。

诊断的功能还包括整理测试结果，并按规定的格式输出。某阶段测试结果良好，只要打印某阶段 GOOD 即可。如果测试结果不良，则应有较详细的信息输出，便于维护人员分析和查阅诊断字典。

3. 诊断技术

故障诊断在硬件电路设计时应预先设计好测试点、判定点，诊断时根据不同测试点得到的结果或不同判定点得到的结果，来推断故障范围。其诊断原理可用图 14.3 来说明。

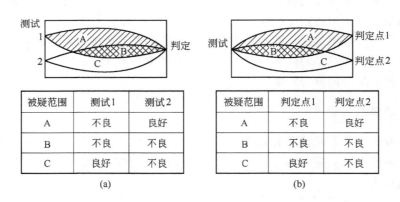

被疑范围	测试1	测试2
A	不良	良好
B	不良	不良
C	良好	不良

(a)

被疑范围	判定点1	判定点2
A	不良	良好
B	不良	不良
C	良好	不良

(b)

图 14.3　故障推断原理

图 14.3（a）是由不同测试点测得结果来推断故障范围。若故障在 A 区内，测试项目 1 不正常，测试项目 2 正常。若故障在 B 区，则测试项目 1、2 都不正常，若故障在 C 区内，则测试项目 1 正常，项目 2 不正常。

图 14.3（b）是由判定点的组合来推断故障范围，和上述一样，可从该图的表格中看出其推断原理。

故障诊断过程中经常用到的工具是"诊断字典"，诊断字典能给出更详尽的故障原因及故障定位信息，以指导维护人员正确地处理故障。

4. 诊断规则

诊断程序的执行控制有以下规则：

（1）在同一时间内自动诊断和人工诊断两者只能执行其中的一种，如果已在进行自动诊断时再启动人工诊断就会被拒绝执行。

（2）诊断中央处理机之前必须先诊断主存储器，以保证测试结果正确。

（3）中央处理机和输出、输入子系统不能同时诊断，因为在诊断处理机时要用到输出、输入子系统。

（4）在对中央处理机诊断时，如遇到主用机发生故障应停止诊断，进行主备用倒换。

14.3.3　故障恢复处理及举例

为了保证交换系统的可靠性，在系统硬件和软件上都采取了相应措施。硬件上采用了备用设备并附加有故障检测电路，软件则配备了故障处理程序和诊断程序，一旦设备发生故障，系统可自动进行故障处理，同时还需要维护人员进行相应的恢复处理操作。

1. 故障处理程序的处理流程

故障处理程序位于软件的主控制子系统中。当交换设备发生故障时，首先启动故障处理程序，其处理流程如图14.4所示。

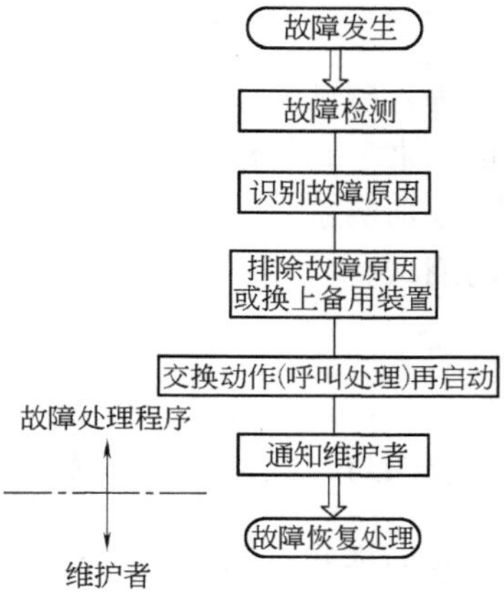

2. 故障恢复处理

故障处理程序完成其处理后把故障通知送出。维护人员收到故障通知（报警灯、报警铃、故障信息等）后应立即着手进行恢复处理。

3. 故障信息分析举例

故障信息是设备发生故障时系统自动送出的信息。因故障部分及其程度不同，所以故障信息的形式也有所不同，现举例简单说明。

图 14.4　故障处理流程图

①HW（High way）故障

故障信息报告如图14.5所示。

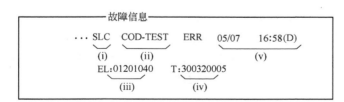

（ⅰ）用户电路。

（ⅱ）编解码测试。

（ⅲ）故障用户电路对应的设备号。包括：用户线处理机号；集线架号；用户线接口装置号；用户电路板号；用户电路号等。

（ⅳ）检测故障的中继器号。包括：处理机号；中继组群号；中继单元号等。

（ⅴ）表示月、日、时、分。

图 14.5　HW 故障信息报告举例

②用户电路故障

故障信息报告如图 14.6 所示。

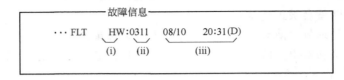

（ⅰ）表示母线，即 HW 故障。

（ⅱ）表示故障母线的收容位置。

（ⅲ）表示月、日、时、分。

图 14.6　用户电路故障信息报告举例

14.3.4　例行测试

例行测试也叫定期测试，这是一种预防性的维护手段。通过对系统的各部分进行定期的测试，来了解系统的实际状态，以便及时发现故障隐患确保系统的正常运转。

定期测试有两种：一种是系统自动控制完成的测试，另一种是维护人员通过操作命令进行的测试。

14.4　系统运行和操作管理

14.4.1　系统文件的管理

我们都知道软件是由程序和数据两部分组成的，在程控交换机中软件又称为系统文件，是整个系统的核心，如果系统管理不当或遭到破坏，后果不堪设想。为了保证系统不间断运行，在软件的储存上采用了多级后备。一般将软件储存于主（内）存储器、备用存储器（磁盘）和磁带里，备用存储器是主存储器的后援，而磁带则作为整个系统的后备。

当主存中的软件因故遭到破坏时，系统会自动地将备存中的软件调入主存中恢复系统的正常运行，这个过程称为紧急再启动。如果发生重大事故使主存和备存中的内容全部丢失的话，可把存放在磁带中的软件重新装入主存和备存，以保证系统重新正常运行。

磁带中的软件通常存放在两盘磁带中，一个存放正本，一个存放副本。软件的任何修改都要重新存盘，但存放原软件的磁带仍需保存到新版软件经长期（一般为一个月）运用确认无误为止。一个交换系统配多少盘磁带，随机型而异。原则是既要保证再启动时使用的软件是最新版本，又要保存相当数量的旧版本软件磁带。

14.4.2　局数据管理

局数据是一个交换机的基本数据，是软件的一部分，存放在存储器内指定的存储区中，它表述一个交换局的结构状况，包括设备种类、数量、号码分配和路由选择顺序及信号方式等。当交换局的结构状况需要改变时，可以通过人机命令对局数据进行修改。局数据修改的主要项目有：

（1）改变编号方案。

（2）建立新路由或删除旧路由。

（3）改变迂回路由。

（4）改变路由类别（如信号方式等）。

（5）中继电路的增加、减少或转移。

（6）改变局号。

（7）改变用户电路板的类别。

更改局数据时，不应中断电话局的正常运行，且要严格按照维护手册规定的顺序进行，并做详细的记录备查。

14.4.3　用户数据管理

用户数据包括用户状态、话机类别、用户及电路设备号码、发话级别、受话级别以及可以使用何种新业务等，这些项目的有关数据分别占用若干位（比特）存放在指定的存储区内。用户数据可根据管理上的需要，通过人机命令进行修改。

1. 用户状态

用户状态有：正常使用、拒绝发话、停止使用以及用户已改号等。

2. 用户类别及话机类型

用户类别分为特定类别和服务类别两种；话机类型可分为脉冲、音频、数字话机等。

3. 新业务及计费管理

各种新业务使用权限、发话免费、优先（或作为国际长途有权）、振铃超时不限制、普通用户振铃 90～100 s 后自动切断等。

4. 改变用户的电话号码

程控局中用户改号不需要改动总配线架跳线，只要输入相应的命令即可改变为新号码，其旧号码自动转入"用户已改号"状态。如仍有用户呼叫旧号码时，则改接到录音通知器。

5. 改变用户设备号

改变用户设备号要更改总配线架跳线，同时还要输入命令修改用户数据。

6. 小交换机连号选择登记/取消

14.4.4　人机命令管理

程控交换机的日常管理和维护工作都是通过人机对话形式进行的，所以正确使用人机命令是完成管理维护任务的前提。若由于操作不当向交换机输入了一些错误的命令和参数，轻者会造成系统内部混乱，降低服务质量，重者可以造成系统阻断的重大事故，使通信瘫痪。因此，为了确保服务质量与通信畅通，必须规定人机命令的使用权限，即对人机命令实行正确的管理。

对人机命令使用权的限制通常可采用两种方式。一种是终端限制；另一种是口令限制。口令又称通行字（PASSWORD），是进入系统执行的通行证。

终端限制是人为地把终端分类，利用赋值的方法规定哪些终端可以执行全部命令，哪些终端只能执行某一部分命令，按需要设置，即不同命令由不同终端执行，口令限制是把工作人员分成不同的操作等级，以口令作为中间媒介，根据工作人员的职责和业务水平规定相应的操作等级。当操作者输入命令超出其使用权限时，系统拒绝接受，从而有效地防止了违章操作造成的事故。口令限制方法的可靠性和灵活性都比较高，因此得到了广泛的应用。

为了便于人机命令的管理，通常将人机命令分为三个等级。第一级是为普通值班工作人员所设，能进行日常的业务处理，如更改用户数据，进行呼叫观察，对用户线和中继线进行测试以及进行有关数据的显示。

第二级是专为维护人员所设，能进行话务量的统计，局数据和告警数据的修改、系统再启动等。

第三级是为高级技术人员和负责人所设，可执行容量改变，启动联机软件测试系统进行程序修改，进行网络管理及口令设置。每个工作人员根据其工作状况分别设置一个独用的通行字，一般级别高的通行字允许同时使用级别低的命令。

14.5　服务观察和话务量测量

14.5.1　服务观察

1. 服务观察的类型

服务观察的目的是为了掌握正在运行中的程控交换机的服务质量，服务观察有两种类型。

(1) 通用的服务观察

用于观察服务质量和计费情况，可同时对若干个用户的呼叫进行记录。

(2) 用户拨号服务观察

用于观察用户的拨号情况，所收集的数据主要有：主叫用户号码、听拨号音时间、接收的号码、每两位号码的位间隔时间等数据。

2. 服务观察的方法

在程控交换机中，服务观察的方式有两种。

(1) 指定服务观察

对特定的目标，即具体的用户、中继线群和中继线等进行观察，既可以分别观察，也可以同时观察。

(2) 随机服务观察

对观察的对象不作指定，不分用户、电路方向和中继组群，是对整个交换机呼叫进行观察。

14.5.2　话务量测量

程控交换机能自动进行话务调查。话务量测量统计不仅可以在验收阶段评定交换机的服务指标是否符合规定的要求，而且可以在运用阶段评定安装设计是否合理，并为合理使用各种资源提供可靠依据，还可以为今后扩容积累资料。

话务量测量分三类。

1. 例行话务量测量

这类测量不需要输入人机命令，由系统自动执行。收集的数据主要包括以下几种：

(1) 各种呼叫尝试次数，包括总的呼叫、局内呼叫、出局呼叫和入局呼叫等尝试次数。

(2) 各种呼叫成功次数，包括总的呼叫、局内呼叫、出局呼叫和特服呼叫等成功次数。

(3) 各种未完成呼叫次数，包括中途放弃、呼叫遇忙、久不拨号、久不应答、限制发话和路由拥塞等各种原因完不成呼叫的次数。

2. 指定话务量测量

根据实际需要，可输入相应的人机命令，指定话务量测量项目和起止时间，以调查了解某个公共设备或中继线群的话务量，或对某个路由进行话务量分析。统计结束时，系统自动将结果打印输出。

3. 波动话务量测量

用以实时地跟踪话务量的波动情况，由人机命令控制，其测量周期可根据需要选择。为了收集各种类型的话务数据，在主存储器中设有各种计数器。

（1）周期计数器

这个计数器收集的是从开局到现在的话务量数据，因此不清零。计数器的内容在需要时可用人机命令输出到打印机或磁带上。

（2）逐日计数器

它收集的是从 0 点到 24 点一天 24 h 内的话务量数据，例如可设置 7 个存储区，分别存储星期一到星期日的话务数据，采用记新抹旧的办法周而复始地使用。可以用人机命令索阅某一天的话务量数据。

（3）波动话务量

把一天中的 24 h 分为若干段，每段的话务量分别存储在一个存储区内，以便于分段统计与分析话务量的波动情况。

程控交换机的维护管理系统由人机通信设备、系统监视设备和维护设备等组成，这些设备中有的属于系统专用，如系统监视台和线路测试台，有的属于通用输入/输出设备，例如可见显示单元和磁带单元等。

系统监测台的作用主要是显示交换系统各设备的工作状态和故障告警信号，以及人工测试用户电路和中继电路等。线路测量台的主要作用是用来测试用户线、用户话机和接受用户的故障申告等。

复习思考题

14.1 程控交换机管理、维护的任务是什么？

14.2 什么叫系统的有效性和可维护性？

14.3 程控交换机的故障处理过程包括哪些阶段？

14.4 如何检测硬件和软件故障？试举例说明。

14.5 什么叫偶然性差错和固定性差错？程控交换机怎样区分这两类差错？

14.6 试说明系统再组成的过程。

14.7 为什么硬件要按一定周期进行倒换和测试？

14.8 故障报告信息主要包括哪些内容

14.9 试述服务观察和话务量测量的意义。

15

程控交换系统功能模块
的软、硬件实现方法

程控交换系统是按照模块化方式构成的，各个模块都具备一定的功能，这些功能是通过软件和硬件两部分实现的。

程控是存储程序控制的简称，讲存储程序控制就必然要涉及到程序，过去由于各种原因大部分教材是只讲功能，只讲上层，而很少讲具体硬件，软件部分程序代码根本不讲，使学生缺乏基本的知识和能力，不知道如何实现功能要求，更谈不上把程控交换技术应用到广阔的领域中去，就业范围很窄，只能做管理维护，不能做研究开发。

本书力求克服上述缺点，考虑到教学现状，采取循序渐进的方式，介绍实现主要功能的软、硬件分工，硬件电路设计，软件编程的方法。给出软件程序的代码和详细的注释，试图改变长期以来程控课程不讲程序的现象。

除了在第 3 章介绍了摘挂机检测程序设计之外，本章重点介绍数字时分交换网络的软、硬件设计，DTMF 收号、数字中继线接口、时钟级任务调度、基本级任务等各种功能的实现方法。

15.1 数字交换网络的设计

数字交换网络的设计可分为硬件设计与软件设计两部分，分述如下：

1. 硬件设计

硬件设计的主要任务是根据交换网络容量的要求，选择合适的芯片，然后根据芯片的要求设计必要的外围电路，这里以 256×256 的数字交换网路为例，说明硬件设计方法。

因为交换网络容量较小，故可选用单片 MT8980 芯片做交换芯片。已知 8980 有 3 个主要端口：

- 输入端口　输入 PCM0～PCM7（STI0-STI7）
- 输出端口　输出 PCM0～PCM7（STO0-STO7）
- 处理机接口　A0～A5，D0～D7，$\overline{CS}$，R/$\overline{W}$，DS，$\overline{DTA}$ 和 ODE 等

输入端口与输出端口分别为 2.048 Mbit/s 的 ST-BUS 的输入与输出，均可直接与编解码芯片的数字出与数字入连接，也可直接与 E1 接口芯片的内线一侧的数字出与数字入连接，因此不需要增加外部电路，处理机接口的 A0～A5、D0～D7 均为 TTL 电平，也可通过处理机的地址总线和数据总线与处理机直接连接。这里要注意的是由于地址线的 A0～A5 用于内部寻址，片选信号的译码只能使用 A6～A9 进行译码，即 MT8980 要占用 64 个字节的

地址空间。

MT8980 还需要两个同步信号 $\overline{C4b}$（4 MHz）和 8kr 的帧同步信号 $\overline{F0b}$，需要由时钟电路提供。

值得注意的是数据选通信号 DS（输入）和数据证实信号 $\overline{DTA}$（输出），DS 是由处理机发出的选通信号，只有该信号为高电平时，芯片才可以接收数据总线上的数据，即应在地址线上的地址信号和数据总线上的数据已经稳定，并且译码电路发出选通信号 $\overline{CS}$ 后才发出 DS 信号，令 MT8980 接收数据总线上的数据。MT8980 应在收到 DS 信号之后开始从数据总线上接收信号，而当数据确已正确收到并做相应处理之后，才发出数据确认信号 $\overline{DTA}$，说明可以接收下一个数据。这样就需要一定的时间，为此就要设计相应的外围电路，对地址、数据和有关控制信号进行锁存，让 MT8980 有足够时间接受数据和将数据送往对应存储器，执行交换功能。在 $\overline{DTA}$ 有效（低电平）时清除锁存的数据，准备接受下一个数据。

2. 软件设计

为了进行软件设计，就必须熟悉所选芯片内部各寄存器和存储器的功能，它们内部各位的用途，以及外部有关信号线的含义，现将 MT8980 编程所需知识归纳如下：

（1）控制寄存器

处理机在 A5＝0 时，向芯片 MT8980 的控制寄存器写入数据，用于指定：

工作模式　　　　交换模式/消息模式
操作对象　　　　接续存储器低 8 位/接续存储器高 8 位/
　　　　　　　　数据存储器/测试
ST-BUS 号码　　0～7

（2）接续存储器

处理机在 A5＝1 时，向芯片 MT8980 的接续存储器写入数据，用于控制数据存储器进行交换，其各位码的用途见图 2.19。

（3）软件编程

MT8980 的地址位 A5 是一个关键位，用于确定是向控制寄存器写入，还是向接续存储器写入。因此在编写 MT9080 的程序时，在写入使用的头文件（以 .h 结尾的文件），定义变量之后，按下列顺序书写程序：

第一步先令 A5＝0，访问控制寄存器，根据设计要求写入数据。控制寄存器的格式如图 2.17。

如确定为交换模式，则应令 CRb7＝0、CRb6＝0，令 CRb4＝1、CRb3＝0，确定下一个要访问的存储器是接续存储器低 8 位，在 CRb2、CRb1 和 CRb0 中写入输出母线 STOx(x＝0～7）的号码 x。

第二步令 A5＝1，访问接续存储器低 8 位，此时 A4～A0 确定输出时隙的号码，与第一步写入控制寄存器中的 CRb2、CRb1 和 CRb0 中的数据共同确定写入接续存储器的那一个存储单元，写入内容的格式见图 2.19（b），用于确定从数据存储器中的那一个单元读出，在接续存储器低 8 位的 CMLb7 CMLb6 和 CMLb5 中写入输入母线 STIx(x＝0～7）的号码 x。接续存储器低 8 位的 CMLb4 CMLb3 和 CMLb2 CMLb1 和 CMLb0 中写入输入母线上的时隙 TSn(n＝0～31）号码 n。

为了访问接续存储器高 8 位，还要再次访问控制寄存器。

第三步令 A5＝0，再次访问控制寄存器，仍令 CRb7＝0、CRb6＝0，但令 CRb4＝1、

CRb3＝1，确定下一个要访问的存储器是接续存储器高 8 位，在 CRb2、CRb1 和 CRb0 中写入输出母线 STOx(x＝0～7) 的号码 x。

第四步令 A5＝1，访问接续存储器高 8 位，此时 A4～A0 确定输出时隙的号码，与第三步写入控制寄存器中的 CRb2、CRb1 和 CRb0 中的数据共同确定写入接续存储器的那一个存储单元的高 8 位，写入内容的格式见图 2.19（a），用于控制信道的状态，接续存储器高 8 位的 CMHb7、CMHb6、CMHb5、CMHb4 和 CMHb3 不用，应置 0，因为是交换模式，信道控制位 CMHb2＝0，外部控制位 CMHb1＝0，输出允许位 CMHb0＝1，正常输出。如输出允许位 CMHb0＝0，则该信道将处于高阻状态。

（4）时隙交换函数

时隙交换函数的功能是，根据输入信道和输出信道的母线号码和时隙号码，实现从输入信道至输出信道的单向交换，这个函数是用 C 语言编写的，可运行于 TURBOC＋＋的集成环境中。时隙交换函数的源代码如下：

```
函数名          SwitchFunction
形式参数         From _ HW，From _ TS，To _ HW，To _ TS
      注：     From _ HW     输入信道的母线号码
              From _ TS     输入信道的时隙号码
              To _ HW       输出信道的母线号码
              To _ TS       输出信道的时隙号码
SwitchFunction（unsigned char From _ HW，unsigned char From _ TS，
              unsigned char To _ HW，unsigned char To _ TS）
{
    unsigned char High，Low；
    unsigned int CR，Address；
    /*******************************************/
    /* 置 A5＝0，确定下一操作是访问控制寄存器 */
    /*******************************************/
    Address＝0x00；
    Address＝ （Address | MT8980）；   /*生成访问 MT8980 控制寄存器的地址 */
     CR＝0x10；/* 写控制寄存器的 CRb4 CRb3＝1 0，确定下操作是访问接续存储
             器低 8 位 */
    CR＝ （CR | To _ HW）；/* 写控制寄存器的 CRb2. CRb0＝输出信道的母线号码
                        To _ HW */
    /*******************************************/
    /*        写控制寄存器        */
    /*******************************************/
    outportb （Address，CR）；
    /*******************************************/
    /* 置 A5＝1，确定下一操作是访问接续存储器 */
    /*******************************************/
    Address＝0x20；
```

Address＝(Address|MT8980|To_TS);/＊生成访问 MT8980 接续存储器的地址 ＊/
Low＝(From _ HW≪5);/＊在接续存储器低 8 位 CMLb7 CMLb6 和 CMLb5 中
　　　　　　　　写入输入母线 号码 From _ HW ＊/
Low＝(Low | From _ TS);/＊接续存储器低 8 位 CMLb4、CMLb3、CMLb2、
　　　　　　　　CMLb1 和 CMLb0 中写入输入母线上的时隙 号码
　　　　　　　　From _ TS ＊/
/＊＊＊＊＊＊＊＊＊＊＊＊＊＊＊＊＊＊＊＊＊＊＊＊＊＊＊＊＊＊＊/
/　　　＊写接续存储器低 8 位　　　＊/
/＊＊＊＊＊＊＊＊＊＊＊＊＊＊＊＊＊＊＊＊＊＊＊＊＊＊＊＊＊＊＊/
　　Outportb (Address, Low);
/＊＊＊＊＊＊＊＊＊＊＊＊＊＊＊＊＊＊＊＊＊＊＊＊＊＊＊＊＊＊＊/
/＊ 置 A5＝0，确定下一操作是再访问控制寄存器 ＊/
/＊＊＊＊＊＊＊＊＊＊＊＊＊＊＊＊＊＊＊＊＊＊＊＊＊＊＊＊＊＊＊/
　　Address＝0x00;
Address＝(Address | MT8980);/＊生成访问 MT8980 控制寄存器的地址 ＊/
　CR＝0x18;　/＊写控制寄存器的 CRb4 CRb3＝1 1，确定下一操作是访问接续
　　　　存储器高 8 位 ＊/
　CR＝(CR | To _ HW);　/＊ 写控制寄存器的 CRb2. CRb0＝输出信道的母线
　　　　　　　号码 To _ HW ＊/
/＊＊＊＊＊＊＊＊＊＊＊＊＊＊＊＊＊＊＊＊＊＊＊＊＊＊＊＊＊＊＊/
/＊　　　写控制寄存器　　　＊/
/＊＊＊＊＊＊＊＊＊＊＊＊＊＊＊＊＊＊＊＊＊＊＊＊＊＊＊＊＊＊＊/
outportb (Address，CR);
/＊＊＊＊＊＊＊＊＊＊＊＊＊＊＊＊＊＊＊＊＊＊＊＊＊＊＊＊＊＊＊/
/＊ 置 A5＝1，确定下一操作是访问接续存储器 ＊/
/＊＊＊＊＊＊＊＊＊＊＊＊＊＊＊＊＊＊＊＊＊＊＊＊＊＊＊＊＊＊＊/
　　Address＝0x20;
Address＝(Address | MT8980 | To _ TS);　　　/＊生成访问 MT8980 接续存
　　　　　　　器的地址 ＊/
High＝0x01;　　/＊接续存储器高 8 位 CMHb7、CMHb6、CMHb5、CMHb4 和
　　　　CMHb3 均不用，置 0。交换模式 CMHb2＝0。外部控制位 CM-
　　　　Hb1＝0。允许输出 CMHb0＝1。＊/
/＊＊＊＊＊＊＊＊＊＊＊＊＊＊＊＊＊＊＊＊＊＊＊＊＊＊＊＊＊＊＊/
/＊　　　写接续存储器高 8 位　　　＊/
/＊＊＊＊＊＊＊＊＊＊＊＊＊＊＊＊＊＊＊＊＊＊＊＊＊＊＊＊＊＊＊/
　　　outportb (Address, High);
}
时隙交换实验、软件编程练习，可在《SPC 教学实验系统》上进行。

15.2　DTMF 信号接收器

双音多频 DTMF 信号是目前用户线信令中地址信号所采用的信号形式，已经完全取代了脉冲拨号，技术上相当成熟，不仅用于程控交换机，也广泛用于低速数据传输和交互式语音应答系统中。因此也可以说 DTMF 信令技术的应用拓宽了程控交换技术的应用领域。本节详细介绍 DTMF 信号接收的硬件电路设计与软件程序编写。

DTMF 信号接收器模块设计包括硬件电路设计与软件编程两部分。

1. DTMF 信号接收器的硬件电路设计

DTMF 信号接收器的功能是接收用户发出的 DTMF 信号，转换为二进制码送到处理机，其输入端接编解码芯片的输出，输出端接处理机的数据总线。硬件电路设计的第一步是选好主芯片，然后根据主芯片的要求，设计配套电路，把主芯片与配套电路连接在一起，并设计相应的供电滤波电路。

这里选用 MT8870 做 DTMF 信号接收器模块的主芯片，其功能框图见图 4.15。MT8870 的配套电路按功能分有 3 个：输入电路、时间保护电路和处理机接口电路，分述如下：

（1）输入电路

由于 MT8870 输入所接的编解码输出一般是不平衡电路，故其输入电路应选用单端输入电路，并按照增益与阻抗要求，确定元件的数值。如图 15.1 所示。

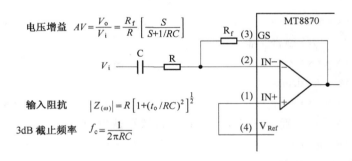

电压增益　$AV = \dfrac{V_o}{V_i} = \dfrac{R_f}{R}\left[\dfrac{S}{S+1/RC}\right]$

输入阻抗　$|Z_{(\omega)}| = R\left[1+(t_o/RC)^2\right]^{\frac{1}{2}}$

3dB 截止频率　$f_c = \dfrac{1}{2\pi RC}$

图 15.1　单端输入电路结构

从图 15.1 可以看出，由 C、R、R_f 和 MT8870 中的运放组成了一个反相放大器，对 DTMF 信号进行放大，其增益 $AV = R_f/R$，AV 之值一般取 1～5，DTMF 信号幅度应在 27.5 mV～883 mV 之间，DTMF 信号的最低频率是 685 Hz，如在最低频率 685 Hz 的衰耗为 0.1 dB，选 $R = 220$ kΩ，则按图中的公式可求出 $C = 6.9$ nF，可使用标称值为 10 nF 的电容，$R_f = 220$ kΩ。

（2）时间防护电路

为了防止话音中出现短暂的双音信号，使 DTMF 信号接收器接收而产生错误，DTMF 信号标准规定每位信号的时长与信号之间的间隔均应大于 40 ms，因此在 DTMF 信号接收器应设有相应的时间防护电路，拒绝接收时长小于 40ms 的双音信号，不承认小于 40 ms 的间隔。从 MT8870 的时间图（图 15.2），可以看出时间防护的原理。

图中，

Vin　　DTMF 输入信号。

EST　　　"前沿"标志输出，高电位说明收到频率符合要求双音信号。

St/GT　　标志输入/保护时间的输出，用于驱动外部 RC 定时电路。

Q1～Q4　　4 比特双音解码后输出。

STD　　　双音时长有效标志输出，高电位说明收到频率有效的双音信号的时长也符合要求，即收到了有效的双音信号。

TOE　　　双音输出控制，高电位使 Q1～Q4 正常输出，低电位使 Q1～Q4 处于高阻状态。

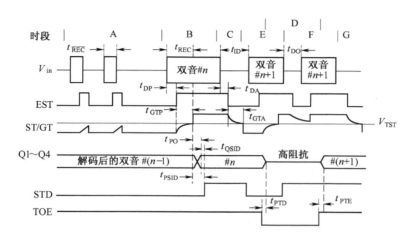

图 15.2　MT8870 的时间图

在输入不同时长的双音信号和双音信号之间的间隔不同时，DTMF 信号接收器将根据时间防护电路给出的参数作出不同的响应：

·在时段 A，检测到有双音信号输入，但持续时间不够长，输出不改变。

·在时段 B，检测到有双音信号 n 输入，持续时间也够长，双音信号 n 被解码，解码后的二进制码被置于输出锁存器中，并在 Q1～Q4 输出。

·在时段 C，检测到双音信号 n 结束，间隔时间也够长，输出保持不变。

·在时段 D，由于 TOE 变为低电平，输出端 Q1～Q4 变为高阻状态。

·在时段 E，检测到有双音信号 n+1 输入，持续时间也够长，双音信号 n+1 被解码，解码后的二进制码被置于输出锁存器中，但此时由于 TOE 仍为低电平，输出端 Q1～Q4 仍为高阻状态。

·在时段 F，检测到有双音信号 n+1 消失，间隔时间不够长，输出锁存器中内容不变，在 TOE 仍为低电平时，输出端 Q1～Q4 仍为高阻状态，而当 TOE 变为高电平后，输出端 Q1～Q4 输出 n+1 被解码后的二进制码。

·在时段 G，检测到有双音信号 n+1 结束，间隔时间也够长，输出锁存器中内容不变，直到下一个双音信号 n+2 到来。

时间防护电路可以采用如图 15.3 所示的电路形式，图中还给出了相应的计算公式。

（3）处理机接口电路。

处理机通过 DTMF 信号接收器的处理机接口，访问 DTMF 信号接收器，从 DTMF 信号接收器收集数据。为了与总线连接，必须要使用具有三态输出的器件。为此，在数据总线上，选用单向数据总线缓冲器 74HC244 加在 MT8870 的 Q1～Q4 和 STD 与数据总线之间，74HC244 的门控信号 1G 和 2G 接由译码器产生的片选信号 $\overline{DTMF-1}$（低电位有效），如图 15.4 所示。

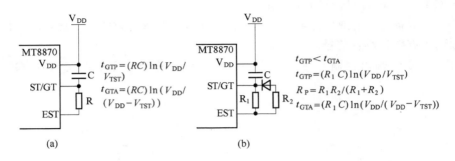

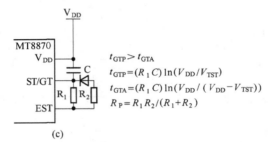

图 15.3　时间防护电路

（a）持续防护时间与间隔防护时间相等；（b）持续防护时间小于间隔防护时间；

（c）持续防护时间大于间隔防护时间；$V_{TST} = \frac{1}{2} V_{DD}$

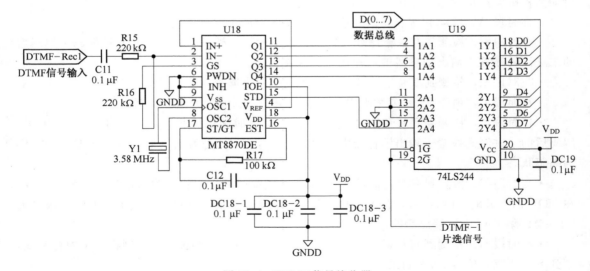

图 15.4　DTMF 信号接收器

2. 软件编写

软件按 C 语言的格式要求编写，根据 DTMF 信号技术标准确定程序的结构。

（1）DTMF 信号技术标准与程序流程

因为 DTMF 的信号时长和信号间隔规定不低于 40 ms，即信号持续时间等于或大于

40 ms的信号，就是有效信号，两个有效信号之间间隔等于或大于40 ms即视为有效的间隔，为确保正确地把信号接受下来，不漏读，就必须每隔20 ms扫描一次。

从前面关于时间保护叙述中，知MT8870收到新的有效信号的标志是STD出现从"0"到"1"的跳变，故在每次扫描读出数据之前，先要判别STD是否出现从"0"到"1"的跳变，有跳变则读，无跳变就不读，只要遵守这个准则，就可保证信号不会被重读。

收一个完整号码的过程中，伴随着DTMF信号一位一位的输入，在2个不同的阶段，要软件做性质不同的工作：

· 在收到首位号时，要停拨号音，并根据首位号确定应收几位号码（这里假设只要一位号码确定呼叫类别）同时把收到的号码存储下来、判断号码是否收齐以及将位数标志加1。

· 对于后续收到的号码，则只要把收到的号码存储下来、判断号码是否收齐以及将位数标志加1，就可以了。

综上所述，DTMF信号接收器的软件应当是：

· 每隔20 ms执行一次。

· 每次都要先判别STD是否出现从"0"到"1"的跳变，作为是否读取数据的依据。

· 每次都要区分所拨号码是首位号还是非首位号，根据结果进行相应的操作。

DTMF收号程序流程图如图15.5所示，下面对其作简要分析如下：

DTMF信号的接收是

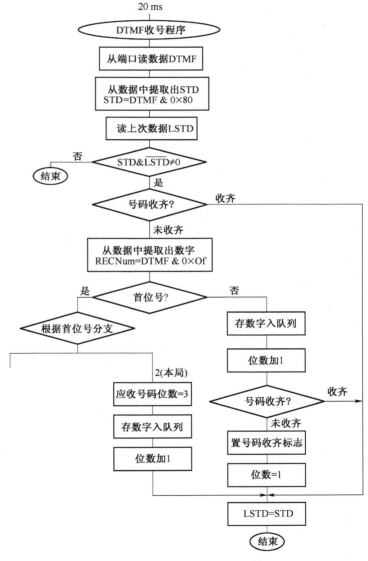

图15.5　DTMF收号程序流程图

由时钟级任务调度程序启动，每隔20 ms执行一次，先读芯片的状态字STD，并进行检测是否有跳变的运算。

$$STD \wedge \overline{LSTD}$$

其中LSTD为上次扫描结果。如运算结果为1，则从芯片的数据输出端读出数据送入缓存器。并判断是否是首位号码，如果是，则根据首位号确定应收位数或是否需要进一步等第二位和第三位号码才能确定应收位数，并停送拨号音，缓存器指针加 1。如果不是，则记录已收位数，缓存器指针加 1，并检测号码是否已收齐。如已收齐，则结束收号。如果未收齐，则在下一 20 ms，再读状态字 STD……

（2）DTMF 收号程序的源代码

DTMF 收号程序的源代码如下，为了重点说明收号的原理，这里假设状态字 STD 和收到的数据是从同一端口（地址为 FIRST_BOARD_DTMF_ADDRESS）读入的。

函数名称：	void ScanDTMF1（）
功能描述：	接收用户所拨 DTMF 号码，收齐后写入队列
形参：	无
返回值：	无
执行级别：	时钟级
执行周期：	20 ms

```
1   void ScanDTMF1 （）
2   {
3   unsigned char DTMF，STD，MaxBit_1，ReceiveNum，Num_Rec_OK_1，
                    DTMF_Index_1；
4   unsigned char DTMF_Queue_1 [DTMF_Index_1]
5   DTMF＝inportb （FIRST_BOARD_DTMF_ADDRESS）；
6   STD＝DTMF&0x80；
7   If （STD&LSTD）! ＝0）
8   {
9     //停送拨号音语句
10    If （Num_Rec_OK_1! ＝0x0f） //如号码未收齐
11    {
12     //读数据
13     ReceiveNum＝DTMF&0x0f；
14    If （DTMF_Index_1＝1） //如为首位号
15     {
16      Switch （ReceiveNum）
17       {
18        Case2
19        MaxBit_1＝3；
20        DTMF_Queue_1 [DTMF_Index_1] ＝ReceiveNum；
21        DTMF_Index_1++；
22        break；
23       Case0
24        MaxBit_1＝4；
25        DTMF_Queue_1 [DTMF_Index_1] ＝ReceiveNum；
26        DTMF_Index_1++；
```

```
27          Break；
28          }
29      else//如不是首位号
30      {
31       DTMF_Queue_1［DTMF_Index_1］＝ReceiveNum；
32       DTMF_Index_1++；
33       if（MaxBit_1==（DTMF_Index_1-1））//如号码收够
34       {
35        DTMF_Index_1=1；
36        Num_Rec_OK_1=0x0f；
37       }
38      }
39         LSTD=STD；
40      }
```

第 3 行　定义了 5 个变量，其中
变量 DTMF 是从端口读入的数据，它既包括状态字 STD，也包括收到的数据，分别处于 D7 和 D3～D0。
STD 为判断有无信数据的判断字
MaxBit_1 为应收位数
Receive Num 为收到的号码
Num_Rec_OK_1 为号码是否收齐的判断字，不等于 of 未收齐，等于 of 收齐
DTMF_Index_1 是号码位数的标记，用于指明当前收到的是第几位数

第 4 行　定义了 1 个数组 DTMF_Queue_1［DTMF_Index_1］，它是存储接收到的数字的数组，收到的数字按位存于其中。

第 5 行　从端口读入数据赋给变量 DTMF

第 6 行　从 DTMF 中分离出 STD

第 7 行　判断 STD 是否出现跳变（从 0 跳到 1）即是否收到新号码，如果是收到新号码则执行 9 行语句

第 10 行　判断号码是否收齐，如未收齐则执行 12 行读数据操作

第 13 行　从 DTMF 中分离出号码数据

第 14 行　判断是否首位号，如是首位号则执行第 16 行。根据首位号分支的程序，确定应收号码位数

第 16 行～

第 28 行　用 Switch 语句根据首位号码确定应收位数，如首位为 2 本局呼叫，应收 3 位号；如首位为 0 出局呼叫，应收 4 位号，并将收到的号码写入 DTMF 队列 DTMF_Queue_1［］

第 29 行～

第 32 行　如果不是首位号则将收到号码写入 DTMF 队列，并判断号码是否收齐。

第 33 行～

第 36 行　如号码已收齐则令号码索引值指向接收第一位号码，并号码收齐标志

第 39 行　将 STD 赋值给 LSTD 供下一次判断有无新号码输入用

DTMF 收号实验、软件编程练习和硬件设计练习（设计制作 DTMF 收号器）可在《SPC 教学实验系统》上进行。

15.3　数字中继接口电路的设计

数字中继接口 A 的设计包括硬件电路设计与软件设计两部分，应根据数字中继接口 A 在整个交换机中所处的地位和应实现的功能，选用功能强并且比较成熟的芯片，以简化设计。

1. 硬件电路设计

目前已生产出很多具有特定功能的通信专用芯片，因此硬件电路设计就是要根据功能要求选好芯片，然后根据芯片要求的信号设计必要的外围电路，这里选用单片 MT9075B 芯片做主芯片。已知 MT9075B 有 3 个主要端口：

- 线路接口　传输的码流是 2.048 Mbit/s 双极性（如 HDB3、AMI）码流具有 PCM30/32 系统的帧结构，一个输入一个输出。用于连接 PCM30/32 基群线路。
- ST-BUS 接口　传输的码流是 2.048 Mbit/s 单极性码，码流具有 PCM30/32 系统的帧结构，用于连接交换网路或编解码器。
- 处理机接口　A0～A5，D0～D7，$\overline{\text{CS}}$，R/$\overline{\text{W}}$ 等。

（1）线路接口

MT9075 的线路接口一侧的发送端 TTIP 和 TRING，需经一阻抗匹配电路连接一个 1：2 的发送变压器，再接到线路上。同样，线路接口一侧的接收端 RTIP 和 RRING，也需经一阻抗匹配电路连接一个 1：1 的接收变压器，再连接线路。如图 15.6 所示。输出脉冲的幅度，形状等，可通过软件编程调整。

（2）ST-BUS 接口

ST-BUS 接口为 2.048 Mit/s 的有两条输入 DSTi 与 CSTi 和两条输出 DSTo 与 CSTo，均可直接与数字交换芯片或编解码芯片的数字出与数字入连接，因此不需要增加外部电路。

（3）处理机接口

处理机接口为非复用的并行总线，处理机可通过这个接口实现对 MT9075B 的控制和读取 MT9075B 的状态。

MT9075B 与处理机的接口可采用两种接法：INT 或 MOT，当 INT/MOT 端为高电平时为 Intel 接法，低电平时为 Motorola 接法，通常采用后一种接法，将 INT/MOT 接地，以下的内容都是按 Motorola 接法说明的。

处理机接口的 A0～A4、D0～D7 均为 TTL 电平，可通过处理机的地址总线和数据总线与处理机直接连接。为了与总线连接，必须要使用具有三态输出的器件，考虑到功能的扩充，还要提高总线的驱动能力。

为此在数据总线上，使用双向数据总线缓冲器 74HC245 加在 MT9075B 的数据线 D7～D0 与并行总线的数据总线 D7～D0 之间，74HC245 的门控信号 E♯ 由各外设芯片（MT9075B，数字交换芯片等）的片选信号（低电位有效）来决定，当其中任何一个片选信号为低电位，经与门 74S11 使 HC245 的门控信号"使能"，将 74HC245 连接到数据总线上，数据的进出方向由 IOR♯ 信号来控制，当 IOR♯＝0，从 MT9075B 读取数据，而当 IOR♯＝1，向 MT9075B 写入数据，

在地址总线上，选用单向 8 位缓冲器/驱动器 74HC244 加在 MT9075B 的地址线 A4～A0 与地址总线之间，以提高总线的驱动能力。

由于 MT9075B 的读、写使用一根控制线 R/$\overline{\text{W}}$，当 R/$\overline{\text{W}}$＝0，对 MT9075B 进行写操作，而当 R/$\overline{\text{W}}$＝1，对 MT9075B 进行读操作，为此，选用双上升沿 D 触发器 74HC74 进行从双到单的转换，当 RD＝1、而 WR＝0 时，R/$\overline{\text{W}}$＝1。当 RD＝0、WR＝1 时，R/$\overline{\text{W}}$＝0。

这里要注意的是由于地址线的 A0～A4 用于内部寻址，片选信号的译码只能使用 A9～A5 进行译码，即 MT9075B 要占用 32 个字节的地址空间。

值得注意的是数据选通信号$\overline{\text{DS}}$（输入），$\overline{\text{DS}}$是由处理机发出的选通信号，只有该信号为低电平时，芯片才可以接收数据总线上的数据，即应在地址线上的地址信号已经稳定，并且译码电路发出选通信号$\overline{\text{CS}}$后才发出$\overline{\text{DS}}$信号，令 MT9075B 接收数据总线上的数据。或向数据总线发送数据一个数据。为此就要设计相应的外围电路，生成$\overline{\text{DS}}$信号。

MT9075B 的 20 MHz 定时信号，一般采用时钟振荡器，频率偏差应小于 50 ppm，MT9075B 还需要两个同步信号$\overline{\text{C4}}$（4 MHz）和 8 k 帧同步信号$\overline{\text{F0}}$，在采用系统同步方式时，需要由时钟电路提供，需设系统时钟电路，而当采用线路同步或自由运行时，上述信号由芯片本身产生。为简化电路，这里不设系统时钟电路。

为了在上电时，利用计算机总线上的系统复位信号产生 MT9075B 的复位信号$\overline{\text{RESET}}$，使 MT9075B 处于复位状态，要设计一个复位电路，为了人工复位，可设一个自复式复位按钮。

MT9075 配上上述必要的外围电路，即可构成一个很完整的数字中继接口。

2. 软件设计

MT9075B 的功能很强，大量的软件功能已经硬化，例如 HDLC 信道的加入帧头、为保证信息透明传送的插 0 删 0 操作，为保证信息可靠传送的 FCS 的生成插入与提取检测等数据链路层的功能都是硬件实现的，这不仅减少了软件设计的工作量，而且提高了接口的工作速度。

软件设计包括主程序与头文件两部分，按 C 语言的格式要求编写，以便在 TURBOC 的编译环境下编译运行。

程序由初始化模块与 No.7 发送与接收摸块两部分组成，这里只介绍对 MT9075 的基本操作，即对 MT9075 内部寄存器的读写操作，有关初始化模块与 No.7 发送与接收摸块的详细的说明与源代码可以在《SPC 教学系统》中查阅到。

初始化的目的对硬件来说，是进行复位，以便系统中的部件都处于某一确定的初始状态，并从这个状态开始工作。数字中继的初始化是使 MT9075B 芯片的各寄存器都处于指定的状态。外围芯片也处于要求的状态，以防止在上电时，由于 MT9075B 各寄存器内数据的不确定性，外围芯片状态的不确定性，使接口处于一个不确定的状态。复位既可用硬件，也可以通过软件。

对于软件来说，初始化的功能是对使用的变量、数组、指针和结构赋初值，以便使这些数据都具有确定的初始值，并在这个初始值的基础上开始工作。数字中继软件的初始化包括以下内容：

MT9075 初始化

· 芯片初始化

· 工作模式初始化

下面介绍对 MT9075 的基本操作

对 MT9075 进行控制与了解 MT9075 的状态，通过对其寄存器访问实现，即通过并行处理机端口对其寄存器进行写/读来对 MT9075 进行控制，了解 MT9075 的状态。处理机访问 MT9075 的某一寄存器要进行下述两步操作：

第一步　写 CAR（命令或地址寄存器）

指定访问 18 个"控制和状态寄存器组"中的某一组，"控制和状态寄存器组"用页号标志，例如"主控制寄存器组－1"的页号为 01H。

CAR 的地址为：AC4＝0，AC3～AC0 可为任意值，写入的数据 D7～D0 为寄存器组的页号。

第二步　访问 MT9075 指定寄存器组内的某一寄存器地址为：AC4＝1，AC3～AC0 为地址码，D7～D0 为写入或读出的数据。如果连续访问的寄存器在同一组（页）内，只须写一次页号。

对于读/写周期小于 200 ns 的处理机来说，在相邻的两个对 HDLC FIFO 读/写操作之间，必须加入一个等待状态或一个哑操作（C 程序）。

下面给出写寄存器和读寄存器函数的源代码程序

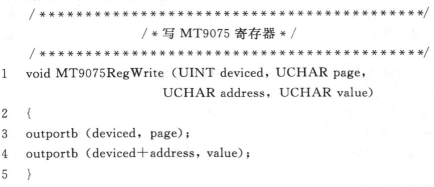

```
1   void MT9075RegWrite (UINT deviced, UCHAR page,
                         UCHAR address, UCHAR value)
2   {
3   outportb (deviced, page);
4   outportb (deviced＋address, value);
5   }
```

第 1 行　写 MT9075 寄存器函数 MT9075RegWrite ( )，有 4 个参数其中 deviced 是 MT9075 的基地址，page 是寄存器在 MT9075 内的页地址（页号），address 是寄存器在页内的偏移地址，value 是要写入的数据

第 3 行　outportb ( ) 是 C 语言中的一个库函数，其功能是将一个字节的数据输出到指定的输出口。

　　　　应当注意，MT9075 的基地址中的 A4 必须等于"0"，以保证操作 outportb (deviced, page) 是写入页地址。

第 4 行　MT9075 规定在寄存器组（页）内的偏移地址是从 10H 到 1FH，地址码 deviced＋address 的 A4 必然等于"1"，可以保证操作 outportb (deviced＋address, value) 是将 value 值写入指定的寄存器内。

```
/*******************************************/
            /* 读 MT9075 寄存器 */
/*******************************************/
1   void MT9075RegRead (UCHAR page,
```

```
      UCHAR address，UINT device _ id，UCHAR * value)
2   ｛
3   outportb（device _ id，page）；
4    * value＝inportb（device _ id＋address）；
5   ｝
```

第1行   读 MT9075 寄存器函数 MT9075RegRead（），同样有 4 个参数。其中 deviced
       _ id 是 MT9075 的基地址，page 是寄存器在 MT9075 内的页地址（页号），
       address 是寄存器在页内的偏移地址，value 是读出数据的指针。

第4行   inportb（）也是 C 语言中的一个库函数，在读接口数据时使用，从所指定的
       输入口读取一个字节的数据，返回值为所读取的数据。

```
    /**********************************************/
     /* 写 MT9075 寄存器的某一位的函数 */
    /**********************************************/
1   void MT9075RegWriteBit（UINT device _ id，UCHAR page，
                          UCHAR add ress，UINT bit，UINT value)
2   ｛
3   UCHAR mask，b；
4   char a ＝ 0×80；
5   outportb（device _ id，page）；
6   a＝inportb（device _ id＋address）；
7   switch（bit）
8   ｛
9   case 7：mask＝0x7f；break；
10  case 6：mask＝0xbf；break；
11  case 5：mask＝0xdf；break；
12  case 4：mask＝0xef；break；
13  case 3：mask＝0xf7；break；
14  case 2：mask＝0xfb；break；
15  case 1：mask＝0xfd；break；
16  case 0：mask＝0xfe；break；
17  ｝
18  a＝a & mask；
19  b＝value≪bit；
20  a＝a|b；
21  outportb（device _ id，page）；
22  outportb（device _ id＋address，a）；
23  ｝
```

使用写 MT9075 寄存器的某一位的函数，可以很方便将字节中的某一位置位（置
1）或复位（置 0）。

第1行   写 MT9075 寄存器的某一位的函数，有 5 个参数。

其中 device＿id 是 MT9075 的基地址，page 是寄存器在 MT9075 内的页地址（页号），address 是寄存器在页内的偏移地址，bit 是要写入的位数（0～7），value 是要写入的数据（0 或 1）。

第 5 行　outportb（ ）是 C 语言中的一个库函数，其功能是将一个字节的数据输出到指定的输出口。

应当注意，MT9075 的基地址中的 A4 必须等于"0"，以保证操作 outportb（device＿id，page）是写入页地址。

第 6 行　inportb（ ）也是 C 语言中的一个库函数，在读接口数据时使用，从所指定的输入口读取一个字节的数据，返回值为所读取的数据。此处用于读出被写入字节的内容。

第 7 行～第 17 行　使用 switch 分支，根据被写比特 bit 确定屏蔽字 mask

第 18 行　将被写入位 bit 置 0

第 19 行　将写入值 value 移位到被写入位

第 20 行　通过"或"操作，将写入值 value 写入被写字节之中

第 21 行　确定被写字节所在的页数

第 22 行　完成写入操作

MT9075 规定在寄存器组（页）内的偏移地址是从 10H 到 1FH，地址码 deviced＋address 的 A4 必然等于"1"，可以保证操作 outportb（deviced＋address，value）是将 value 值写入指定的寄存器内。

15.4　时钟级任务调度程序

时钟级任务调度程序是程控交换机中实现实时控制的主要手段之一，它也可应用于其他需要实时控制系统之中，这里介绍具体的实现方法。

用时间表来启动时钟级任务的程序，由时钟级初始化函数 Task＿Init（ ）和时钟级任务调度函数 Task（ ）两部分组成，分别位于初始化模块与时钟级模块之中，分述如下。

1. 时钟级初始化函数 Task＿Init（ ）

　　函数名称：　void Task＿Init（ ）

　　功能描述：　按照任务的执行周期，编写时间表，即给 Time＿Table［i］赋值

　　　　　　　时间表计数器清零

　　　　　　　屏蔽字赋初值

　　形参：　　无

　　返回值：　无

　　执行级别：　系统初始化

　　void Task＿Init（ ）

｛

1　int i;

2　MaskWord＝0;

　//设置"时间表"

3　Time＿Table［0］＝0x09;　//0000 1001

```
    4   Time _ Table [1] =0x00; //0000 0000
    5   Time _ Table [2] =0x08; //0000 1000
    6   Time _ Table [3] =0x00; //0000 1000
    7   Time _ Table [4] =0x88; //1000 1000
    8   MaskWord=0xff; //初始化屏蔽字
    9   ScnFirstBoard=0;
    10  ScnSecondBoard=0;
    11  ScnDTMF1=0;
    12  Task _ Num=0; // 时间表计数器 清零
    13  Clear _ Flag=0;
    }
```

Time _ Table [0] =0x09;　　说明此次时钟中断要执行用户摘挂机识别、位间隔识别和 DTMF 收号等三项任务。

2. 时钟级任务调度函数 Task ( )

　　　　　　函数名称：　　void Task ( )

　　　　　　功能描述：　　按照任务的执行周期，编写时间表，即给 Time _ Table [i] 赋值

　　　　　　　　　　　　　时间表计数器清零

　　　　　　　　　　　　　屏蔽字赋初值

　　　　　　形参：　　　　无

　　　　　　返回值：　　　无

　　　　　　执行级别：　　时钟级

　　　　　　执行周期：　　20 ms

```
voidTask ( )
{
unsigned char Task;
Task=Time _ Table [Task _ Num] &MaskWord;
if ( (Task&0x01) > 0)
    ScanFirstBoard ( );
if ( (Task&0x08) > 0)
    ScanDTMF1 ( );
if ( (Task&0x10) > 0)
    ScanSecondBoard ( );
if ( (Task&0x80) > 0)
    ClearCounter ( );
if ( Clear _ Flag==0)
    Task _ Num=Task _ Num+1;
else
    Clear _ Flag=0;
    Task _ State=1
{
```

时钟 L 级控制程序也有类似的时间表，用来启动 L 级的各个任务，但 L 级任务的执行周期一般都比 H 级长，可使用表嵌套的方法，产生从 100 ms 至 24 h 各种不同的周期，以产生不同的周期控制。

3. 基本级任务调度的程序结构

基本级完成的是实时性要求不高的任务，基本级通常是一个无限循环的程序，在循环中按优先级别调用相应的函数，实现相应的操作。

无限循环一般用下述 while（循环条件）循环程序形式来实现：

```
        while（循环条件）
    {
        //在基本级执行下述几种函数：
        DTMF（）//DTMF 收号处理
        OffHook（）；//摘机处理
        OnHook（）；//挂机处理
        —————————————
        Task _ State＝0,
        Idle（）；
    }
```

循环体内的函数，除空闲任务 Idle（）之外，函数的功能结构模式基本相同，都是首先读队列有无任务标志，检查队列中是否有任务在排队，若有则按排队顺序依次处理，当队列中的任务都执行完毕，再去执行其他函数。

循环体内的函数，可用下述 while（循环条件）循环程序形式实现：

while（队列中有任务）

{

执行语句

}

时钟级任务调度和基本级任务调度实验，可在《SPC 教学实验系统》上进行。

15.1 数字交换网路的硬件设计应考虑哪些问题？

15.2 数字交换网路的软件编程应具备哪些知识？

15.3 为什么 DTMF 信号接收器的硬件电路中要选用单向数据总线缓冲器 74HC244 加在 MT8870 的 Q1～Q4 和 STD 与数据总线之间？

15.4 在什么情况下，才能从 MT8870 的 Q1～Q4 读出数据？

15.5 MT9075B 有哪些主要端口，简述其功能。

15.6 处理机访问 MT9075 的某一寄存器要进行哪些操作？

15.7 用时间表来启动时钟级任务的程序要使用哪些函数？它们处于哪些模块之中？

15.8 基本级任务调度程序中，变量 Task _ State 起什么作用？

参 考 文 献

[1] 叶敏. 程控数字交换与交换网，2 版. 北京：北京邮电大学出版社，2003. 第 2 版

[2] 桂海源. 现代交换原理. 北京：人民邮电出版社，2006.

[3] 乐正友，杨为理. 程控数字交换机硬件软件及应用. 北京：清华大学出版社，1991.

[4] 姚仲敏，姚志强，陈国通. 程控交换原理与软硬件设计. 哈尔滨：东北林业大学出版社，2003.

[5] 陈锡生，糜正琨. 现代电信交换. 北京：北京邮电大学出版社，1999.

[6] 穆维新，靳婷. 现代通信交换技术. 北京：人民邮电出版社，2005.

[7] 姚檠，吴庆贵. 程控数字电话交换机原理. 北京：中国铁道出版社，1991.

[8] 姚檠. 数字程控交换原理与应用. 北京：中国铁道出版社，1997.

[9] 全国通信工程水利技术委员会北京分会. 程控用户交换机工程设计. 北京：人民邮电出版社，1993.

[10] 任哲. 嵌入式实时操作系统 C/OS－Ⅱ原理及应用. 北京：北京航空航天大学出版社，2005.

[11] 李爱振. CTI 技术与呼叫中心. 北京：电子工业出版社，2002.

[12] 邮电部北京设计所. 电话交换（程控）. 北京：人民邮电出版社，1989.

[13] 李平. 数据结构. 北京：电子工业出版社，1986.

[14] 叶敏，等. 程控用户交换机实用技术——原理、选型与应用. 北京：人民邮电出版社，1993.

[15] 王钟馨，盛友招. CHILL 语言. 北京：北京邮电学院出版社，1987.

[16] 李振格. Borland C＋＋＆ Turbo C＋＋库函数参考手册. 北京：北京航空航天大学出版社，1995.

[17] 张曙光，李茂长. 电话通信网与交换技术，1 版. 国防工业出版社，2002 年. 第 1 版

[18] 李令奇，胡广成. 电话机原理与维修. 北京：人民邮电出版社，1993.

[19] 詹若涛. 电信网与电信技术. 北京：人民邮电出版社，1999.

[20] 陈锡生，等. S1240 程控数字交换系统. 北京：人民邮电出版社，1993.

[21] 纪红. 7 号信号系统. 北京：人民邮电出版社，1995.